电工电子技术

（第 5 版）

主　编　刘耀元

副主编　林水平（企业）　刘冬梅

参　编　邹小莲　郑清生　周　喆（企业）

主　审　王桂锋

北京理工大学出版社

BEIJING INSTITUTE OF TECHNOLOGY PRESS

内 容 简 介

为更好贯彻《国家职业教育改革实施方案》，本书以最新的专业教学标准为依据而编写，同时兼顾电工职业技能鉴定、电工操作证考核要求，以满足装备制造大类领域专业对电学知识与技术技能的需求。

本书以训练技能、提升能力、强化素质为主线，其内容包括直流电路、交流电路、电工测量与工厂输配电、磁路与变压器、电动机及控制、常用晶体管、基本放大电路、集成运算电路、电源电路、数字电路基础、组合逻辑电路、时序逻辑电路、555 定时电路等。各知识链接均配有思考与练习，每个项目后配有习题，学习时可扫描二维码进行实操仿真练习，可看动画、图片等信息，便于自学。

本书既适合高等职业院校非电类专业学生使用，也可作为电子电气工程技术人员自学和参考使用。

图书在版编目（CIP）数据

电工电子技术 / 刘耀元主编 . -- 5 版 . -- 北京：
北京理工大学出版社，2025.1.
ISBN 978 - 7 - 5763 - 4874 - 3

Ⅰ. TM；TN

中国国家版本馆 CIP 数据核字第 202501LD47 号

责任编辑：陈莉华　　**文案编辑**：陈莉华
责任校对：刘亚男　　**责任印制**：施胜娟

出版发行 / 北京理工大学出版社有限责任公司
社　　址 / 北京市丰台区四合庄路 6 号
邮　　编 / 100070
电　　话 / （010）68914026（教材售后服务热线）
　　　　　　（010）63726648（课件资源服务热线）
网　　址 / http://www.bitpress.com.cn

版 印 次 / 2025 年 1 月第 5 版第 1 次印刷
印　　刷 / 涿州市新华印刷有限公司
开　　本 / 787 mm×1092 mm　1/16
印　　张 / 19.5
字　　数 / 457 千字
定　　价 / 88.00 元

前　言

"电工电子技术"是工科院校非电类专业的一门技术基础课程。本教材以习近平新时代中国特色社会主义思想为指导，贯彻落实党的二十大精神，推进产教融合，优化职业教育类型定位，推进现代职业教育体系建设改革十一项重点任务，并在2021年8月第4版的基础上进行修订出版。

本教材对新形态体例、数字资源、评价做了创新，整体结构上注重知识够用，更关注能力与素养提升，内容上更加科学、严谨、合理。同时教材坚持立德树人根本任务，融合安全用电、规范操作、责任担当、科技强国、社会主义核心价值观、职业素养等方面挖掘思政元素，课程思政元素润物无声地贯穿教材始终，以满足装备制造大类领域专业对电学知识与技术技能的需求。此外本教材将工程技术应用基础知识与中高级技能应用相匹配，理论与实践、核心技能与专业实操相统一。强调"学而知其用"，以"用"为目标，淡化其内部机理和深奥的理论分析、复杂的参数计算与公式推导等。

"数字化"是党的二十大提出的重要方向，是人工智能时代的技术基础，本课程支撑数字化思维形成，配备二维码视频，同时建设精品在线课程平台，构建立体数字化资源，可通过微信扫一扫查看书籍配套视频，方便学生学习，提高学习效率，激发学习兴趣。本教材还在每个知识链接后配有思考与练习，每项目后有习题，便于自学。部分习题可以在理论分析与计算后，进入实训室或Multisim软件仿真进行实际操作验证，Multisim软件操作方法可通过扫描二维码观看。理论计算和实验结构相比较，并做出一定的分析与解释，会取得更好的学习效果。

本教材内容包括直流电路搭建与参数测试、正弦交流电路搭建与参数测试、电工测量、工厂输配电和触电急救、电磁电器检测和变压器、电动机及其控制系统安装、认识常用晶体管及检测、基本放大电路搭建与测试、集成运算放大电路搭建与测试、直流稳压电路搭建与测试、数字电路基础及门电路测试、组合逻辑电路芯片功能测试、时序逻辑电路芯片功能测试、脉冲的产生与变换应用电路搭建等。

本教材开发团队由校企双方共同构成，其中江西工业贸易职业技术学院刘耀元担任主编，浙江慈溪广联汽配有限公司智能制造项目经理林水平和江西工业贸易职业技术学院刘冬梅担任副主编，江西工业贸易职业技术学院的邹小莲、郑清生及江铃汽车股份有限公司周喆参编。各项目具体分工如下：邹小莲编写项目 1、项目 2、项目 3，刘冬梅编写项目 4、项目 5，林水平编写项目 6、项目 7，郑清生编写项目 8、项目 9，周喆编写项目 10，刘耀元编写项目 11、项目 12、项目 13，最后由刘耀元负责统稿。

本教材由金华职业技术大学王桂锋教授主审，在编写、整理和定稿过程中，得到了许多同行和北京理工大学出版社的支持与帮助，在此谨向所有为本教材的编审、出版给予支持和帮助的同志表示诚挚的感谢！

由于新技术、新工艺不断发展，课程改革日益深入，尽管我们精心组织编写，限于知识水平及时间仓促，书中欠妥之处在所难免，恳请广大读者不吝指教。编者邮箱 598211099@qq.com。

目　　录

项目1 直流电路搭建与参数测试

项目描述

小明课前接到任务工单，要求根据提供的元件及电源搭建电路并测试支路电流，计算每个电阻消耗的功率。提供的器材为 12 V、8 V 两个直流电源，3 个阻值分别为 4 kΩ、4 kΩ、2 kΩ 的电阻。

重点知识

（1）电路的组成、常用物理量（I、U、E、P、W）及电路的三种工作状态。
（2）电路的基尔霍夫电流定律、基尔霍夫电压定律及利用基本定律解题。

能力与素养

（1）能利用电路的欧姆定律、基尔霍夫定律分析计算电路参数。
（2）能利用仿真软件搭建电路并测量参数。
（3）养成遵守操作规程、安全用电的职业规范；培养积极主动、团队协作精神。

知识链接1.1 电路及电路模型

1.1.1 电路的组成与作用

电路就是电流所通过的路径，它由电路元件根据功能需要，按照某种特定方式连接而成。如图 1－1（a）所示就是一个简单的直流电路，把电池和灯泡经过开关用导线连接组成。图 1－1 中电池在电路中为灯泡提供电能，称为电源；灯泡将电能转换为光能、热能等非电能，它是取用电能的设备，称为负载；开关和导线起连接电源和负载的作用，并根据需要控制电路的接通与断开，称为中间环节。

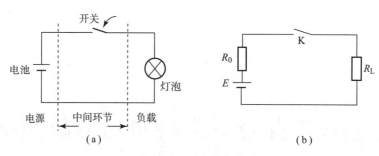

图 1-1　手电筒电路

（a）手电筒电路；（b）电路模型

1.1.2　理想电路元件及电路模型

构成电路的常用元器件有电阻、二极管、电容、电感、变压器、电动机、电池等。这些实际元器件的电磁特性往往十分复杂。例如，一个白炽灯通以电流时，除具有消耗电能即电阻性质外，还会产生磁场，具有电感性质，由于电感很小，可以忽略不计，于是可认为是一电阻元件。因此，为了分析复杂电路的工作特性，就必须进行科学抽象与概括，用一些理想电路元件（或相应组合）来代表实际元器件的主要外部特性。这种模型元件是一种用数学关系描述实际器件的基本物理规律的数学模型，称为理想元件，简称元件。

这种用理想电路元件来代替实际电路元件构成的电路称为电路模型，简称电路。电路图则是用规定的元件图形反映电路的结构。例如，手电筒电路的模型可由图 1-1（b）所示的电路图表示。

理想电路元件在理想电路中是组成电路的基本元件，元件上电压与电流之间的关系又称为元件的伏安特性，它反映了元件的性质。

在实际电路中使用着各种电器、电子元器件，如电阻、电容、电感、灯泡、电池、晶体管、变压器等，但是它们在电磁方面却有许多共同的地方。例如，电阻、灯泡、电炉等，它们的主要电磁性能是消耗电能，这样可用一个具有两个端钮的理想电阻 R 来表示，它能反映消耗电能的特征，其模型符号如图 1-2（a）所示。在电路中常用电阻的倒数（$1/R$）即电导 G 来描述电阻元件，它在国际单位制中的单位为西门子（S）。

类似地，各种实际电感器主要是储存磁能，用一个理想的二端电感元件来反映储存磁能的特征，理想电感元件的模型符号如图 1-2（b）所示。各种实际的电容主要是储存电场能，用一个理想的二端电容来反映储存电场能的特征，理想电容元件的模型符号如图 1-2（c）所示。电压源和电流源主要是对外供给不变电压和电流，其模型符号如图 1-2（d）和图 1-2（e）所示。

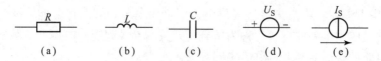

图 1-2　理想电路元件的图形与符号

（a）电阻；（b）电感；（c）电容；（d）电压源；（e）电流源

其他的实际电路部件都可类似地将其表示为应用条件下的模型，这里就不一一列举。但关于理想电路元件这里再强调一下：理想电路元件是具有某种确定的电磁性能的理想元件，例如理想电阻元件只消耗电能（既不储存电能，又不储存磁能）；理想电容元件只储存电能（既不消耗电能，又不储存磁能）；理想电感元件只储存磁能（既不消耗电能，又不储存电能）。理想电路元件是一种理想的模型并具有精确的数学定义，实际中并不存在。但是不能说所定义的理想电路元件模型理论脱离实际，是无用的。这犹如实际中并不存在"质点"，但"质点"这种理想模型在物理学科运动学原理分析与研究中举足轻重一样，人们所定义的理想电路元件模型在电路理论问题分析与研究中充当着重要角色。

【思考与练习】

1.1.1　分别画出电炉丝、热得快、电动机绕组的理想电路元件符号。

1.1.2　用类似手电筒的电路模型画出家庭照明线路的电路模型图。

知识链接1.2　电路主要物理量及电气设备的额定值

1.2.1　电路主要物理量

在电路分析中，常用的物理量有电流、电压、电位、电动势、电功率、电能等。

1. 电流及其参考方向

电流是由电荷的定向移动形成的。众所周知，一段金属导体内含有大量的带负电荷的自由电子，通常情况下，这些自由电子在其内部做无规则的热运动，并不形成电流；若在该段金属导体两端接上电源，那么带负电荷的自由电子就要逆电场方向运动，于是在该段金属导体中便形成电流。在其他场合，如电解溶液中的带电离子做规则定向运动也会形成传导电流。

电流，虽然看不见，但可通过它的各种效应（如磁效应、热效应）来感知它的客观存在。把单位时间内通过导体横截面的电荷量定义为电流强度，简称电流，用 $i(t)$ 表示，即

$$i(t) = \frac{dq}{dt} \tag{1-1}$$

式中，q 为通过导体横截面的电荷量，若电流强度不随时间而变，即 $\frac{dq}{dt}$ 为常数，这种电流是直流电流，常用大写字母 I 表示。

在法定计量单位中，电流强度的单位是安培（A），简称安。有时也采用千安（kA）、毫安（mA）或微安（μA）作单位。1 kA = 10^3 A，1 A = 10^3 mA = 10^6 μA。

电流不仅有大小，而且还有方向。习惯上把正电荷运动的方向规定为电流的实际方向，但在电路分析中，有时某段电流的实际方向难以判断，有时电流的实际方向还在不断改变。为了解决这一问题，可任意选定一方向作参考，称为参考方向（或正方向），在电路图中用箭头表示，也可用字母带双下标表示，如 I_{ab} 表示参考方向从 a 指向 b，如图1-3

所示。并规定：当电流的参考方向与实际方向一致时，电流取正值，$I>0$，如图$1-3$（a）所示；当电流的参考方向与实际方向不一致即相反时，电流取负值，$I<0$，如图$1-3$（b）所示。这样，在电路计算时，只要选定了参考方向，并算出电流值，就可根据其值的正负号来判断其实际方向了。

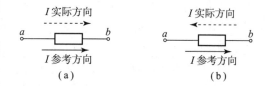

图$1-3$　电流参考方向与实际方向的关系

（a）$I>0$；（b）$I<0$

2. 电压及其参考方向

为衡量电路元件吸收或发出电能的情况，在电路分析中引入了电压这一物理量。从电场力做功概念来定义，电压就是将单位正电荷从电路中一点移至另一点时电场力做功的大小。其数学表达式为

$$U_{ab} = \frac{dw}{dq} = V_a - V_b \qquad (1-2)$$

式中，V_a、V_b为a、b点的电位；U_{ab}为a、b点间的电位之差。电压总是与电路中两点相联系的。

在法定计量单位中，电压的单位是伏特（V），简称伏。有时也采用千伏（kV）、毫伏（mV）、微伏（μV）作单位。$1\ kV = 10^3\ V$，$1\ V = 10^3\ mV = 10^6\ \mu V$。

电路中电压的实际方向规定为从高电位指向低电位。但在复杂的电路里，电压的实际方向是不易判别的，在交流电路里，两点间电压的实际方向是分时间段交替改变的，这给实际电路问题的分析计算带来不便，所以需要对电路两点间电压假设其方向。在电路图中，常标以"＋""－"号表示电压的正、负极性或参考方向。在图$1-4$（a）中，a点标以"＋"，极性为正，称为高电压；b点标以"－"，极性为负，称为低电位。一旦选定了电压参考方向后，若$U>0$，则表示电压的实际方向与选定的参考方向一致；反之则相反，如图$1-4$（b）所示。也有的用带有双下标的字母表示，如电压U_{ab}，表示该电压的参考方向为从a点指向b点。这种选定也具有任意性，并不能确定真实的物理过程。

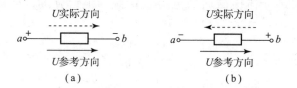

图$1-4$　电压参考方向与实际方向的关系

（a）$U>0$；（b）$U<0$

电路中电流的正方向和电压的正方向在选定时都有任意性，二者彼此独立。但是，为了分析电路方便，常把元件上的电流与电压的正方向取为一致，称为关联参考方向，如图$1-5$（a）所示；不一致时称为非关联参考方向，如图$1-5$（b）所示。人们约定，除电源元件外，所有元件上的电流和电压都采用关联参考方向。

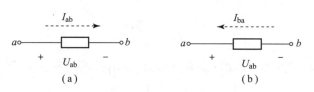

Multisim

图 1－5　电压和电流的关联、非关联参考方向

（a）关联参考方向；（b）非关联参考方向

3. 电位

物理学中规定，将单位正电荷从某一点 a 沿任意路径移动到参考点，电场力做功的大小称为 a 点的电位，记为 V_a。所以为了求出各点的电位，必须选定电路中的某一点作为参考点，并规定参考点的电位为零，则电路中的任一点与参考点之间的电压（即电位差）就是该点的电位，如 $U_{ad} = V_a - V_d$。

电力系统中，常选大地为参考点；在电子线路中，则常选机壳电路的公共线为参考点。线路图中都用符号"⊥"表示，简称"接地"。图 1－6（a）所示电路，是利用电位的概念，简化成图 1－6（b）所示。在电子线路中，常使用这种简化画法。

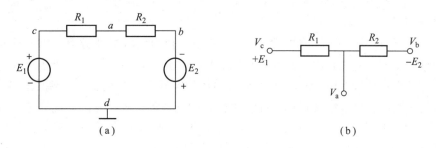

图 1－6　双电源电路及其简化画法

（a）双电源电路；（b）简化画法

【例 1－1】　电路如图 1－7 所示，已知：$R_1 = 10\ \Omega$，$R_2 = 20\ \Omega$，$R_3 = 30\ \Omega$，试求图 1－7 中 a、b、c、d 各点的电位 V_a、V_b、V_c、V_d。

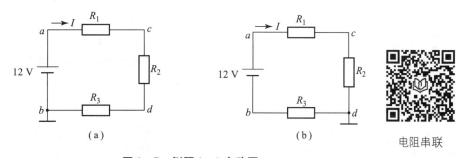

电阻串联

图 1－7　例题 1－1 电路图

解：（1）求图 1－7（a）中各点的电位。

图中已给定的参考电位点在 b 点，故 $V_b = 0\ \text{V}$，$V_a = 12\ \text{V}$。由欧姆定律知电路中电流 I 的大小为

$$I = \frac{E}{R_1 + R_2 + R_3} = \frac{12}{10 + 20 + 30} = 0.2 \ (\text{A})$$

则

$$U_{ac} = IR_1 = 0.2 \times 10 = 2 \ (\text{V}), \quad U_{ad} = I(R_1 + R_2) = 0.2 \times (10 + 20) = 6 \ (\text{V})$$

$$U_{ac} = V_a - V_c, \quad U_{ad} = V_a - V_d$$

$$V_c = V_a - U_{ac} = 10 \ (\text{V}), \quad V_d = V_a - U_{ad} = 6 \ (\text{V})$$

（2）求图1-7（b）中各点的电位。

图中已给定的参考电位原点在 d 点，故 $V_d = 0$ V，电路中电流 I 的大小与图1-7（a）相同。则

$$U_{ad} = I(R_1 + R_2) = 0.2 \times (10 + 20) = 6 \ (\text{V}), \quad U_{cd} = IR_2 = 0.2 \times 20 = 4 \ (\text{V})$$

$$U_{bd} = -IR_3 = -0.2 \times 30 = -6 \ (\text{V})$$

所以

$$V_a = 6 \ (\text{V}), \quad V_b = -6 \ (\text{V}), \quad V_c = 4 \ (\text{V})$$

由此可以看出：尽管电路中各点的电位与参考电位点的选取有关，但任意两点间的电压值（即电位差）是不变的。所以电位的高低是相对的，而两点间的电压值是绝对的。

4. 电动势

在电源内部有一种局外力（非静电力），将正电荷由低电位处沿电源内部移向高电位处，例如电池中的局外力是由电解液和金属极板间的化学作用产生的。由于局外力而使电源两端具有的电位差称为电动势，并规定电动势的实际方向是由低电位端指向高电位端。把电位高的一端叫正极，电位低的一端叫负极，则电动势的实际方向规定在电源内部从负极到正极，如图1-8（a）所示。因此，在电动势的方向上电位是逐点升高的。电动势在数值上等于局外力把正电荷从负极板搬运到正极板所做的功 W_{ab} 与被搬运的电荷量 Q 的比值，用 E 表示，即

$$E = \frac{W_{ab}}{Q} \tag{1-3}$$

电动势的单位也用伏特（V）表示。

由于电动势 E 两端的电压值为恒定值，且不论电流的大小和方向如何，其电位差总是不变的，故用一恒压源 U_S 的电路模型代替电动势 E，如图1-8（b）所示。在分析电路时，电路中电压参考方向不同时，其数值也不同。当选取的电压参考方向与恒压源的极性一致时，$U = U_S$，如图1-8（c）所示；相反时，$U = -U_S$，如图1-8（d）所示。且与电路中的电流无关。

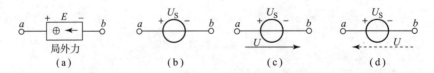

图1-8 电动势（恒压源）的符号及不同电压参考方向

（a）E 的实际方向；（b）E 的等效电路；（c）$U = U_S$；（d）$U = -U_S$

5. 电功率

电路中单位时间内消耗的电能称为电功率，电功率的大小等于电流与电压的乘积，即 $P = UI$。

在法定计量单位中功率的单位是瓦（W），也常用千瓦（kW）、毫瓦（mW）作单位。$1\ \text{W} = 10^3\ \text{mW}$。

如图 1-9 所示，在闭合电路中恒压源产生的电功率为

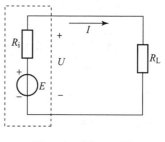

图 1-9　例 1-2 图

$$P_E = \frac{EIt}{t} = EI \qquad (1-4)$$

负载取用的电功率为

$$P_{R_L} = \frac{UIt}{t} = UI \qquad (1-5)$$

电源内部损耗的电功率为

$$\Delta P = \frac{U_i It}{t} = U_i I \qquad (1-6)$$

这三者间的关系是

$$P_E = P_{R_L} + \Delta P \qquad (1-7)$$

式（1-7）称为电路的功率平衡方程式。

【例 1-2】　如图 1-9 所示，已知恒压源 $E = 24\ \text{V}$，电源输出电压 $U = 22\ \text{V}$，电流 $I = 5\ \text{A}$，求 P_E、P_{R_L}、ΔP 和 U_i 的大小并说明功率平衡关系。

解：$P_E = EI = 24 \times 5 = 120$（W）

$P_{R_L} = UI = 22 \times 5 = 110$（W）

$\Delta P = U_i I = (24 - 22) \times 5 = 10$（W）

$U_i = E - U = 24 - 22 = 2$（V）

$P_E - P_{R_L} = \Delta P$

即电源供给的能量等于负载消耗与内部损耗之和。

对于电路中任意一个元器件，总存在着是吸收功率还是发出功率的问题。判断某一元器件是属于电源（发出能量）还是负载（吸收能量）的方法如下。

（1）当电流与电压取关联参考方向时，假定该元器件吸收功率，功率表达式为

$$P = UI \qquad (1-8)$$

（2）当电流与电压取非关联参考方向时，假定该元器件吸收功率，功率表达式为

$$P = -UI \qquad (1-9)$$

采用式（1-8）、式（1-9）计算功率，$P > 0$，则表示元器件确实吸收功率，与假设相符，该元器件为负载；反之，$P < 0$，则表示该元器件并非吸收功率，与假设相反，该元器件为电源。

【例 1-3】　计算图 1-10 所示各元器件的功率，并指出是发出功率还是吸收功率? 说明图 1-10（d）中的功率平衡关系。

解：图 1-10（a）中，电压与电流为关联参考方向，由 $P = UI$，得

$$P_A = 2 \times 2 = 4\ (\text{W}), \quad P > 0 \quad \text{吸收功率}$$

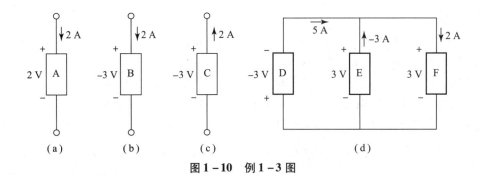

图1-10 例1-3图

图1-10（b）中，电压与电流为关联参考方向，由 $P = UI$，得
$$P_B = (-3) \times 2 = -6 \text{ (W)}, \quad P < 0 \quad \text{发出功率}$$

图1-10（c）中，电压与电流为非关联参考方向，由 $P = -UI$，得
$$P_C = -[(-3) \times 2] = 6 \text{ (W)}, \quad P > 0 \quad \text{吸收功率}$$

图1-10（d）中，D元件的电压与电流为关联参考方向，由 $P = UI$，得
$$P_D = (-3) \times 5 = -15 \text{ (W)}, \quad P < 0 \quad \text{发出功率}$$

E元件的电压与电流为非关联参考方向，由 $P = -UI$，得
$$P_E = -[3 \times (-3)] = 9 \text{ (W)}, \quad P > 0 \quad \text{吸收功率}$$

F元件的电压与电流为关联参考方向，由 $P = UI$，得
$$P_F = 3 \times 2 = 6 \text{ (W)}, \quad P > 0 \quad \text{吸收功率}$$

6. 电能

在电流通过电路的同时，电路中发生了能量的转换。在电源内，局外力不断地克服电场力对正电荷做功，正电荷在电源内获得了能量，把非电能转换成电能。在外电路中，正电荷在电场力作用下，不断地流过负载，正电荷在外电路中放出能量，把电能转换成为其他形式的能。由此可见，在电路中，电荷只是一种转换和传输能量的媒介物，电荷本身并不产生或消耗任何能量。通常所说的用电，就是指取用电荷所携带的能量。

从非电能转换来的电能等于恒压源电动势和被移动的电荷量 Q 的乘积，即
$$W_E = EQ = EIt \tag{1-10}$$

此电能可分为两部分：一是外电路取用的电能（即电源输出的电能）W_1；二是因电源内部正电荷受局外力作用在移动过程中存在阻力而消耗的电能，即电源内部消耗的电能 W_i。即
$$W_i = W_E - W_1 = (E - U)It \tag{1-11}$$
电能的法定计量单位是焦耳（J），常用千瓦时（kW·h）或度为单位，即 1度 = 1 kW·h。

1.2.2 电气设备的额定值

下面先讨论电流的热效应。电流通过电气设备时，把电能转换为其他形式的能。有的转变为热能，从而使电气设备的温度升高，这种现象称为热效应。电流的热效应在生产和生活中有很多应用，如白炽灯、电炉和其他电热元件等。

但电流的热效应也有其有害的一面。由于连接导线以及发电机、电动机、变压器等非电热性电气设备的导电部分都具有一定的电阻，因此在它们工作时，有电流流过，就有一

部分电能转变成了热能。而这部分热能通常是不能加以利用的，把这一部分损失的热能称为铜损。由于铜损的存在，降低了电气设备的效率，并使设备的温度升高。

电气设备工作时最高容许温度都有一定的数值。如果电气设备工作时温度上升过高，超过了最高容许温度，绝缘材料就会很快变脆损坏，使用寿命就会缩短。温度再升高，绝缘材料就开始碳化甚至燃烧起来，使电气设备损坏，造成严重事故。裸导线的最高容许温度根据导线的机械强度随温度的升高而降低的程度来决定。

为了使电气设备在工作中的温度不超过最高工作温度，通过它的最高容许电流就必须有一定限制。通常把这个限定电流值称为该电气设备的额定电流，用 I_N 表示。因此，额定电流是电气设备长时间连续工作的最大容许电流。电气设备长时间连续工作的电流，不应超过它的额定电流，否则电气设备将因发热而缩短寿命被烧毁。

加在电气设备上的电压，是对电气设备的电流有重要影响的因素。因此，电气设备工作时对电压也有一定的限额，这个电压的限额称为电气设备的额定电压，用 U_N 表示。

在直流电路中，额定电压和额定电流的乘积就是用电设备的额定功率，用 P_N 表示，即 $P_N = I_N U_N$。

额定电流、额定电压、额定电功率通常称为额定值。电气设备和电路元件的额定值常常标在铭牌上或打印在外壳上。

对于白炽灯、电炉之类的用电设备，只要在额定电压下使用，其电流和功率都将达到额定值。但是对于另一类电气设备，如电动机、变压器等，即使在额定电压下工作，电流和功率可能达不到额定值，也可能在额定电压下工作，但还是存在着电流和功率超过额定值（称为过载）的可能性。

【例 1-4】 一只标有"220 V、40 W"的灯泡，试求它在额定工作条件下通过灯泡的电流及灯泡的电阻。若每天使用 5 小时，问一个月消耗多少度的电能？（一个月按 30 天计算）

解：
$$I = \frac{P}{U} = \frac{40}{220} = 0.182 \text{ (A)}$$

$$R = \frac{U^2}{P} = \frac{220 \times 220}{40} = 1\ 210 \text{ (}\Omega\text{)} \quad \text{或} \quad R = \frac{U}{I} = \frac{220}{0.182} = 1\ 209 \text{ (}\Omega\text{)}$$

$$W = Pt = 40 \times 10^{-3} \times (5 \times 30) = 0.04 \times 150 = 6 \text{ (kW} \cdot \text{h)}$$

【思考与练习】

1.2.1 如图 1-11 (a) 所示，$U_{ab} = -10$ V，问哪点电位高？

1.2.2 如图 1-11 (b) 所示，分别指出 U_{ab}、U_{ac}、U_{bc}、U_{ca}、U_{ba} 的值各为多少？

1.2.3 如图 1-11 (c) 所示，若以 b 点为零电位参考点，求其他各点的电位值。若以 c 点为零点呢？

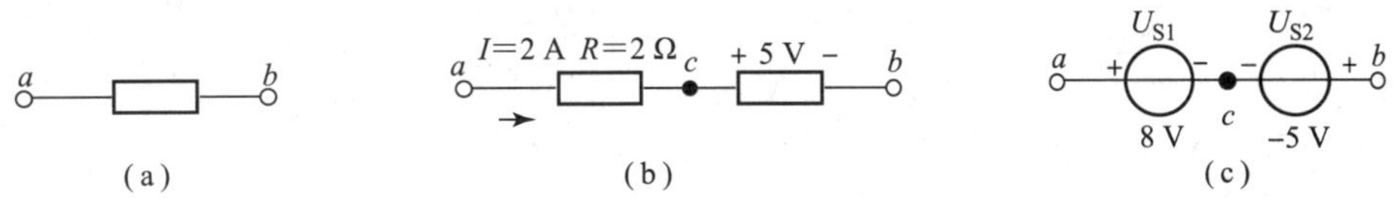

图 1-11 题 1.2.1～1.2.3 用图

1.2.4 如图 1-12 所示，分别指出各电器属于电源还是负载？功率各为多少？

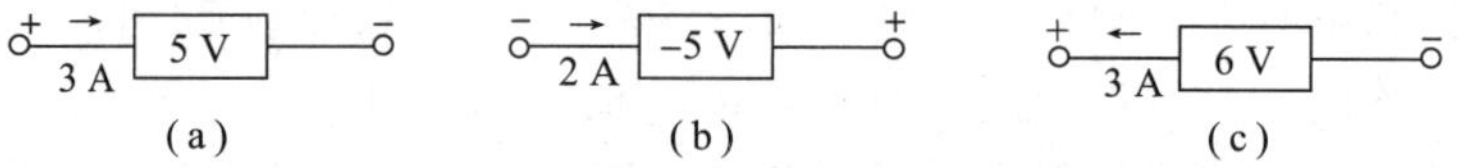

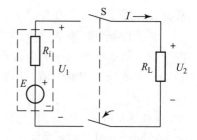

图 1-12 题 1.2.4 图

1.2.5 额定值分别为 110 V、40 W 和 110 V、60 W 的两只灯泡，能否将它们串联起来，接入 220 V 的电源上，为什么？

1.2.6 一生产车间有 100 W、220 V 的电烙铁 50 把，每天使用 5 小时，问一个月（按 30 天计）用电多少度？

1.2.7 试估算一间教室一个月（按 30 天计）用电多少度？一幢教学楼呢？

知识链接 1.3 电路的三种工作状态

1.3.1 负载工作状态

如图 1-13 所示，把开关 S 闭合，电路便处于有载工作状态，此时电路有下列特征。

（1）电路中的电流为

$$I = \frac{E}{R_i + R_L} \qquad (1-12)$$

（2）电源的端电压为

$$U_1 = E - R_i I \qquad (1-13)$$

图 1-13 电路的负载状态

式（1-13）称为"全电路欧姆定律"，该式表明：电源的端电压 U_1 总是小于电源的电动势 E，两者之差等于电流在电源内阻上产生的压降（IR_i）。电流越大，则端电压下降得就越多。

若忽略线路上的压降，则负载两端的电压 U_2 等于电源的端电压 U_1，即

$$U_2 = U_1 \qquad (1-14)$$

（3）电源的输出功率为

$$P_1 = U_1 I = (E - IR_i)I = EI - R_i I^2 \qquad (1-15)$$

式（1-15）表明，电源的电动势发出的功率 EI 减去电源内阻上消耗的功率 $R_i I^2$，才是供给负载的功率，显然，负载所吸取的功率为

$$P_2 = U_2 I = U_1 I = P_1 \qquad (1-16)$$

1.3.2 空载运行状态

空载运行状态又称断路或开路状态，它是电路的一个极端运行状态。如图 1-14 所示，当开关 S 断开或连线断开时，电源和负载未构成闭合电路，就会出现这种状态，这时外电路所呈现的电阻对电源来说是无穷大的。

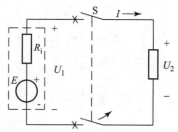

图 1-14 电路的空载状态

（1）电路中的电流为零，即 $I=0$。

（2）电源的端电压等于电源的恒定电压。即

$$U_1 = E - R_i I = E \qquad (1-17)$$

（3）电源的输出功率 P_1 和负载所吸收的功率 P_2 均为零，即

$$P_1 = P_2 = 0 \qquad (1-18)$$

1.3.3　短路状态

当电源的两输出端由于某种原因（如电源线绝缘损坏、操作不慎等）相接触时，会造成电源被直接短路的情况，如图 1-15 所示，它是电路的另一个极端运行状态。

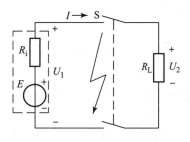

图 1-15　电路的短路状态

当电源短路时，外电路所呈现出的电阻可视为零，故电路具有下列特征。

（1）电源中的电流为

$$I = I_S = \frac{E}{R_i} \qquad (1-19)$$

此电流称为短路电流。在一般供电系统中，因电源的内电阻 R_i 很小，故短路电流 I_S 很大。

（2）因负载被短路，电源端电压与负载电压均为零，即

$$U_1 = U_2 = E - R_i I_S = 0 \qquad (1-20)$$

也就是说，电源的恒定电压与电源的内阻电压相等，方向相反，因而无输出电压。

（3）负载吸收的功率

$$P_2 = 0 \qquad (1-21)$$

电源提供的输出功率

$$P_1 = P_{R_i} = I_S^2 R_i \qquad (1-22)$$

这时电源发出的功率全部消耗在内阻上。这将导致电源的温度急剧上升，有可能烧毁电源或由于电流过大造成设备损坏，甚至引起火灾。为了防止此现象的发生，可在电路中接入熔断器等短路保护电器。

【例 1-5】　图 1-16 所示电路，已知 $E=100$ V，$R_i=10\ \Omega$，负载电阻 $R_L=100\ \Omega$，问开关分别处于 1、2、3 位置时电压表和电流表的读数分别是多少？

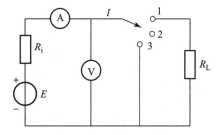

图 1-16　例 1-5 电路

解：当 S 接在 1 位置时，是负载工作状态，此时的电流表、电压表读数分别为

$$I = \frac{E}{R_i + R_L} = \frac{100}{10 + 100} = 0.91 \ (A)$$

$$U = IR_L = 0.91 \times 100 = 91 \ (V)$$

当 S 接在 2 位置时，是空载工作状态，此时的电流表、电压表读数分别为

$$I = 0 \ (A)$$

$$U = E = 100 \ (V)$$

当 S 接在 3 位置时，是短路工作状态，此时的电流表、电压表读数分别为

$$I = I_S = I_{max} = \frac{E}{R_i} = \frac{100}{10} = 10 \ （A）$$

$$U = 0 \ （V）$$

【思考与练习】

1.3.1 什么是电路的开路状态、短路状态、空载状态、过载状态、满载状态？

1.3.2 某实验装置如图 1-17 所示，电压表读数为 10 V，电流表读数为 50 A，由此可知二端口网络 N 的等效电源电压 U_S、内阻 R_i 各为多少？

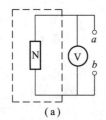 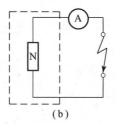

（a）　　　　　　　　　　　　　（b）

图 1-17 题 1.3.2 图

知识链接 1.4　基尔霍夫定律

基尔霍夫定律是电路的基本定律之一，基尔霍夫定律不仅适用于求解复杂电路，也适用于求解简单电路。

1.4.1 名词术语

先介绍图 1-18 所示电路中几个电路名词的含义。

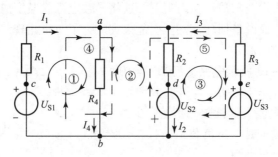

图 1-18 电路举例

（1）支路：电路中通过同一电流且中间不分岔的每个分支称为支路。如图中 $a-R_1-c-U_{S1}-b$、$a-R_4-b$、$a-R_2-d-U_{S2}-b$、$a-R_3-e-U_{S3}-b$ 均为支路。其中 $a-R_1-c-U_{S1}-b$、$a-R_2-d-U_{S2}-b$、$a-R_3-e-U_{S3}-b$ 支路含有电源，称为有源支路；$a-R_4-b$ 支路称为无源支路。

（2）节点：三条和三条以上支路的汇集点叫作节点。图中有两个节点，即 a 点和 b

点，c 点、d 点、e 点不是节点。

（3）回路：由一条或多条支路组成的闭合路径叫作回路。图中标号为①、②、③、④、⑤及 $a-e-b-c-a$ 均是回路。

（4）网孔：不包含支路的回路称为网孔，图中网孔标号为①、②、③。

1.4.2　电流定律（简称 KCL）

基尔霍夫电流定律被用来确定连接在同一节点上的各个支路电流之间的关系，其内容为：根据电流连续性原理，任一时刻，流入节点的电流代数和恒等于零。即

$$\sum I = 0 \tag{1-23}$$

或在任一时刻，流入节点的电流之和等于流出节点的电流之和，即

$$\sum I_{\text{in}} = \sum I_{\text{ex}} \tag{1-24}$$

应用该定律时，必须首先假定各支路电流的参考方向，一般规定为：参考方向指向节点的电流取正号，背离节点的电流取负号。

【例 1-6】 图 1-18 中，在给定的电流参考方向下，已知 $I_1 = 1$ A，$I_2 = -3$ A，$I_4 = 5$ A，试求电流 I_3。

解：利用 KCL 定律写出方程

$$-I_1 + I_2 - I_3 + I_4 = 0$$

所以

$$I_3 = I_2 + I_4 - I_1 = -3 + 5 - 1 = 1 \ （\text{A}）$$

KCL 虽是应用于节点的，但也可以推广运用于电路任一假设的闭合面。如图 1-19 所示晶体三极管中的电流分配基本公式为

$$I_B + I_C = I_E$$

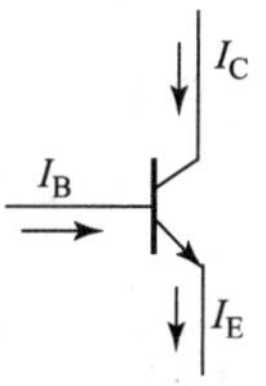

图 1-19　晶体三极管电流分配关系

1.4.3　电压定律（简称 KVL）

基尔霍夫电压定律被用来确定回路中的各段电压间的关系，其内容为：根据电位的单值性原理，任一时刻，在电路中任一闭合回路内各段电压的代数和恒等于零，即

$$\sum U = 0 \tag{1-25}$$

该定律用于电路的某一回路时，必须先任意假定各电路元件的电压参考方向及回路的绕行方向。凡是电压的参考方向与绕行方向一致时，在该电压前取 " + " 号；凡是电压的参考方向与绕行方向相反时，则取 " - " 号。

以图 1-18 为例，沿 $a-e-b-c-a$ 回路顺时针方向绕行一周，则按图选定的各元件电压的参考方向，从 a 点出发绕行一周，有

$$-I_3 R_3 + U_{S3} - U_{S1} + I_1 R_1 = 0$$

得出

$$U_{S3} - U_{S1} = I_3 R_3 - I_1 R_1$$

可写为

$$\sum U_S = \sum RI \tag{1-26}$$

式（1-26）是基尔霍夫电压定律的另一种表达形式，其意义是：沿任一回路绕行一周，回路中所有电动势电压的代数和等于所有电阻上的电压降的代数和。

基尔霍夫定律不仅可以用于闭合回路，还可以推广到任一不闭合的电路上，用于求回路的开路电压。如图 1-20 所示电路，求 U_{ab}。

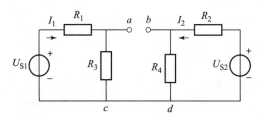

图 1-20 举例电路

因为

$$I_1 = \frac{U_{S1}}{R_1 + R_3} \qquad I_2 = \frac{U_{S2}}{R_2 + R_4}$$

对回路 $a-c-d-b-a$，由 KVL 定律得

$$U_{ab} + I_2 R_4 - I_1 R_3 = 0$$

则

$$U_{ab} = I_1 R_3 - I_2 R_4$$

【例 1-7】 对于如图 1-21 所示电路，列出节点的电流方程和回路电压方程。

解： 先任意选定各支路电流的参考方向和回路的绕行方向，并标在图 1-21 中。

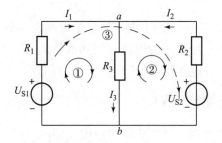

图 1-21 例 1-7 电路

根据 KCL 列出

节点 a： $I_1 + I_2 - I_3 = 0$

节点 b： $I_3 - I_1 - I_2 = 0$

根据 KVL 列出

回路①： $I_3 R_3 - U_{S1} + I_1 R_1 = 0$

回路②： $-I_3 R_3 + U_{S2} - I_2 R_2 = 0$

回路③： $-U_{S1} + I_1 R_1 - I_2 R_2 + U_{S2} = 0$

从两个节点电流方程可以看出，两个式子是相同的，所以，对于具有两个节点的电路，只能列出一个独立的节点电流方程。对于具有 n 个节点的电路，只能列出 $n-1$ 个独立的电流方程。

三个回路电压方程中任一个方程都可以从其他两个方程中导出，因此，只有两个方程是独立的。对于具有 m 条支路、n 个节点的电路，应用 KVL 定律，只能列出 $m-(n-1)$

个电压方程。

【例 1-8】 图 1-21 电路中，如已知 $R_1 = 10\ \Omega$，$R_2 = 5\ \Omega$，$R_3 = 5\ \Omega$，$U_{S1} = 13\ V$，$U_{S2} = 6\ V$，求各支路电流及各元器件上的功率。

解： 选定各支路电流的参考方向如图 1-21 所示。

根据 KCL 列出节点 a 的电流方程

$$I_3 = I_1 + I_2$$

根据 KVL 列出回路电压方程

回路①：

$$I_3R_3 - U_{S1} + I_1R_1 = 0$$

代入数值得

$$5I_3 + 10I_1 = 13$$

回路②：

$$-I_3R_3 + U_{S2} - I_2R_2 = 0$$

代入数值得

$$-5I_3 - 5I_2 = -6$$

解上述 3 个方程，得

$$I_1 = 0.8\ (A),\ I_2 = 0.2\ (A),\ I_3 = 1\ (A)$$

电源 U_{S1} 的功率 $P_{U_{S1}} = U_{S1}I_1 = 13 \times 0.8 = 10.4\ (W)$

电源 U_{S2} 的功率 $P_{U_{S2}} = U_{S2}I_2 = 6 \times 0.2 = 1.2\ (W)$

电阻 R_1 上消耗的功率 $P_{R_1} = I_1^2 R_1 = 0.8^2 \times 10 = 6.4\ (W)$

电阻 R_2 上消耗的功率 $P_{R_2} = I_2^2 R_2 = 0.2^2 \times 5 = 0.2\ (W)$

电阻 R_3 上消耗的功率 $P_{R_3} = I_3^2 R_3 = 1^2 \times 5 = 5\ (W)$

【思考与练习】

1.4.1   基尔霍夫定律的内容是什么？其数学形式和符号法则如何？

1.4.2   如图 1-22 所示电路中，分别求 I_3、I_8 的数值。

1.4.3   利用 KCL、KVL 定律列写图 1-23 所示电路的方程。若已知 $I_S = 10\ A$，$U_S = 6\ V$，$R_1 = R_2 = 1\ \Omega$，求 R_1 电阻上的电流 I_1 的大小。

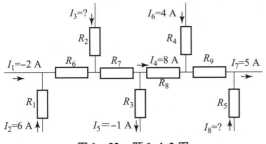

图 1-22   题 1.4.2 图

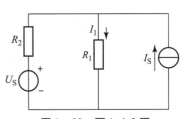

图 1-23   题 1.4.3 图

知识链接 1.5   电路分析方法

前面内容讲述利用欧姆定律和基尔霍夫定律对电路进行分析和计算，然而对于一些复杂电路，仅仅应用这两个定律是不够的，在这里介绍支路电流法、电源等效变换法、叠加原理、节点电位法及戴维南定理 5 种方法分析计算复杂电路。

1.5.1 支路电流法

支路电流法是以支路电流为未知量，应用基尔霍夫电流定律（KCL）列出节点电流方程式，应用基尔霍夫电压定律（KVL）列出回路电压方程式，然后解出支路电流的方法。其具体步骤如下。

（1）先标出各电流的参考方向和电压的参考方向及回路绕行方向。

（2）根据 KCL 定律列出节点电流的独立方程。特别指出：一个具有 m 条支路、n 个节点的复杂电路，为解出各支路的电流，共需 m 个独立方程，而 n 个节点只能列出 $n-1$ 个独立方程，还需要 $m-(n-1)$ 个方程，缺少的方程数由 KVL 定律列出的方程来补足，常采用闭合电路内无支路的回路。

（3）求解方程，得出各支路电流。

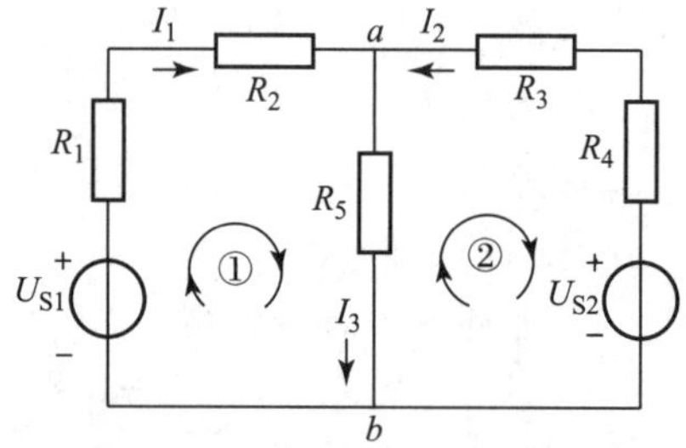

【例 1 – 9】 如图 1 – 24 所示电路，已知：$R_1 = 5\ \Omega$，$R_2 = 5\ \Omega$，$R_3 = 4\ \Omega$，$R_4 = 6\ \Omega$，$R_5 = 10\ \Omega$，$U_{S1} = 100\ \text{V}$，$U_{S2} = 200\ \text{V}$，试求各支路电流。

图 1 – 24 例 1 – 9 电路

解：按题意，假定欲求的未知电流 I_1、I_2、I_3 在电路中的参考方向如图 1 – 24 中箭头所示。

电路中有两个节点 a、b，只能列一个独立电流方程式，由 KCL 定律可得

对节点 a：$$I_1 + I_2 = I_3$$

题中有 3 个待求量，还需两个回路电压方程式，根据 KVL 定律可得

沿回路①有：$$-U_{S1} + I_1R_1 + I_1R_2 + I_3R_5 = 0$$

沿回路②有：$$U_{S2} - I_3R_5 - I_2R_3 - I_2R_4 = 0$$

综合上述独立方程，可列出有关电流 I_1、I_2、I_3 的一个方程组，并将已知数据代入，即得

$$I_1 + I_2 - I_3 = 0$$
$$-100 + 5I_1 + 5I_1 + 10I_3 = 0$$
$$200 - 10I_3 - 4I_2 - 6I_2 = 0$$

解方程组得 $I_1 = 0\ \text{A}$，$I_2 = 10\ \text{A}$，$I_3 = 10\ \text{A}$。

1.5.2 电压源与电流源及其等效变换

电源可以概括为两种模型：一种是以电压形式表示的电路模型称为电压源；另一种是以电流形式表示的电路模型称为电流源。以下分别进行介绍。

1. 电压源

一个电源的端电压如果不随通过的电流而变化，这样的电源被定义为理想电压源或恒压源，用 E 或 U_S 表示，其图形符号如图 1 – 25（a）所示。

为了反映实际电压源的端电压随电流而变化的外特性，可以认为实际电压源是理想电压源 E（或 U_S）与内阻 R_i 相串联组成的，如图 1 – 25（b）所示，这里把实际电压源简称为电压源。

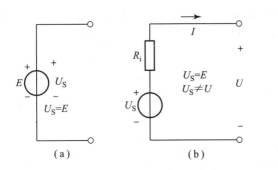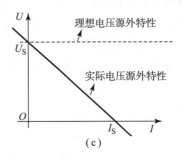

图 1-25　电压源

（a）理想电压源；（b）实际电压源；（c）电压源外特性

如果一个电源的内阻远小于负载电阻的大小，则电源内阻压降可忽略不计，于是 $U \approx U_S$，输出电压基本上恒定，可以认为是理想电压源。实际电压源都具有内阻 R_i，当电流通过内阻时会产生压降，使电源两端的电压随电流而变化，其特性曲线如图 1-25（c）所示。

由于理想电压源具有恒压的特性，因此在理想电压源两端并联电阻（或其他元件），不会改变它对原来外电路的输出，所以在计算外电路时，除去与理想电压源直接并联的电阻（或其他元件）不会影响计算结果。

2. 电流源

一个电源的输出电流不随输出电压的变化而变化，这样的电源被定义为理想电流源或恒流源，用 I_S 表示，其图形符号如图 1-26（a）所示。

任何电源内部总有损耗，为反映实际电流源随负载变化而变化的情况，它可以用一个理想电流源 I_S 和内阻 R_i 相并联组成，如图 1-26（b）所示。并联的内阻 R_i 使电源的输出电流 I 随负载而变化，其特性曲线如图 1-26（c）所示。在以后的介绍中，实际的电流源又简称为电流源。

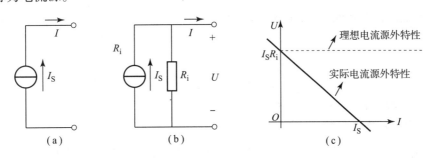

图 1-26　电流源

（a）理想电流源；（b）实际电流源；（c）电流源外特性

电流源的内阻远大于负载电阻，输出电流 $I \approx I_S \approx \dfrac{U}{R_i}$，且基本恒定，实际电流源的性能只是在一定范围内与理想电流源相接近，可以认为是理想电流源。在实际工作中所使用的一些稳流电源设备，就是一种高内阻的电源。如电子线路中，晶体管的输出特性，在一定条件下，可以近似地用一个理想电流源来表示。

理想电流源具有恒流特性，与理想电流源串联接入电阻（或其他元件），不会改变对原有外电路的输出，所以在计算外电路时，短接与理想电流源直接串联的电阻（或其他元件）不会影响计算结果。

3. 电压源和电流源的等效变换

从电压源的外特性和电流源的外特性可知，二者是相同的，因此实际电压源和实际电流源之间可以等效变换。

这里所说的等效变换是指对外部等效，就是变换前后端口处的伏安关系不变，即 a、b 间端口电压均为 U，端口处流出或流入的电流 I 相同，如图 1-27 所示。

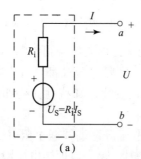 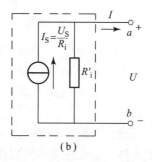

图 1-27　电压源和电流源的等效变换
(a) 电压源等效变换；(b) 电流源等效变换

电压源输出的电流为

$$I = \frac{U_S - U}{R_i} = \frac{U_S}{R_i} - \frac{U}{R_i} \qquad (1-27)$$

电流源输出的电流为

$$I = I_S - \frac{U}{R_i'} \qquad (1-28)$$

根据等效的要求，上面两个式子中对应项应该相等，即

$$\left. \begin{array}{l} I_S = \dfrac{U_S}{R_i} \\[2mm] R_i' = R_i \end{array} \right\} \qquad (1-29)$$

这就是两种电源模型等效变换的条件。

变换中需要注意：

（1）如果 a 点是电压源的参考正极性，变换后电流源的电流参考方向应指向 a。

（2）凡与理想电压源并联的任何元件对外电路都不起作用，等效变换时可以将这些元件去掉；凡与理想电流源串联的任何元件对外电路都不起作用，等效变换时可以将这些元件去掉。

（3）恒压源和恒流源是无法进行等效变换的，因为恒压源的输出电流由负载电流大小决定；而恒流源的端电压由负载大小决定，故二者不能等效。

【例 1-10】试将图 1-28 所示的各电源电路分别进行简化。

解：将图 1-28（a）所示两电压源直接合并即可，如图 1-29（a）所示；

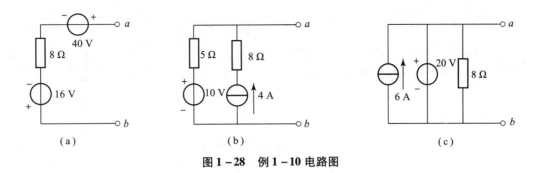

图 1 – 28　例 1 – 10 电路图

将图 1 – 28 （b） 所示左边实际电压源等效为实际电流源，与恒流源串联的 8 Ω 电阻等效时去掉，电流源进行合并后即可得最简形式，如图 1 – 29 （b） 所示；

在图 1 – 28 （c） 中，凡与恒压源并联的其他电路等效时均可去掉，如图 1 – 29 （c） 所示。

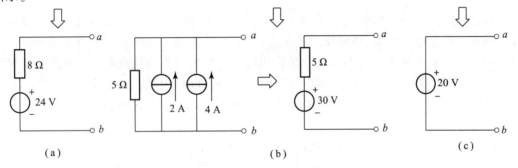

图 1 – 29　例 1 – 10 电路等效图

1.5.3　叠加原理

叠加原理是分析线性电路的一个重要定理，它反映了线性电路的两个基本性质，即叠加性和比例性。

具体内容为：当线性电路中有几个恒压源（或恒流源）共同作用时，各支路的电流（或电压）等于各个恒压源（或恒流源）单独作用时（其他电源不作用）在该支路产生的电流（或电压）的代数和（叠加）。

叠加原理指：在一个系统中，当原因和结果之间满足线性关系时，则这个系统中几个原因共同作用所产生的结果就等于每个原因单独作用时所产生的结果的总和。下面以图 1 – 30 为例，对叠加原理做简单的证明。

由图 1 – 30 （a） 中电流给定的参考方向，根据 KCL、KVL 列出的求解各支路电流的方程组为

$$I_1 + I_2 = I_3$$
$$I_1 R_1 + I_3 R_3 = U_{S1}$$
$$I_2 R_2 + I_3 R_3 = U_{S2}$$

解得支路电流 I_1 为

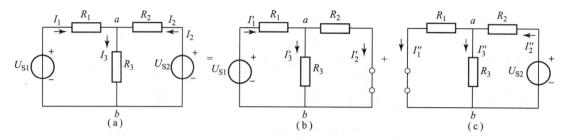

图 1-30　叠加原理电路图

$$I_1 = \frac{R_2 + R_3}{R_1 R_2 + R_1 R_3 + R_2 R_3} U_{S1} - \frac{R_3}{R_1 R_2 + R_1 R_3 + R_2 R_3} U_{S2}$$

设 $I_1' = \dfrac{R_2 + R_3}{R_1 R_2 + R_1 R_3 + R_2 R_3} U_{S1}$，$I_1'' = \dfrac{R_3}{R_1 R_2 + R_1 R_3 + R_2 R_3} U_{S2}$，则 I_1 可写成

$$I_1 = I_1' - I_1'' \tag{1-30}$$

由式（1-30）可知，I_1' 是电压源 U_{S1} 单独作用时支路 $U_{S1} - R_1$ 的电流，如图 1-30（b）所示；I_1'' 是电压源 U_{S2} 单独作用时支路 $U_{S1} - R_1$ 的电流，如图 1-30（c）所示。因为图 1-30（a）的电流 I_1 等于各电源单独作用时所产生的电流的代数和，I_1' 取正号是因为 U_{S1} 的方向与 I 的方向一致，而 I_1'' 取负号是因为 U_{S2} 的方向与 I 的方向相反。

电路中任意两点间的电压也等于每个恒压源单独作用时，在这两点间所产生的电压的代数和。

使用叠加原理时，应该注意下列几点。

（1）只能用来计算线性电路的电流和电压，对非线性电路叠加原理不适用。

（2）叠加时要注意电流和电压的参考方向，至于各电阻电压前取正号或负号，由参考方向的选择而定。

（3）叠加时，电路的连接及所有电阻不变。当某个电源单独作用时其他电源不作用，即所谓理想电压源不作用，就是用短路线代替该理想电压源；理想电流源不作用，就是在该理想电流源处断开。

（4）由于功率和电能不是电压或电流的一次函数，所以不能用叠加原理来计算功率和电能。

【例 1-11】　图 1-30（a）所示电路，已知：$U_{S1} = 42$ V，$U_{S2} = 63$ V，$R_1 = 12\ \Omega$，$R_2 = 3\ \Omega$，$R_3 = 6\ \Omega$，试用叠加原理计算电路中各支路电流。

解：用叠加原理计算电路时，可把该电路看成是 U_{S1} 和 U_{S2} 两个电源单独作用时电路的叠加，如图 1-30（b）、（c）所示。

叠加原理

由图 1-30（b）可求得

$$I_1' = \frac{U_{S1}}{R_1 + \dfrac{R_2 R_3}{R_2 + R_3}} = \frac{42}{12 + \dfrac{3 \times 6}{3 + 6}} = 3\ (\text{A})$$

$$I_2' = \frac{R_3}{R_2 + R_3} I_1' = \frac{6}{3 + 6} \times 3 = 2\ (\text{A})$$

$$I_3' = \frac{R_2}{R_2 + R_3}I_1' = \frac{3}{3+6} \times 3 = 1 \ （A）$$

由图 1 – 30（c）可求得

$$I_2'' = \frac{U_{S2}}{R_2 + \dfrac{R_1 R_3}{R_1 + R_3}} = \frac{63}{3 + \dfrac{12 \times 6}{12 + 6}} = 9 \ （A）$$

$$I_1'' = \frac{R_3}{R_1 + R_3}I_2'' = \frac{6}{12+6} \times 9 = 3 \ （A）$$

$$I_3'' = \frac{R_1}{R_1 + R_3}I_2'' = \frac{12}{12+6} \times 9 = 6 \ （A）$$

根据以上计算可求得

$$I_1 = I_1' - I_1'' = 3 - 3 = 0 \ （A）$$
$$I_2 = I_2'' - I_2' = 9 - 2 = 7 \ （A）$$
$$I_3 = I_3' + I_3'' = 6 + 1 = 7 \ （A）$$

【例 1 – 12】　试求图 1 – 31（a）所示电路中支路电流 I。已知：$U_S = 12$ V，$I_S = 6$ A，$R_1 = 1\ \Omega$，$R_2 = 2\ \Omega$，$R_3 = 1\ \Omega$，$R_4 = 2\ \Omega$。

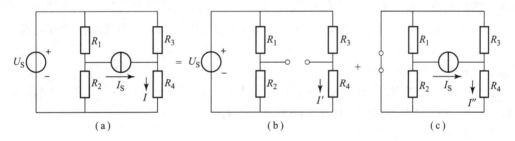

图 1 – 31　例 1 – 12 电路

解：利用叠加原理，图 1 – 31（a）所示的电路可视为图 1 – 31（b）和图 1 – 31（c）的叠加。

$$I' = \frac{U_S}{R_3 + R_4} = \frac{12}{1+2} = 4 \ （A）$$

$$I'' = \frac{R_3}{R_3 + R_4}I_S = \frac{1}{1+2} \times 6 = 2 \ （A）$$

$$I = I' + I'' = 4 + 2 = 6 \ （A）$$

1.5.4　节点电位法

　　一般复杂的电路，均可用支路电流法求解，但对支路数或回路数较多，而节点数较少的电路，采用节点电位法求解较为简单。这种方法，特别适用于计算只有两个节点的电路，设其中一个节点的电位为零，只要求出另一个节点的电位，就可以算出各支路电流。

　　现以图 1 – 32 所示电路为例来导出节点电位法的过程。取 b 点的电位为零，则 $V_a = U$，根据基尔霍夫电流定律，对节点 a 列电流方程

$$I_1 - I_2 + I_3 - I_4 = 0$$

各支路的电流应用基尔霍夫电压定律求得

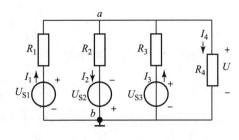

图 1-32　具有两个节点的电路

$$U_{S1} = U + I_1 R_1 \qquad I_1 = \frac{U_{S1} - U}{R_1}$$

$$-U_{S2} = U - I_2 R_2 \qquad I_2 = \frac{U_{S2} + U}{R_2}$$

$$U_{S3} = U + I_3 R_3 \qquad I_3 = \frac{U_{S3} - U}{R_3}$$

$$U - I_4 R_4 = 0 \qquad I_4 = \frac{U}{R_4}$$

把它们代入电流方程式，经整理后得出节点电位的公式

$$V_a = U = \frac{\dfrac{U_{S1}}{R_1} - \dfrac{U_{S2}}{R_2} + \dfrac{U_{S3}}{R_3}}{\dfrac{1}{R_1} + \dfrac{1}{R_2} + \dfrac{1}{R_3} + \dfrac{1}{R_4}} = \frac{\sum \dfrac{U_S}{R}}{\sum \dfrac{1}{R}} = \frac{\sum I}{\sum G} \qquad (1-31)$$

在式（1-31）中，分子为各含源支路等效的电流源流入该节点电流的代数和；分母为各支路的所有电导之和。

分母各项总为正，分子各项的正负号可根据电动势电压和节点电压的参考方向是否一致来决定：一致者取负号，相反者取正号。式（1-31）是电路中只有两个节点时的计算公式，又称为弥尔曼定理。

【例 1-13】 如图 1-30（a）所示，已知参数 $U_{S1} = 8$ V，$U_{S2} = 4$ V，$R_1 = 4$ Ω，$R_2 = 2$ Ω，$R_3 = 4$ Ω，用节点电压法计算支路电流 I_3 的大小。

解：根据弥尔曼定理，则有

$$U_{ab} = \frac{\dfrac{U_{S1}}{R_1} + \dfrac{U_{S2}}{R_2}}{\dfrac{1}{R_1} + \dfrac{1}{R_2} + \dfrac{1}{R_3}} = \frac{\dfrac{8}{4} + \dfrac{4}{2}}{\dfrac{1}{4} + \dfrac{1}{2} + \dfrac{1}{4}} = 4 \text{（V）}$$

由此可计算出各支路电流 I_3 为

$$I_3 = \frac{U_{ab}}{R_3} = \frac{4}{4} = 1 \text{（A）}$$

1.5.5　戴维南定理

在分析计算复杂电路时，会同时求出各条支路的电流，这些值有些对电路的分析是有用的，而有一些对电路分析意义不大；特别是当某支路负载取值变化时，计算方法依旧，计算过程重复、烦琐。使用戴维南定理可避免这类情况。

1. 二端网络

凡是具有两个出线端的电路，称为二端网络。二端网络按它的内部是否有电源，分为有源二端网络（内部含有电源）和无源二端网络（内部不含电源）。图 1-33 所示分别为最简单的有源二端网络和无源二端网络。

任何一个线性有源二端网络，无论其如何复杂，都可以用一个等效的电源来置换，即等效变换成图 1 – 33（a）和图 1 – 33（b）所示的最简单的有源二端网络形式。所谓等效，是指在一定条件下，两个不同的电路对外电路的作用具有相同的效果。

任何一个无源二端网络，无论其如何复杂，都可以通过等效化简成一个电阻元件，即图 1 – 33（c）所示的最简单的无源二端网络形式。这个等效电阻又称为无源二端网络的输入电阻，它等于无源二端网络输入端的电压和电流之比。

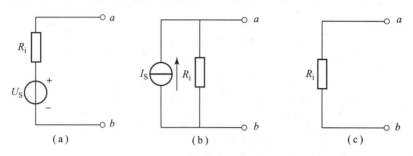

图 1 – 33　最简单的二端网络

（a）有电压源二端网络；（b）有电流源二端网络；（c）无源二端网络

2. 戴维南定理

戴维南定理指出：任何一个复杂的线性有源二端网络，就其对外电路来说，可以用一个理想电压源 U_S 和内阻 R_i 串联的有源支路来代替。这个有源支路的理想电压源 U_S 就等于二端网络的开路电压 U_{ab}，其内阻 R_i 等于该有源二端网络除源后，所得的无源网络两端间的等效电阻。

可见应用戴维南定理简化电路，关键是求有源二端网络的开路电压 U_{ab} 和除源后的网络等效电阻 R_i。所谓除源，就是将原有源二端网络内所有的理想电压源短接，理想电流源开路。

在电路分析中，若只需计算某一支路的电流和电压，应用戴维南定理就十分方便，其解题步骤如下。

（1）将待求支路从原电路中移开，留下的部分即为一个有源二端网络。

（2）求该有源二端口的开口电压 $U_{ab} = U_S$ 的大小。

（3）求该有源二端口除源后的等效电阻 $R_{ab} = R_i$。

（4）将以上求得的 U_S、R_i 及待求支路组成新电路，求解待求支路电流 I，则待求的支路电流即为

$$I = \frac{U_S}{R_i + R_L} \tag{1 – 32}$$

式中，R_L 为待求支路的电阻。

上述过程如图 1 – 34 所示。

【例 1 – 14】　在图 1 – 35（a）中，已知 $U_{S1} = 8\ \mathrm{V}$，$U_{S2} = 4\ \mathrm{V}$，$U_{S3} = 12\ \mathrm{V}$，$R_1 = 4\ \Omega$，$R_2 = 2\ \Omega$，$R_3 = 4\ \Omega$，$R_L = 1\ \Omega$，试用戴维南定理求 a、b 两点间的电流 I_{ab}。

解：将图 1 – 35（a）中的 R_L 支路 $a - R_L - b$ 断开，将节点 b 视为零电位参考点，利用弥尔曼定理求开口电压 U_{ab}。

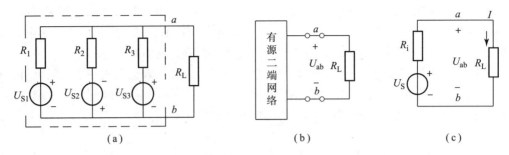

图 1 – 34 等效电源

$$U_{ab} = U_S = \frac{\sum I}{\sum G} = \frac{\dfrac{U_{S1}}{R_1} - \dfrac{U_{S2}}{R_2} + \dfrac{U_{S3}}{R_3}}{\dfrac{1}{R_1} + \dfrac{1}{R_2} + \dfrac{1}{R_3}} = \frac{\dfrac{8}{4} - \dfrac{4}{2} + \dfrac{12}{4}}{\dfrac{1}{4} + \dfrac{1}{2} + \dfrac{1}{4}} = 3 \text{（V）}$$

求无源二端口网络等效电阻 R_{ab}，$R_{ab} = R_i$。

$R_{ab} = R_1 /\!/ R_2 /\!/ R_3 = 4 /\!/ 2 /\!/ 4 = 1$（Ω）（其中" $/\!/$ "表示并联）

将求解的 U_S、R_i 及待求支路电阻 R_L 组成新的电路，如图 1 – 35（c）所示，则

$$I = \frac{U_S}{R_i + R_L} = \frac{3}{1 + 1} = 1.5 \text{（A）}$$

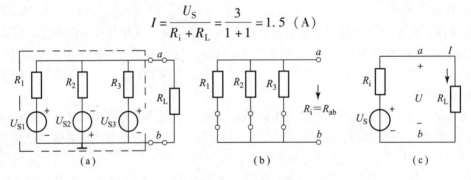

图 1 – 35　例 1 – 14 电路

【思考与练习】

1.5.1　应用支路电流法计算图 1 – 36 中电流 I_1、I_2 的大小。

1.5.2　利用电源等效变换法求图 1 – 37 的最简等效电路。

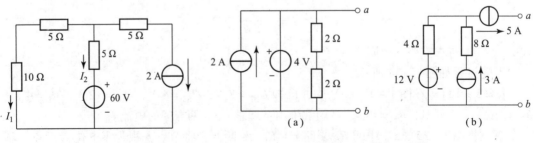

图 1 – 36　题 1.5.1 图　　　　　图 1 – 37　题 1.5.2 图

1.5.3　在计算线性电阻电路的电压和电流时，可用叠加原理。在计算线性电阻电路的功率时，是否可以用叠加原理？为什么？

1.5.4　用节点电压法如何求出图1-36所示电路中的电流I_1、I_2的大小。

1.5.5　有人说："理想电压源可看作是内阻为零的电源，理想电流源可看作是内阻为无限大的电源。"你同意这种观点吗？为什么？

1.5.6　求图1-38所示电路的等效电阻R_{ab}。

1.5.7　求图1-39所示电路端口的戴维南等效电路。

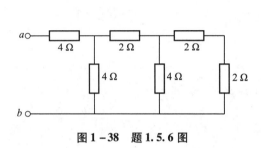

图1-38　题1.5.6图

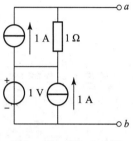

图1-39　题1.5.7图

项目实施

（1）准备元器件，即12 V及8 V电源、4 kΩ电阻2个、2 kΩ电阻1个。

（2）用万用表测试电源电压值和3个电阻阻值。

（3）参考图1-21搭建直流电路。

（4）检查无误后，测试参数。

2 kΩ电阻R_3两端的电压$U_{R_3} = $＿＿＿V，流经$R_3$的电流$I_3 = $＿＿＿mA；电阻$R_2$两端的电压$U_{R_2} = $＿＿＿V，流经$R_2$的电流$I_2 = $＿＿＿mA；电阻$R_1$两端的电压$U_{R_1} = $＿＿＿V，流经$R_1$的电流$I_1 = $＿＿＿mA。$P_{R_1} = $＿＿＿mW。

（5）验证节点电流定律：＿＿＿＿＿＿＿＿＿＿＿＿＿＿＿＿；取一个回路验证回路电压定律：＿＿＿＿＿＿＿＿＿＿＿＿＿＿。

（6）误差分析：＿＿＿＿＿＿＿＿＿＿＿＿＿＿＿＿＿＿＿。

（7）整理器件、清理现场。

项目评价

评价项目	评价内容	评价等级	星级
职业素养	按电工职业标准规范有序操作设备，安全意识强	★★★★★	
	细致连接测试电路，团队沟通、协作良好	★★★★★	

续表

评价项目	评价内容	评价等级	星级
专业能力	掌握 U、I、E、P、W 电量及欧姆定律、基尔霍夫定律内容	★★★★★	
	使用仿真软件 Multisim 完成 KCL、KVL 定律及应用举例测试参数	★★★★★	
	采用支路电流法、叠加原理、戴维南定理完成实验并正确测试参数	★★★★★	

习　题

1. 计算图 1 - 40 所示电路中的 I_3、U_{ac}、U_{bc}、U_{ab}。

2. 求图 1 - 41 所示电路中开关 S 在断开和闭合两种状态下 a 点电位。

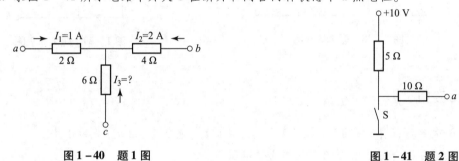

图 1 - 40　题 1 图　　　　　　图 1 - 41　题 2 图

3. 在图 1 - 42 电路中，以 d 为零电位参考点，分别求 a、b、c 点的电位。

4. 在图 1 - 43 中，电流（或电压）的参考方向已标出，且已测得 $I_1 = 1$ A，$I_2 = 2$ A，$I_3 = -3$ A，$U_1 = 5$ V，$U_2 = 1$ V，$U_3 = -4$ V，$U_4 = 7$ V，$U_5 = 3$ V，说明各器件的工作性质（是电源还是负载）并说明功率平衡关系。

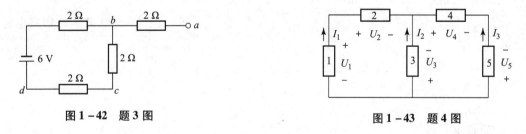

图 1 - 42　题 3 图　　　　　　图 1 - 43　题 4 图

5. 在图 1 - 44 所示电路中，已知电源电压 $U_S = 12$ V，其内阻 $R_i = 0.2$ Ω，负载电阻 $R_L = 10$ Ω，试计算开关 S 处于 1、2、3 三个位置时：（1）电路电流 I；（2）电源端电压；（3）负载上的电压降；（4）电源内阻上的电压降。

6. 已知某电源电路的外特性曲线如图 1 - 45 所示，求电路模型。

7. 额定电压为 110 V，额定功率分别为 100 W 和 60 W 的两只灯泡，应该采用何种连接方式才能正常工作？若串联在端电压为 220 V 的电源上使用，这种接法会有什么后果？它们实际消耗的功率各是多少？如果是两只 110 V、60 W 的灯泡，是否可以这样使用？为

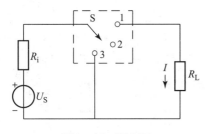

图1-44 题5图

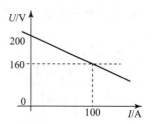

图1-45 题6图

什么?

8. 电路如图1-46所示,已知 $I_1 = 1$ A, $I_2 = 2$ A, $I_5 = 16$ A,求 I_3、I_4 和 I_6。

9. 电路如图1-47所示,已知 $U = 20$ V, $U_{S1} = 8$ V, $U_{S2} = 4$ V, $R_1 = 2$ Ω, $R_2 = 4$ Ω, $R_3 = 5$ Ω,设 a、b 两端开路,求开路电压 U_{ab}。

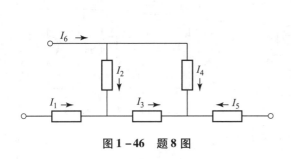

图1-46 题8图

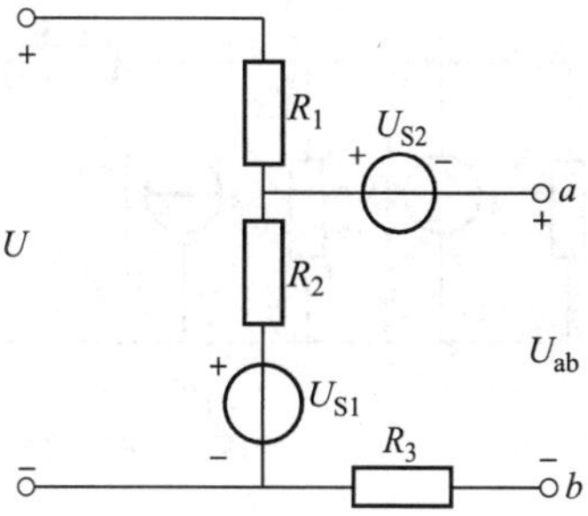

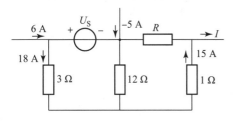

图1-47 题9图

10. 求图1-48所示电路中的电压 U_S 和电流 I。

11. 求图1-49所示电路 a、b 两点的电位差各为多少?若在 a、b 间接入一个 $R = 2$ Ω 的电阻,问通过此电阻的电流是多少?

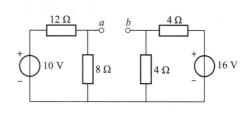

图1-48 题10图

图1-49 题11图

12. 已知电路如图1-50所示,求 I 和 U_{ab}。

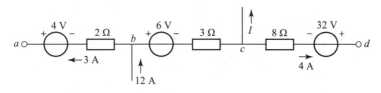

图1-50 题12图

13. 用支路电流法求图1-51所示电路中的未知电流的电压 U。

14. 利用电源等效变换的方法求图 1 – 52 所示电路中的电流 I。

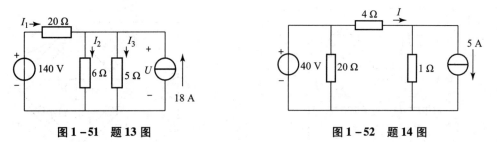

图 1 – 51　题 13 图　　　　　　　　　图 1 – 52　题 14 图

15. 用电源等效变换法求图 1 – 53 所示电路中的电压 U_{ab}。

16. 用叠加原理求图 1 – 54 所示电路电流 I 的大小。

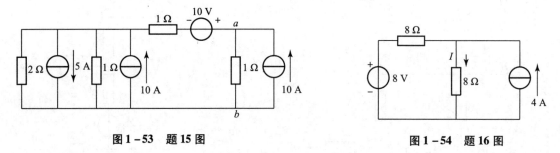

图 1 – 53　题 15 图　　　　　　　　　图 1 – 54　题 16 图

17. 用叠加原理求图 1 – 55 所示电路中的电压 I 的大小。

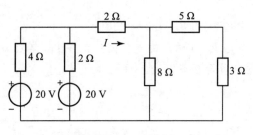

图 1 – 55　题 17 图

18. 用节点电位法求图 1 – 54 所示电路中的电流 I 的大小。

19. 用节点电位法求图 1 – 56 所示电路中的 $U_{NN'}$。

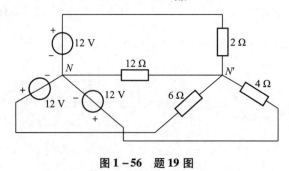

图 1 – 56　题 19 图

20. 如图 1 – 57 所示电路，用戴维南定理求 I 的大小。

21. 在图 1 – 58 所示电路中，用戴维南定理求 I 的大小。

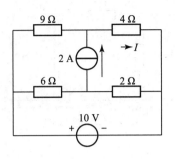

图 1 – 57 题 20 图

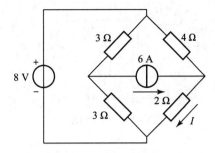

图 1 – 58 题 21 图

项目 2　正弦交流电路搭建与参数测试

　　小明课前接到任务工单，（1）要求根据提供的元器件及单相交流电源搭建日光灯电路并测试灯管电压、镇流器电压。提供的器材包括天煌教仪 DJ‐3 型设备 AC 220 V 电源，镇流器、25 W 灯管、启辉器。（2）要求根据提供的三相四线交流电源搭建 Y 形负载电路并测试灯泡电压、电流，测试线电压、线电流。提供的器材包括天煌教仪 DJ‐3 型设备电源，25 W 灯泡 3 只、电流表、电压表。

重点知识

　　（1）理解单相正弦交流电的三要素及其瞬时表达式、波形图、相量的表达方法。
　　（2）理解纯电阻电路、纯电感电路、纯电容电路中的电压与电流的关系、功率和能量特征；*RLC* 串联电路中电压与电流的关系，阻抗、电压、功率三个相似三角形及应用分析。
　　（3）掌握三相四线制电源及其特点，对称负载呈星形（Y）、三角形（△）连接时电压与电流的关系。

能力与素养

　　（1）具备搭接单相日光灯电路、测试参数的能力。
　　（2）掌握三相四线制电源连接、测量电压技能，能搭接以灯泡为负载的三相负载呈 Y、△ 连接的电路，并能正确测量参数。
　　（3）养成接线可靠、"严"字当头的职业素养；电工作业一丝不苟、美观整洁；树立规范意识、激发创新意识。

知识链接 2.1　正弦交流电的基本概念

　　在日常生活和生产实践中，人们接触的大多是正弦交流电路，它具有输配电容易、使用方便、价格便宜等优点，因而在电力工程中应用极为广泛。如照明电路、电动机拖动电路和生产流水线等。因此，大家必须好好掌握正弦交流电路，为以后学习交流电动机、电器及电子技术打下理论基础。

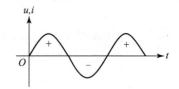

图 2 - 1　正弦交流电的
波形图

正弦交流电是指大小、方向随时间按正弦规律变化的电压、电动势和电流等物理量，并统称为正弦量，如图 2 - 1 所示。在不加特殊说明时，今后所说的交流电都是指正弦交流电。

2.1.1　正弦交流电的表示方法

1. 波形图表示方法

正弦交流电的大小和方向均随时间按正弦规律做周期性变化，可以用正弦波表示，这种表示方法称为波形图表示法，它可直观、形象地描述各正弦量的变化规律，其波形如图 2 - 1 所示。

由图 2 - 1 可知，正弦交流电的取值时正时负。但其实际上和直流电路一样，需先设定参考方向，取正值时则表示实际方向和参考方向一致，取负值时则表示实际方向和参考方向相反。

2. 三角函数表示方法

正弦交流电可以用三角函数表达式表示，如：

$$u = U_\mathrm{m}\sin(\omega t + \varphi_u) \tag{2-1}$$

$$i = I_\mathrm{m}\sin(\omega t + \varphi_i) \tag{2-2}$$

它反映了正弦交流电的变化规律，是正弦量的基本表示方法。

2.1.2　正弦交流电的三要素

上述两种表示方法中都必须包含正弦量的三个要素：最大值（或有效值）、周期（或频率、角频率）和相位（或初相位）。下面分别介绍三要素的意义。

1. 最大值与有效值

正弦量是变化的量，它在任一瞬间的值称为瞬时值，用小写字母表示，如电压 u。

正弦量在变化过程中的最大瞬时值叫作最大值，又称幅值、振幅或峰值，用带有下标"m"的大写字母表示，如电压最大值 U_m。它反映的是正弦交流电的大小，如图 2 - 2 所示。

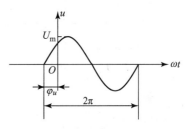

图 2 - 2　正弦量的三要素

通常一个正弦量的大小是用有效值表示的。正弦电流 i 在一个周期 T 内通过某一电阻 R 产生的热量若与一直流电流 I 在相同时间和相同的电阻上产生的热量相等，那么这个直流电流 I 就是正弦交流电流 i 的有效值。

依上所述，应有

$$\int_0^T i^2 R \mathrm{d}t = I^2 RT$$

由此可得正弦电流 i 的有效值为

$$I = \sqrt{\frac{1}{T}\int_0^T i^2 \mathrm{d}t} \qquad (2-3)$$

可见，正弦电流 i 的有效值为其方均根值，并且这一结论适用于任意周期量。

把 $i = I_m \sin\omega t$ 代入式（2-3），可得正弦电流 i 的有效值 I 与最大值 I_m 的关系为

$$I = \frac{I_m}{\sqrt{2}} \qquad (2-4)$$

同理可得出正弦交流电压、正弦电动势的有效值分别为

$$U = \frac{U_m}{\sqrt{2}} \quad 或 \quad E = \frac{E_m}{\sqrt{2}} \qquad (2-5)$$

一般所讲的正弦交流电压或电流的大小，例如交流电压 380 V 或 220 V，都是指它们的有效值，其最大值应为 $\sqrt{2} \times 380$ V 或 $\sqrt{2} \times 220$ V。一般交流电压表和电流表的刻度也是根据有效值来定的。

2. 周期、频率和角频率

正弦交流电变化一次所需的时间称为周期，用 T 表示，单位是秒（s）。

正弦交流电每秒内变化的次数称为频率，用 f 表示，单位是赫兹（Hz）。

显然频率和周期互为倒数，即

$$f = \frac{1}{T} \qquad (2-6)$$

它们能够反映出正弦交流电变化的快慢。

正弦量每秒钟相位角的变化称为角频率 ω，正弦交流电一个周期变化 360°，即 2π 弧度，把它在单位时间内变化的弧度数称为角频率，用 ω 表示，单位是弧度每秒（rad/s）。它与频率、周期之间的关系为

$$\omega = \frac{2\pi}{T} = 2\pi f \qquad (2-7)$$

所以 ω、T、f 都是表示正弦量变化速度的，三者只要知其一，则其余皆可求得。已知我国工频电源的频率为 $f = 50$ Hz，则可求出其周期 $T = (1/50)\,\mathrm{s} = 0.02$ s，$\omega = 2\pi f = 2 \times 3.14 \times 50$ rad/s $= 314$ rad/s。

【例 2-1】 已知某交流电的频率 $f = 60$ Hz，求它的周期 T 和角频率 ω。

解：
$$T = \frac{1}{f} = \frac{1}{60} = 0.017 \ （\mathrm{s}）$$
$$\omega = 2\pi f = 2 \times 3.14 \times 60 = 376.8 \ （\mathrm{rad/s}）$$

3. 相位和初相位

由图 2-2 的正弦波可知，正弦量的波形是随时间 t 变化的。电压 u 的波形起始于横坐标 φ_u 处，对应的三角函数表达式为

$$u = U_m \sin(\omega t + \varphi_u) \qquad (2-8)$$

式中，$\omega t + \varphi_u$ 为相位角，简称相位；$t = 0$ 时的相位 φ_u 称为初相位，简称初相，它反映了正弦量计时起点初始值的大小。

初相 φ_u 对波形有什么影响呢？不妨从数学的角度入手。

数学上规定：当正弦曲线由负变正时所经过的零值点到坐标原点的弧度 φ_u 满足 $|\varphi_u| \leqslant \pi$ 时，φ_u 称为初相。

在图 2-3（a）中，A、B、C、D 四个点中只有 B 点是要找的零值点，初相 φ_u 如图所示。图中 $t = 0$ 时，$u = U_m \sin(\omega t + \varphi_u) = U_m \sin\varphi_u > 0$。因为 $U_m > 0$，$|\varphi_u| \leqslant \pi$，所以 $\varphi_u > 0$，此时波形是从坐标原点左移 φ_u 得到的。

同理，$\varphi_u = 0$ 时波形是从坐标原点出发的，如图 2-1 所示；$\varphi_u < 0$ 时，波形是从坐标原点右移 φ_u 得到的，如图 2-3（b）所示。

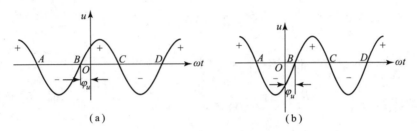

图 2-3　不同 φ_u 对应的不同波形

（a）$\varphi_u > 0$；（b）$\varphi_u < 0$

2.1.3　正弦交流电的相位差

在一个正弦交流电路中，电压和电流的频率相同，但它们的初相可能相同也可能不同，如图 2-4 所示。

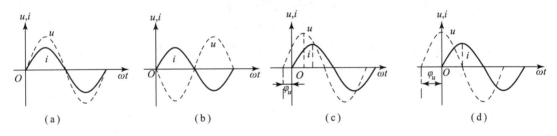

图 2-4　正弦交流电的相位关系

（a）$\varphi = 0°$；（b）$\varphi = 180°$；（c）$\varphi > 0°$；（d）$\varphi = 90°$

两个同频率正弦量的相位之差称为相位差，用 φ 表示。

设 $u = U_m \sin(\omega t + \varphi_u)$，$i = I_m \sin(\omega t + \varphi_i)$，则 u 与 i 的相位差为

$$\varphi = (\omega t + \varphi_u) - (\omega t + \varphi_i) = \varphi_u - \varphi_i \qquad (2-9)$$

由此可见，同频率正弦量的相位差实际上就等于初相之差。

$\varphi = 0°$，u 与 i 同时到达最大值，也同时到达零点，二者变化趋势相同，这时就说 u 与 i 同相，如图 2-4（a）所示。

$\varphi = \pm 180°$，u 到达最大值时，i 到达最小值，二者变化趋势相反，这时就说 u 与 i 反相，如图 2-4（b）所示。

$\varphi > 0°$，即 $\varphi_u > \varphi_i$ 时，u 比 i 先到达最大值，这时就说在相位上 u 比 i 超前 φ 角，或 i 比 u 滞后 φ 角，如图 2-4（c）所示。

$\varphi = 90°$，则称两者正交，如图 2-4（d）所示。

【例 2-2】 已知 $u = 311\sin(314t + 60°)\,V$，$i = 141\cos(100\pi t - 60°)\,A$。（1）在同一坐标下画出波形图。（2）求最大值、有效值、频率、初相。（3）比较它们的相位关系。

解：$u = 311\sin(314t + 60°)\,V$

$\quad i = 141\cos(100\pi t - 60°)\,A$

$\quad\quad = 141\sin(100\pi t + 30°)\,A$

（1）波形图如图 2-5 所示。

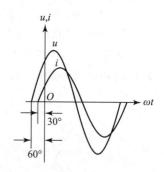

图 2-5 例 2-2 的波形图

（2）$U_m = 311$（V），$U = \dfrac{U_m}{\sqrt{2}} = \dfrac{311}{\sqrt{2}} = 220$（V）

$f_u = \dfrac{\omega}{2\pi} = \dfrac{314}{2 \times 3.14} = 50$（Hz），$\varphi_u = 60°$

$I_m = 141$（A），$I = \dfrac{I_m}{\sqrt{2}} = \dfrac{141}{\sqrt{2}} = 100$（A）

$f_i = \dfrac{\omega}{2\pi} = \dfrac{100\pi}{2\pi} = 50$（Hz），$\varphi_i = 30°$

（3）因为相位差 $\varphi = \varphi_u - \varphi_i = 60° - 30° = 30°$，所以它们的相位关系是 u 比 i 超前 30°。

注意：正弦量用正弦函数和余弦函数表示均可。为了统一起见，本书一律采用正弦函数表示。

【思考与练习】

2.1.1 什么是正弦交流电的三要素？某交流电电流为 $i = 25\sqrt{2}\sin(314t + 30°)\,A$，分别指出三要素各是什么？

2.1.2 怎样从正弦交流电的三角函数表达式和波形图确定三要素？怎样从交流电的三要素确定交流电的三角函数表达式和波形图？

2.1.3 已知一正弦电动势的最大值为 311 V，频率是 50 Hz，初相位为 60°。试写出该正弦电动势瞬时值的表达式，画出波形图，并求 $t = 0.1\,s$ 时的瞬时值。

2.1.4 4 A 的直流电流和最大值为 5 A 的交流电流分别通过阻值相等的两个电阻，问：在相同时间内，哪个电阻发热更多，为什么？

知识链接2.2 正弦交流电的相量表示法

正弦量的各种表示方法是分析与计算正弦交流电路的工具。用三角函数表达式进行运算，过程非常复杂；用正弦波形进行运算，不可能得到精确的结果。而同频率的正弦量可用有向线段（相量图）和复数（相量式）表示，这样就可把正弦电路的分析计算由烦琐的三角函数运算转化为平面几何代数运算问题。

相量表示法的基础是复数，所以有必要先复习一下复数。

2.2.1　复数及其运算

1. 复数的 4 种表示方法

取一直角坐标，横轴称为实轴，以 +1 为单位，用来表示复数的实部；纵轴称为虚轴，以 +j 为单位，用来表示复数的虚部。这两个坐标轴共同组成的平面称为复平面。复平面上的点和复数之间是一一对应的关系，如图 2 - 6 所示。

（1）代数形式。

复数可以用复平面上的有向线段来表示，如图 2 - 6 所示，图中由坐标原点 O 到 P 点的有向线段同样对应着复数，可表示为

$$A = a + jb \qquad (2-10)$$

式中，a、b 均为实数，a 是复数的实部，b 是复数的虚部。为避免与电流 i 相混淆，电工学中改用 j 作为虚数单位，以示区别。

有向线段的长度就是复数 A 的模，用 r 表示；有向线段与实轴正方向的夹角就是复数 A 的幅角，用 φ 表示。

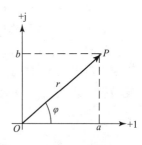

图 2 - 6　相量的复数表示

由图 2 - 6 可知

$$r = \sqrt{a^2 + b^2} \qquad\qquad \varphi = \arctan \frac{b}{a}$$

$$a = r\cos\varphi \qquad\qquad b = r\sin\varphi$$

（2）三角函数形式。

将上式代入复数 A，则

$$A = a + jb = r\cos\varphi + jr\sin\varphi = r(\cos\varphi + j\sin\varphi) \qquad (2-11)$$

此即为复数 A 的三角函数表达式。

（3）指数形式。

利用欧拉公式 $e^{j\varphi} = \cos\varphi + j\sin\varphi$，可得复数 $\dot{A}$ 的指数形式为

$$A = re^{j\varphi} \qquad (2-12)$$

（4）极坐标形式。

简写成极坐标形式为 $\qquad A = r\underline{/\varphi} \qquad (2-13)$

2. 复数的四则运算

设 $A = a_1 + jb_1 = r_1\underline{/\varphi_1}$，$B = a_2 + jb_2 = r_2\underline{/\varphi_2}$

（1）加法：$A + B = (a_1 + a_2) + j(b_1 + b_2)$

（2）减法：$A - B = (a_1 - a_2) + j(b_1 - b_2)$

（3）乘法：$A \cdot B = r_1 \angle \varphi_1 \cdot r_2 \angle \varphi_2 = r_1 \cdot r_2\underline{/\varphi_1 + \varphi_2}$

（4）除法：$\dfrac{A}{B} = \dfrac{r_1\underline{/\varphi_1}}{r_2\underline{/\varphi_2}} = \dfrac{r_1}{r_2}\underline{/\varphi_1 - \varphi_2}$

综上所述，复数不但有多种表示形式，而且各种表示形式之间还可以相互转换，这就使得复数的四则运算极为灵活。加法和减法采用代数形式比较方便，乘法和除法采用极坐标形式则更为简捷。

2.2.2 相量表示法

设有一正弦交流电流 $i = I_m \sin(\omega t + \varphi_0)$，其波形如图 $2-7$（b）所示。

图 $2-7$（a）所示为复平面上一旋转有向线段 OP。有向线段的长度等于正弦量的最大值 I_m，它的初始位置（$t = 0$ 时的位置）与实轴正方向的夹角等于正弦量的初相 φ_0，并以正弦的角频率 ω 做逆时针方向的旋转。

可见，这一旋转有向线段具有正弦量的三要素，所以可用来表示正弦量，从图 $2-7$ 也可看出，正弦量的瞬时值可以由这个旋转有向线段在虚轴上的投影得到，例如：在 $t = 0$ 时，$i_0 = I_m \sin(\omega t + \varphi_0) = I_m \sin\varphi_0$；在 $t = t_1$ 时，$i_1 = I_m \sin(\omega t + \varphi_0) = I_m \sin(\omega t_1 + \varphi_0)$。由于正弦交流电路的分析通常不涉及角频率，因此可以不用考虑有向线段的旋转问题，而用该旋转有向线段在 $t = 0$ 时的有向线段来表示正弦量。

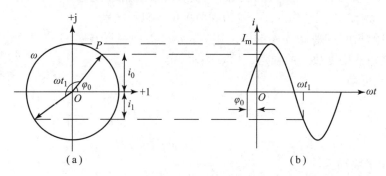

图 2-7 用正弦波形和旋转有向线段来表示正弦量

正弦量可用有向线段表示，而有向线段又可用复数表示，所以正弦量也可用复数表示：复数的模即为正弦量的最大值（或有效值），复数的幅角即为正弦量的初相。

为了与一般的复数相区别，把表示正弦量的复数称为相量。这种表示正弦量的方法称为正弦量的相量表示法。

以正弦电流 $i = I_m \sin(\omega t + \varphi_0)$ 为例，其对应的复数为 $\dot{I}_m = I_m \underline{/\varphi_0}$ 或 $\dot{I} = I \underline{/\varphi_0}$。若以最大值为模，则称为最大值的相量，如 $\dot{I}_m$；若以有效值为模，则称为有效值相量，如 $\dot{I}$。由此可见，正弦量和相量是一一对应的关系。

值得注意的是：相量只能表示为正弦量，但并不等于正弦量，因为它只是具有正弦量的两个要素：最大值（或有效值）和初相，角频率则无法体现出来，但是在分析正弦交流电时，正弦电源、电压和电流等均为同频率的正弦量，频率是已知或特定的，可不考虑，只要用相量求出最大值（或有效值）和初相即可。

按照各个同频率正弦量的大小和相位关系，在同一坐标中画出它们对应的有向线段，这样的图形称为相量图。为了简便，常省去坐标轴，只画出代表实轴正方向的虚线。

【例 2-3】 试画出以下两个正弦量的相量图：

$$u = 50\sqrt{2}\sin(314t + 60°)\,\text{V}, \quad i = 25\sqrt{2}\sin(314t + 30°)\,\text{A}。$$

解：两个正弦量对应的相量分别为

$$\dot{U} = 50\underline{/60°}, \quad \dot{I} = 25\underline{/30°}$$

它们的相量图如图 2-8 所示。

注意：（1）只有正弦周期量才能用相量表示。

（2）只有同频率的正弦量才能画在同一相量图上。

图 2-8　正弦量 u 与 i 的相量

由上可知，表示正弦量的相量有两种形式：相量图和复数式（即相量式）。以相量图为基础进行正弦量计算的方法称为相量图法；用复数表示正弦量来进行计算的方法称为相量的复数运算法。在分析正弦交流电路时，这两种方法都可以用。

【例 2-4】 已知 $u_1 = 8\sqrt{2}\sin(314t + 60°)\,\text{V}$，$u_2 = 6\sqrt{2}\sin(314t - 30°)\,\text{V}$，画出相量图并求 $u_{12} = u_1 + u_2$。

解：（1）用相量式求。

由已知条件可写出 u_1 和 u_2 的有效值相量为

$$\dot{U}_1 = 8\underline{/60°}\ \text{V} = (4 + \text{j}6.9)\,\text{V}$$

$$\dot{U}_2 = 6\underline{/-30°}\ \text{V} = (5.2 - \text{j}3)\,\text{V}$$

$$\dot{U}_{12} = \dot{U}_1 + \dot{U}_2 = 4 + \text{j}6.9 + 5.2 - \text{j}3 = 9.2 - \text{j}3.9 = 10\underline{/23°}\ (\text{V})$$

$$u_{12} = 10\sqrt{2}\sin(314t + 23°)\,\text{V}$$

（2）用相量图求。

在复平面上，复数用有向线段表示时，复数间的加、减运算满足平行四边形法则，那么正弦量的相量加、减运算就满足该法则，因此还可用作图的方法——相量图法求出 $\dot{U}_{12} = \dot{U}_1 + \dot{U}_2$，其相量图如图 2-9 所示。根据总电压 $\dot{U}_{12}$ 的长度 U 和它与实轴的夹角 φ_0 可写出 u 的瞬时值表达式，即

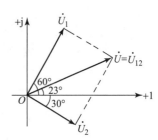

图 2-9　例 2-4 的相量图

$$u_{12} = \sqrt{2}U\sin(\omega t + \varphi_0) = 10\sqrt{2}\sin(314t + 23°)\ (\text{V})$$

为了简便计算，以后在画相量图时，复平面上的"$+1$"和"$+\text{j}$"以及坐标轴均可省去不画。

应该指出，正弦量是时间的实函数，正弦量的复数形式和相量图表示只是一种数学手段，目的是简化运算，正弦量既不是复数又与空间矢量有本质的区别。

【思考与练习】

2.2.1　指出下列各式的正误。

（a）$i = 6\underline{/30°}\ \text{A}$　　（b）$\dot{U} = 40\sqrt{2}\sin(314t + 40°)\,\text{V}$　　（c）$I = 10\exp(\text{j}30°)\,\text{A}$

（d）$I = 4\sin(314t + 80°)\,\text{A}$　　（e）$i = 10\sin\pi t\ \text{A}$　　（f）$\dot{I} = 30\text{e}^{-\text{j}30°}\,\text{A}$

（g）$u = 5\sin(\omega t - 20°) = 5e^{-j20°}\,V$

2.2.2 某交流电电流为 $i_1 = 8\sqrt{2}\sin(\omega t + 60°)\,A$，$i_2 = 6\sqrt{2}\sin(\omega t - 30°)\,A$，试用复数式计算 $i = i_1 + i_2$ 及 $i' = i_1 - i_2$，并画出相量图。

知识链接2.3 单一参数的正弦交流电路

单个元件电阻、电感或电容组成的电路称为单一参数电路，掌握它的伏安关系、功率消耗及能量转换是分析正弦交流电路的基础。

2.3.1 纯电阻电路

在日常生活中接触到的白炽灯、电炉、热得快等都是电阻性负载，若只考虑电阻性质，而忽略其他性质，则称为纯电阻元件，其电阻阻值 R 的计算式为

$$R = \rho \frac{l}{S} \qquad (2-14)$$

纯电阻电路

式中，ρ 为电阻系数或电阻率，单位为 $\Omega \cdot mm^2/m$；l 为导体长度，单位为 m；S 为导体截面积，单位为 mm^2。

电阻的单位为欧姆或千欧（Ω 或 $k\Omega$）。

若正弦交流电源中接入的负载为纯电阻元件形成的电路，则称为纯电阻电路。

1. 伏安关系

对于电阻来说，当电压与电流的参考方向如图2-10（a）所示时，则电压和电流之间符合欧姆定律 $u = Ri$。

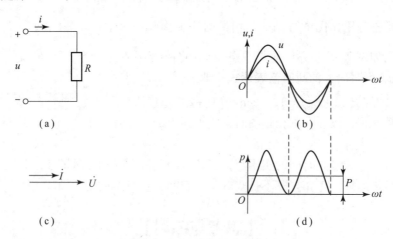

图2-10 电阻元件的正弦交流电路

设 $i = I_m\sin\omega t$，则

$$u = Ri = RI_m\sin\omega t = U_m\sin\omega t \qquad (2-15)$$

由此可知：

（1）u 是与 i 同频同相的正弦电压。

（2）u 与 i 的幅值或有效值间是线性关系，其比值是线性电阻 R，即

$$\frac{U_{\mathrm{m}}}{I_{\mathrm{m}}} = \frac{U}{I} = R \qquad (2-16)$$

（3）u 与 i 的波形如图 2-10（b）所示。

（4）u 与 i 的伏安关系的相量形式为

$$\dot{I} = I\underline{/0°}$$

$$\dot{U} = U\underline{/0°} = RI\underline{/0°} = R\dot{I} \qquad (2-17)$$

（5）u 与 i 的相量图如图 2-10（c）所示。

2. 功率问题

（1）瞬时功率。

在任意时刻，电压的瞬时值 u 和电流的瞬时值 i 的乘积，称为该元件的瞬时功率，用小写字母 p 表示，则

$$p = ui = U_{\mathrm{m}}\sin\omega t \cdot I_{\mathrm{m}}\sin\omega t = U_{\mathrm{m}}I_{\mathrm{m}}\sin^2\omega t = \sqrt{2}U \cdot \sqrt{2}I \cdot \frac{1-\cos2\omega t}{2}$$

$$= UI(1-\cos2\omega t) \qquad (2-18)$$

由式（2-18）可见，p 由两部分组成，且

因为 $\qquad\qquad\qquad\qquad -1 \leqslant \cos2\omega t \leqslant 1$

所以 $\qquad\qquad\qquad\qquad 1-\cos2\omega t \geqslant 0$

故 $p \geqslant 0$，说明电阻只要有电流就消耗能量，将电能转化为热能，它是耗能元件，其瞬时功率的波形如图 2-10（d）所示。

（2）平均功率。

在电工学中，通常用瞬时功率 p 在一个周期内的平均值来衡量交流功率的大小，这个平均值用大写字母 P 表示，即

$$P = \frac{1}{T}\int_0^T p\,\mathrm{d}t = \frac{1}{T}\int_0^T UI(1-\cos2\omega t)\,\mathrm{d}t = UI = I^2R = \frac{U^2}{R} \qquad (2-19)$$

平均功率又称为有功功率，单位为瓦或千瓦（W 或 kW）。

式（2-19）与直流电路中电阻功率的表达式相同，只不过式中的 U、I 是正弦交流电压和电流的有效值，而不是直流电压、电流。

【例 2-5】 如图 2-10（a）所示的纯电阻电路中，$R = 10\ \Omega$，$u = 20\sqrt{2}\sin(\omega t + 45°)$ V，求电流的瞬时值表达式 i 及相量 $\dot{I}$ 和平均功率 P。

解：依题意可知 $\dot{U} = 20\underline{/45°}$ V，$R = 10\ \Omega$，所以

$$\dot{I} = \frac{\dot{U}}{R} = \frac{20\underline{/45°}}{10} = 2\underline{/45°}\ (\mathrm{A})$$

故 $i = 2\sqrt{2}\sin(\omega t + 45°)$ A，$P = UI = 20 \times 2 = 40\ (\mathrm{W})$。

2.3.2 纯电感电路

一个直流铜阻 R 很小的空心线圈可视为理想的线性电感 L，若忽略其自身电阻，则称

为纯电感，其电感量的大小计算式为

$$L = \frac{\mu N^2 S}{l'} \qquad (2-20)$$

式中，μ 为介质的磁导率，单位为 H/m；N 为线圈匝数；S 为横截面积，单位为 mm^2；l' 为线圈长度，单位为 m。

电感的单位为亨利或毫亨（H 或 mH），$1\ H = 10^3\ mH$。

若正弦交流电源中接入的负载为纯电感元件形成的电路，则称为纯电感电路。

1. 伏安关系

对于电感元件来说，当电压与电流的参考方向如图 2-11（a）所示时，电压和电流之间的关系为

$$u = -e_L = L\frac{\mathrm{d}i}{\mathrm{d}t} \qquad (2-21)$$

若设电流 $i = I_m \sin\omega t$ 为参考正弦量，则

$$u = L\frac{\mathrm{d}i}{\mathrm{d}t} = L \cdot I_m \cdot \omega\cos\omega t = \omega L I_m \sin(\omega t + 90°) = U_m \sin(\omega t + 90°) \qquad (2-22)$$

由此可知：

（1）u 是与 i 同频的正弦量。

（2）在相位上，u 相位角超前 i 相位角 90°。

（3）在值的大小上，u 与 i 的有效值（或最大值）间受感抗 X_L 的约束，表示为

$$\frac{U_m}{I_m} = \frac{U}{I} = \omega L = 2\pi f L \qquad (2-23)$$

式中，ωL 为感抗，用 X_L 表示，单位为欧姆（Ω）。它体现的是电感对交流电的阻碍作用。感抗 X_L 与电感量 L 和频率 f 成正比。L 一定时，f 越高，X_L 越大；f 越低，X_L 越小；当 f 减小为零即为直流时，X_L 等于零，即电感对直流可视为短路。由此可见，电感具有"通直流，阻交流"和"通低频，阻高频"的作用。

（4）u 与 i 的波形如图 2-11（b）所示。

（5）u 与 i 的伏安关系的相量形式为

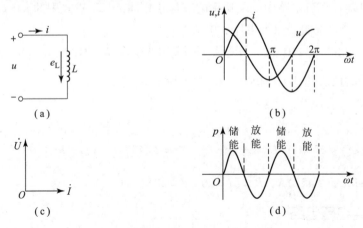

图 2-11 电感元件的正弦交流电路

$$\dot{I} = I\underline{/0°}$$

$$\dot{U} = U\underline{/90°} = \omega L I\underline{/0° + 90°} = \omega L \cdot I\underline{/0°} \cdot 1\angle 90° = j\omega L \dot{I} = jX_L \dot{I} \qquad (2-24)$$

（6）u 与 i 的相量图如图 2 – 11（c）所示。

2. 功率问题

（1）瞬时功率。

由瞬时功率的定义可得

$$p = ui = U_m\sin(\omega t + 90°) \cdot I_m\sin\omega t = U_m I_m\cos\omega t\sin\omega t$$

$$= \sqrt{2}U \cdot \sqrt{2}I \cdot \frac{1}{2}\sin 2\omega t = UI\sin 2\omega t \qquad (2-25)$$

由式（2 – 25）可见，p 是一个幅值为 UI，并以 2ω 为角频率随时间而变化的交变量，其波形如图 2 – 11（d）所示。

将电压 u 和电流 i 每个周期的变化过程分成四个 1/4 周期：在第一和第三个 1/4 周期，电感中的电流在增大，磁场在增强，电感从电源吸取能量，并将之储存起来，p 为正。在第二和第四个 1/4 周期，电感中的电流在减小，磁场在减弱，电感将储存的磁场能量释放出来，归还给电源，p 为负。可以看出理想电感 L 在正弦交流电源作用下，不断地与电源进行能量交换，但不消耗能量。

（2）平均功率。

瞬时功率 p 在一周期内的平均值即为平均功率

$$P = \frac{1}{T}\int_0^T p\,\mathrm{d}t = \frac{1}{T}\int_0^T UI\sin 2\omega t\,\mathrm{d}t = 0 \qquad (2-26)$$

说明纯电感元件在正弦交流电路中不消耗电能。

（3）无功功率。

电感本身并未消耗能量，但要和电源进行能量交换，是储能元件。

为了反映能量交换的规模，用 u 与 i 的有效值乘积来衡量，称之为电感的无功功率，用 Q_L 表示，并记作

$$Q_L = UI = I^2 X_L = \frac{U^2}{X_L} \qquad (2-27)$$

为与有功功率区别，无功功率的单位为乏（var）或千乏（kvar）。

储能元件（L 或 C），虽本身不消耗能量，但需占用电源容量并与之进行能量交换，对电源是一种负担。

【例 2 – 6】　把一个电感量 $L = 0.55$ H 的线圈接到 $u = 220\sqrt{2}\sin(200t + 60°)$ V 的电源上，其电阻忽略不计，电路如图 2 – 11（a）所示。求线圈中的电流的瞬时值表达式和无功功率 Q_L。

解：依题意　$\dot{U} = 220\underline{/60°}$ V，$X_L = \omega L = 200 \times 0.55 = 110$（Ω）

$$\dot{I} = \frac{\dot{U}}{jX_L} = \frac{220\underline{/60°}}{j110} = \frac{220\underline{/60°}}{110\underline{/90°}} = 2\underline{/-30°}\ （\text{A}）$$

故 $i = 2\sqrt{2}\sin(200t - 30°)$ A, $Q_L = UI = 220 \times 2 = 440$ （var）。

2.3.3 纯电容电路

两个导体中间用电介质隔开就构成电容，其容量大小的计算式为

$$C = \frac{\varepsilon S}{d} \qquad (2-28)$$

式中，ε 为电介质的介电常数；S 为极板面积；d 为极板间的距离。

电容容量的单位为法拉、微法或皮法（F、μF 或 pF），$1\ \text{F} = 10^6\ \mu\text{F} = 10^{12}\ \text{pF}$。

若正弦交流电源中接入的负载为纯电容元件形成的电路，则称为纯电容电路，如图 2-12（a）所示。

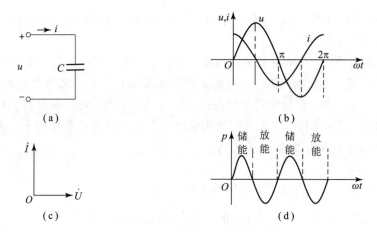

图 2-12　电容元件的正弦交流电路

1. 伏安关系

电容是一种聚集电荷的元件，它所带的电荷量 q 与电压 u 有关，即

$$q = Cu$$

式中，C 为电容量。所以对于电容来说，电压和电流之间的关系为

$$i = \frac{\mathrm{d}q}{\mathrm{d}t} = C\frac{\mathrm{d}u}{\mathrm{d}t} \qquad (2-29)$$

若设电压 $u = U_m\sin\omega t$ 为参考正弦量，则

$$i = C\frac{\mathrm{d}u}{\mathrm{d}t} = C \cdot U_m \cdot \omega\cos\omega t = \omega C U_m\sin(\omega t + 90°) = I_m\sin(\omega t + 90°) \qquad (2-30)$$

由此可知：

（1）u 是与 i 同频的正弦量。

（2）在相位上，i 超前 u 相位角 $90°$。

（3）在值的大小上，u 与 i 的有效值（或最大值）受容抗 X_C 的约束，表示为

$$\frac{U_m}{I_m} = \frac{U}{I} = \frac{1}{\omega C} = \frac{1}{2\pi f C} \qquad (2-31)$$

式中，称 $1/(\omega C)$ 为容抗，用 X_C 表示，单位为欧姆（Ω）。它体现的是电容对交流电的阻

碍作用。容抗 X_C 与电容量 C 和频率 f 成反比。C 一定时，f 越高，X_C 越小；f 越低，X_L 越大；当 f 减小为零即为直流时，X_C 趋于无穷大，即电容对直流可视为断路。由此可见，电容具有"通交流，阻直流"和"通高频，阻低频"的作用。

（4）u 与 i 的波形如图 2 – 12（b）所示。

（5）u 与 i 的伏安关系的相量形式为

$$\dot{I} = I\underline{/90^\circ}$$

$$\dot{U} = U\underline{/0^\circ} = \frac{1}{\omega C}I\underline{/90^\circ - 90^\circ} = \frac{1}{\omega C} \cdot I\underline{/90^\circ} \cdot 1\underline{/-90^\circ} = -\mathrm{j}\frac{1}{\omega C}\dot{I} = -\mathrm{j}X_C\dot{I}$$

$$(2-32)$$

（6）u 与 i 的相量图如图 2 – 12（c）所示。

2. 功率问题

（1）瞬时功率。

由瞬时功率的定义可得

$$p = ui = U_m\sin\omega t \cdot I_m\sin(\omega t + 90^\circ) = UI\sin 2\omega t \qquad (2-33)$$

由式（2 – 33）可知，p 是一个幅值为 UI，并以 2ω 的角频率随时间而变化的交变量，其波形如图 2 – 12（d）所示。

将电压 u 和电流 i 每周期的变化过程分成四个 1/4 周期：在第一和第三个 1/4 周期，电容上的电压增大，电场增强，电容充电，电容从电源吸收能量，p 为正；在第二和第四个 1/4 周期，电容上的电压减小，电场减弱，电容放电，将储存的能量归还给电源，p 为负。可以看出理想电容 C 在正弦交流电源作用下，不断地与电源进行能量交换，但不消耗能量。

（2）平均功率。

瞬时功率 p 在一周期内的平均值即为平均功率，即

$$P = \frac{1}{T}\int_0^T p\,\mathrm{d}t = \frac{1}{T}\int_0^T UI\sin 2\omega t\,\mathrm{d}t = 0 \qquad (2-34)$$

电容本身并未消耗能量，但要和电源进行能量交换，是储能元件。

（3）无功功率。

为了反映能量交换的规模，用 u 与 i 的有效值乘积来衡量，称之为电容的无功功率，用 Q_C 表示，并记作

$$Q_C = UI = I^2X_C = \frac{U^2}{X_C} \qquad (2-35)$$

其单位为乏或千乏（var 或 kvar）。

3. 电容充、放电

当电容器两极板通过电阻元件与直流电源正负极串联接通时，对电容器 C 进行充电，极板上电荷越来越多，端电压不断升高，流经电流不断减小，直至极板间电压与电源电压相等时，充电电流降为零，如图 2 – 13 所示。充电曲线变化是按指数规律变化的，与电容器串联支路中电阻元件阻值大

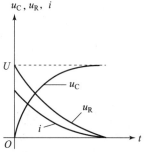

图 2 – 13　RC 充电电路中 u_C、u_R 及 i 的曲线

小、电容器容量构成的时间常数 $\tau = RC$ 有关，只要时间 $t = （4 \sim 5）\tau$ 时，就可认为过渡过程已经结束了。

电容元件的放电过程与充电过程相反，从充满电荷的两极板进行放电，按指数下降，直到放电电流为零为止。

【例 2 - 7】 把一个电容量 $C = 4.75\ \mu F$ 的电容接到交流电源上，电容的端电压 $u = 220\sqrt{2}\sin314t$ V，电路如图 2 - 12（a）所示。求：（1）容抗 X_C；（2）电容通过的电流有效值 I_C；（3）电容中电流的瞬时值 i_C；（4）电容的有功功率 P_C 和无功功率 Q_C。

解：（1）容抗

$$X_C = \frac{1}{\omega C} = \frac{1}{314 \times 4.75 \times 10^{-6}} = 670\ （\Omega）$$

（2）电流有效值

$$I_C = \frac{U}{X_C} = \frac{220}{670} = 0.328\ （A）$$

（3）电流瞬时值

$$i_C = 0.328\sqrt{2}\sin(314t + 90°)\ A$$

（4）有功功率

$$P_C = 0\ （W）$$

无功功率

$$Q_C = UI_C = 220 \times 0.328 = 72.25\ （var）$$

【思考与练习】

2.3.1 把一个 $R = 10\ \Omega$ 的电阻元件接到 $f = 50$ Hz、电压有效值 $U = 10$ V 的交流电源上，求电阻中电流 i 的瞬时表达式、相量式。

2.3.2 把一个 $L = 200$ mH 的电感元件接到 $u = 100\sqrt{2}\sin(314t + 45°)$ V 的电源上，求电感中的电流 i 的瞬时表达式和相量式。

2.3.3 流过 0.5 F 电容上的电流是 $i_C = \sqrt{2}\sin(100t - 30°)$ A，求电容的端电压 u 的表达式和相量式。

2.3.4 指出下列各式的正误。

（1）$u_R = iR$ （2）$\dot{U} = IR$ （3）$u = L\dfrac{\mathrm{d}i}{\mathrm{d}t}$ （4）$\dot{I} = \dfrac{\dot{U}}{jX_L}$

（5）$P_L = 0$ （6）$\dot{U} = -j\dfrac{1}{\omega C}\dot{I}$ （7）$X_C = \dfrac{u}{i}$ （8）$I = \omega CU$

知识链接2.4 正弦交流电路的分析

2.4.1 *RLC* 串联电路

顾名思义，*RLC* 串联电路是指由电阻 *R*、电感 *L* 和电容 *C* 串联而成的电路，如图 2 -

14（a）所示。因为是串联电路，所以通过各元件的电流相同，设电流 $i = I_m \sin\omega t$。电流与各个电压的参考方向如图 2-14 所示。

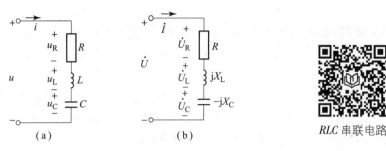

图 2-14　电容元件的正弦交流电路

1. 伏安关系

根据基尔霍夫电压定律可知

$$u = u_R + u_L + u_C = Ri + L\frac{di}{dt} + \frac{1}{C}\int i dt \qquad (2-36)$$

式（2-36）中既有求导又有积分，比较复杂，用相量进行分析计算更为简便。

各元件上电压和电流之间的关系用相量表示分别为

$$\dot{U}_R = R\dot{I}，\quad \dot{U}_L = jX_L\dot{I}，\quad \dot{U}_C = -jX_C\dot{I}$$

原电路对应的相量模型如图 2-14（b）所示，总电压相量等于串联电路各元件上电压相量之和，即

$$\dot{U} = \dot{U}_R + \dot{U}_L + \dot{U}_C = R\dot{I} + jX_L\dot{I} - jX_C\dot{I} = \dot{I}\left[R + j(X_L - X_C)\right] \qquad (2-37)$$

令 $X = X_L - X_C$，称为电抗；$Z = R + j(X_L - X_C) = R + jX = |Z|\underline{/\varphi}$，称为串联电路的复阻抗，单位为欧姆（Ω）。

由此可知，RLC 串联电路总的复阻抗应为

$$Z = \frac{\dot{U}}{\dot{I}} = R + j(X_L - X_C) = |Z|e^{j\varphi} = \frac{U}{I}\underline{/\varphi} = \frac{U}{I}\underline{/\varphi_u - \varphi_i} \qquad (2-38)$$

复阻抗的模为

$$|Z| = \sqrt{R^2 + X^2} = \sqrt{R^2 + (X_L - X_C)^2} = \frac{U}{I}$$

它体现了电压 u 和电流 i 的有效值之间的约束关系。

复阻抗的幅角为

$$\varphi = \arctan\frac{X}{R} = \arctan\frac{X_L - X_C}{R} = \varphi_u - \varphi_i \qquad (2-39)$$

表示了电压 u 和电流 i 的相位关系。

由此可知，复阻抗的模 $|Z|$、实部 R、虚部电抗 X 三者构成一直角三角形，称为阻抗三角形，如图 2-15 所示。

（1）若 $X_L > X_C$，则 $\varphi = \varphi_u - \varphi_i > 0$，此时电压超前电流 φ

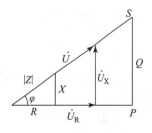

图 2-15　阻抗、电压和功率三角形

45

角，电路呈电感性；

当 $0° < \varphi < 90°$ 时，电路可视为电阻、电感负载；当 $\varphi = 90°$ 时，电路可视为纯电感负载。

（2）若 $X_L < X_C$，则 $\varphi = \varphi_u - \varphi_i < 0$，此时电压滞后电流 φ 角，电路呈电容性；

当 $-90° < \varphi < 0°$ 时，电路可视为电阻、电容负载；当 $\varphi = -90°$ 时，电路可视为纯电容负载。

（3）若 $X_L = X_C$，则 $\varphi = \varphi_u - \varphi_i = 0$，此时电压和电流同相，电路呈电阻性。

可见，采用相量的复数运算法对 RLC 串联电路进行分析计算时，可同时确定电压和电流之间量值和相位上的关系及判断该电路的性质。

2. RLC 串联电路的相量图分析法

这种方法可更直观地展示各电路变量间的大小和相位关系，但准确性较差。一般作图前先确定一个参考正弦量，对于串联电路定电流为参考正弦量为宜，对并联电路定电压为参考正弦量为宜。

对于图 2 - 14 所示的 RLC 电路，以电流 $\dot{I}$ 作为参考相量，电感上的电压 $\dot{U}_L = jX_L\dot{I}$，超前于 $\dot{I}$ 相位角 90°，其长度为 $U_L = X_L I$；电容上的电压 $\dot{U}_C = -jX_C\dot{I}$，落后于 $\dot{I}$ 相位角 90°，其长度为 $U_C = X_C I$；电阻上的电压 $\dot{U}_R = R\dot{I}$，与 $\dot{I}$ 同相，其长度为 $U_R = RI$。总电压 $\dot{U} = \dot{U}_R + \dot{U}_C + \dot{U}_L$，相量图如图 2 - 16 所示。

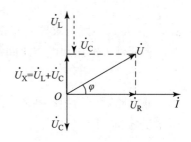

图 2 - 16 RLC 串联电路的相量图

从相量图可以看出，RLC 串联电路总电压相量 $\dot{U}$ 与串联电路各元件上电压相量 $\dot{U}_R$ 和 $\dot{U}_X = \dot{U}_L + \dot{U}_C$ 构成一直角三角形，称为电压三角形，如图 2 - 15 所示。利用此三角形可知

$$U = \sqrt{U_R^2 + U_X^2} = \sqrt{U_R^2 + (U_L - U_C)^2} = \sqrt{(RI)^2 + (X_L I - X_C I)^2}$$
$$= I\sqrt{R^2 + (X_L - X_C)^2} = I|Z| \tag{2-40}$$

这是电压和电流的量值关系。

$$\varphi = \arctan\frac{U_X}{U_R} = \arctan\frac{U_L - U_C}{U_R} = \arctan\frac{X_L - X_C}{R} \tag{2-41}$$

这是电压和电流的相位关系。

显然，电压三角形中电压和电流的相位差等于阻抗三角形中的阻抗角。

由此可见，RLC 串联电路的电压和电流的关系完全取决于电路各元件的参数。

RL 串联电路

【例 2 - 8】 图 2 - 17 所示电路，当输入直流电压为 6 V 时，$I = 2$ A；当接入交流电压 $u = 10\sqrt{2}\sin 314t$ 时，$I = 2$ A。求：（1）电感量 L 的大小；（2）当接交流电压

u 时电阻上电压 $\dot{U}_R$ 和电感元件上电压 $\dot{U}_L$，并画出相量图；（3）当交流电压的频率增加一倍时，电流 I 为多少？

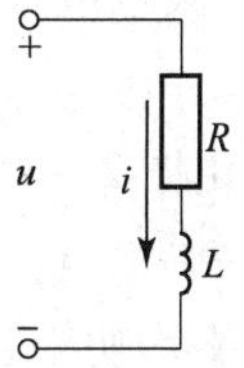

解：（1）当输入直流电压时，L 可视为短路，此时可求得电阻阻值为

$$R = \frac{U}{I} = \frac{6}{2} = 3 \text{（}\Omega\text{）}$$

当 u 为交流电压时，可求得电路阻抗模，即

$$|Z| = \frac{U}{I} = \frac{10}{2} = 5 \text{（}\Omega\text{）}$$

$$|Z| = \sqrt{R^2 + X_L^2} = \sqrt{3^2 + X_L^2}$$

得

$$X_L = \omega L = 4 \text{（}\Omega\text{）}$$

则

$$L = \frac{4}{314} = 0.012\,7 \text{（H）} = 12.7 \text{（mH）}$$

（2）设 $\dot{U} = 10\underline{/0°}$ A，$Z = 3 + j4 = 5\underline{/53.1°}$（$\Omega$），则

$$\dot{I} = \frac{\dot{U}}{Z} = \frac{10\underline{/0°}}{5\underline{/53.1°}} = 2\underline{/-53.1°} \text{（A）}$$

$$\dot{U}_R = \dot{I}R = 3 \times 2\underline{/-53.1°} = 6\underline{/-53.1°} \text{（V）}$$

$$\dot{U}_L = j\dot{I}X_L = j4 \times 2\underline{/-53.1°} = 8\underline{/-53.1° + 90°} = 8\underline{/36.9°} \text{（V）}$$

其相量图如图 2 – 18 所示。

（3）当频率增加一倍时，即 $f = 100$ Hz 时，$X_L = \omega L = 8\ \Omega$，则

$$|Z| = \sqrt{R^2 + X_L^2} = \sqrt{3^2 + 8^2} = \sqrt{73} = 8.544 \text{（}\Omega\text{）}$$

所以此时的电流有效值 I 为

$$I = \frac{U}{|Z|} = \frac{10}{8.544} = 1.17 \text{（A）}$$

3. 功率问题

设电流 $i = I_m\sin\omega t$，且 u 比 i 超前 φ，则电压 $u = U_m\sin(\omega t + \varphi)$。

（1）瞬时功率。

$$\begin{aligned}
p &= ui = U_m\sin(\omega t + \varphi) \cdot I_m\sin\omega t = U_m I_m \sin(\omega t + \varphi)\sin\omega t \\
&= \sqrt{2}U \cdot \sqrt{2}I \cdot \frac{1}{2}[\cos\varphi - \cos(2\omega t + \varphi)] \\
&= UI\cos\varphi - UI\cos(2\omega t + \varphi)
\end{aligned}$$

$$(2 - 42)$$

p 是一个常量与一个正弦量的叠加。

（2）平均功率。

平均功率又称有功功率，它是指电阻消耗的功率。由平均功率定义有

图 2 – 17　例 2 – 8
电路图

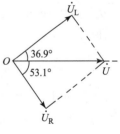

图 2 – 18　例 2 – 8
相量图

$$P = \frac{1}{T}\int_0^T p\mathrm{d}t = \frac{1}{T}\int_0^T \left[UI\cos\varphi - UI\cos(2\omega t + \varphi) \right]\mathrm{d}t = UI\cos\varphi \qquad (2-43)$$

由图 2 - 15 所示的电压三角形可知

$$U_R = RI = UI\cos\varphi$$

平均功率还可表示为 $\qquad P = U_R I = I^2 R = UI\cos\varphi$

（3）无功功率。

电路中电感和电容都要与电源进行能量交换，因此相应的无功功率是这两个元件共同作用形成的，考虑到 $\dot{U}_L$ 和 $\dot{U}_C$ 相位相反，则

$$Q = Q_L - Q_C = (U_L - U_C)I = (X_L - X_C)I^2 = UI\sin\varphi \qquad (2-44)$$

（4）视在功率。

电压的有效值 U 和电流的有效值 I 的乘积称为视在功率，用 S 表示，即

$$S = UI = I^2 |Z| = \frac{U^2}{|Z|} \qquad (2-45)$$

视在功率的单位是伏安（V·A）或千伏安（kV·A），以区别平均功率和无功功率。

（5）功率三角形。

将电压三角形的各边乘以电流 I 即成为功率三角形，如图 2 - 15 所示。

$$P = UI\cos\varphi \qquad Q = UI\sin\varphi$$
$$S = UI = \sqrt{P^2 + Q^2} \qquad (2-46)$$

它与阻抗三角形、电压三角形是相似三角形。

（6）功率因数。

功率因数 $\cos\varphi$，其大小等于有功功率与视在功率的比值，在电工技术中，一般用 λ 表示，即

$$\lambda = \cos\varphi = \frac{P}{S} \qquad (2-47)$$

【例 2 - 9】 在图 2 - 14 所示的 RLC 串联电路中，已知 $R = 30\ \Omega$，$X_L = 120\ \Omega$，$X_C = 80\ \Omega$，$u = 220\sqrt{2}\sin(314t + 30°)\mathrm{V}$，试求：（1）电路的电流 i；（2）各元件电压 u_R、u_L、u_C，并画出相量图；（3）P、Q、S。

解：依题意，$\dot{U} = 220\underline{/30°}\ \mathrm{V}$

复阻抗 $\qquad Z = R + \mathrm{j}(X_L - X_C) = 30 + \mathrm{j}(120 - 80) = 50\underline{/53.1°}\quad (\Omega)$

（1）电流 $\qquad \dot{I} = \dfrac{\dot{U}}{Z} = \dfrac{220\underline{/30°}}{50\underline{/53.1°}} = 4.4\underline{/-23.1°}\quad (\mathrm{A})$

所以瞬时表达式为 $\qquad i = 4.4\sqrt{2}\sin(314t - 23.1°)\mathrm{A}$

（2）电阻上的电压与流过的电流同相位，则

$$\dot{U}_R = \dot{I}R = 30 \times 4.4\underline{/-23.1°} = 132\underline{/-23.1°}\quad (\mathrm{V})$$
$$u_R = 132\sqrt{2}\sin(314t - 23.1°)\mathrm{V}$$

电感上电压超前流过电流 90°，则

$$\dot{U}_{\mathrm{L}} = j\dot{I}X_{\mathrm{L}} = 120 \times 4.4 \underline{/-23.1° + 90°} = 528 \underline{/66.9°} \quad (\mathrm{V})$$

$$u_{\mathrm{L}} = 528\sqrt{2}\sin(314t + 66.9°)\,\mathrm{V}$$

电容上电压落后流过电流 90°，则

$$\dot{U}_{\mathrm{C}} = -j\dot{I}X_{\mathrm{C}} = 80 \times 4.4 \underline{/-23.1° - 90°} = 352 \underline{/-113.1°} \quad (\mathrm{V})$$

$$u_{\mathrm{C}} = 352\sqrt{2}\sin(314t - 113.1°)\,\mathrm{V}$$

其相量图如图 2 - 19 所示。

（3）有功功率、无功功率、视在功率分别为

$$P = UI\cos\varphi = 220 \times 4.4\cos53.1° = 580.8 \quad (\mathrm{W})$$

$$Q = UI\sin\varphi = 220 \times 4.4\sin53.1° = 774.4 \quad (\mathrm{var})$$

$$S = UI = 220 \times 4.4 = 968 \quad (\mathrm{V \cdot A})$$

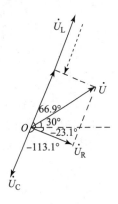

图 2 - 19　例 2 - 9
相量图

2.4.2　*RLC* 并联电路

电阻 R、电感 L 和电容 C 并联而成的电路就是 *RLC* 并联电路，如图 2 - 20 所示。

因为并联电路各并联支路的电压相同，所以设电压为参考量，即 $\dot{U} = U\underline{/0°}$，则

$$\dot{I}_{\mathrm{R}} = \frac{\dot{U}}{R} = \frac{U\underline{/0°}}{R} = \frac{U}{R}\underline{/0°} = I_{\mathrm{R}}\underline{/0°}$$

$$\dot{I}_{\mathrm{L}} = \frac{\dot{U}}{jX_{\mathrm{L}}} = \frac{U\underline{/0°}}{jX_{\mathrm{L}}} = \frac{U}{X_{\mathrm{L}}}\underline{/-90°} = I_{\mathrm{L}}\underline{/-90°}$$

$$\dot{I}_{\mathrm{C}} = \frac{\dot{U}}{-jX_{\mathrm{C}}} = \frac{U\underline{/0°}}{-jX_{\mathrm{C}}} = \frac{U}{X_{\mathrm{C}}}\underline{/90°} = I_{\mathrm{C}}\underline{/90°}$$

根据基尔霍夫电流定律，有

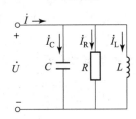

图 2 - 20　*RLC* 并联电路

$$\dot{I} = \dot{I}_{\mathrm{R}} + \dot{I}_{\mathrm{L}} + \dot{I}_{\mathrm{C}} \qquad (2-48)$$

其相量图如图 2 - 21 所示。

由相量图可知，$\dot{I}$、$\dot{I}_{\mathrm{R}}$、$(\dot{I}_{\mathrm{L}} + \dot{I}_{\mathrm{C}})$ 构成一直角三角形，称为电流三角形。利用此三角形可求得总电流的有效值为

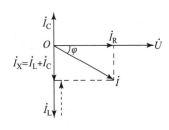

图 2 - 21　*RLC* 并联
电路的相量图

$$I = \sqrt{I_{\mathrm{R}}^2 + (I_{\mathrm{L}} - I_{\mathrm{C}})^2} = \sqrt{\left(\frac{U}{R}\right)^2 + \left(\frac{U}{X_{\mathrm{L}}} - \frac{U}{X_{\mathrm{C}}}\right)^2}$$

$$= U\sqrt{\left(\frac{1}{R}\right)^2 + \left(\frac{1}{X_{\mathrm{L}}} - \frac{1}{X_{\mathrm{C}}}\right)^2} \qquad (2-49)$$

总电流与电压的相位关系为

$$\varphi = \arctan \frac{I_\text{L} - I_\text{C}}{I_\text{R}} = \arctan \frac{\dfrac{U}{X_\text{L}} - \dfrac{U}{X_\text{C}}}{\dfrac{U}{R}} = \arctan \frac{\dfrac{1}{X_\text{L}} - \dfrac{1}{X_\text{C}}}{\dfrac{1}{R}} \qquad (2-50)$$

当 $\dfrac{1}{X_\text{L}} > \dfrac{1}{X_\text{C}}$，即 $X_\text{L} < X_\text{C}$ 时，$I_\text{L} > I_\text{C}$，则总电流滞后于总电压，电路呈电感性；

当 $\dfrac{1}{X_\text{L}} < \dfrac{1}{X_\text{C}}$，即 $X_\text{L} > X_\text{C}$ 时，$I_\text{L} < I_\text{C}$，则总电流超前于总电压，电路呈电容性；

当 $\dfrac{1}{X_\text{L}} = \dfrac{1}{X_\text{C}}$，即 $X_\text{L} = X_\text{C}$ 时，$I_\text{L} = I_\text{C}$，$\dot{I} = \dot{I}_\text{R}$，则 $\varphi = 0$，总电流与总电压同相，电路呈电阻性，产生谐振现象。

【思考与练习】

2.4.1 在 RC 串联电路中，电压与电流关系表达式正确的有哪些？

(1) $i = \dfrac{u}{|Z|}$ (2) $I = \dfrac{U}{R + X_\text{C}}$ (3) $I = \dfrac{U}{|Z|}$ (4) $I = \dfrac{\dot{U}}{R - jX_\text{C}}$ (5) $\dot{I} = \dfrac{\dot{U}}{R - jX_\text{C}}$

2.4.2 图 2-22（a）所示电路中，已知电压表 V_1、V_3 的读数分别为 5 V、3 V，求 V_2 表的读数是多少？图 2-22（b）中已知 $X_\text{L} = X_\text{C} = R$ 且 A_1 表的读数为 3 A，求 A_2、A_3 表的读数为多少？

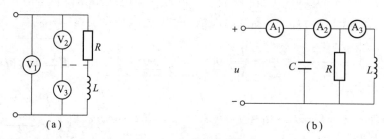

图 2-22 RLC 并联电路

2.4.3 已知无源二端口网络的电压和电流分别为 $\dot{U} = 30\underline{/45°}$ V，$\dot{I} = -3\underline{/-165°}$ A，求该网络的复阻抗 Z、该网络的性质、平均功率 P、无功功率 Q、视在功率 S。

知识链接 2.5　功率因数提高的意义和方法

根据 $P = UI\cos\varphi$ 可知，在正弦交流电路中，平均功率 P 在一般情况下并不等于视在功率 UI，除纯电阻性电路外，一般 P 小于 UI，决定平均功率与视在功率关系的是 $\cos\varphi$，其表达式为

$$\cos\varphi = \frac{P}{S} \qquad (2-51)$$

式中，$\cos\varphi$ 为功率因数，反映的是电源供给负载的电能利用率的高低。

$\cos\varphi$ 的大小由电路的参数决定：对纯电阻负载电路来说，电压和电流同相，$\varphi = 0$，$\cos\varphi = 1$；对其他负载电路来说，电压和电流有相位差 φ，$\cos\varphi$ 介于 0 和 1 之间。

2.5.1　提高功率因数的意义

1. 提高功率因数有利于充分发挥电源的潜力

交流电源设备（发电机、变压器等）一般是根据额定电压和额定电流来进行设计制造和使用的，其额定容量为 $S_N = U_N I_N$，它表明电源可向负载提供的最大有功功率，而实际向负载提供的有功功率 $P = S\cos\varphi$，显然功率因数 $\cos\varphi$ 越大，负载吸收的功率越多，电源提供的有功功率也越多。例如额定容量为 1 000 kVA 的电源，若 $\cos\varphi = 0.6$，则 $P = 600$ kW；若 $\cos\varphi = 0.95$，则 $P = 950$ kW。由此可见，要充分发挥电源的潜力，必须提高功率因数。

2. 提高功率因数有利于减小输电线路上的功率及电压损耗

发电设备和变电设备通过输电线以电流的形式把电能输送给负载时，在输电线路上必定有功率损耗和电压损耗。功率损耗会使输电效率降低，电压损耗严重时会使使用电器不能正常工作，所以应尽量减小这两种损耗。

在一定的电压下输送一定的功率时，输电电流

$$I = \frac{P}{U\cos\varphi}$$

可见 $\cos\varphi$ 越小，则线路中电流 I 就越大，消耗在输电线路和设备上的功率损耗就越大；反之，提高功率因数会大大降低线路损耗。因此提高功率因数具有很大的经济意义。

我国供电规则中要求：高压供电企业的功率因数不低于 0.95，其他单位不低于 0.9。

2.5.2　提高功率因数的方法

在现代工业生产中，大量使用的用电设备是电感性负载——电动机，它是造成功率因数低的根本原因。在额定负载时功率因数 $\cos\varphi$ 为 0.7～0.9，轻载时更低。要提高功率因数，最常用的方法是在电感性负载的两端并联电容，在图 2 - 23（a）所示电路中，根据前面所学知识可画出如图 2 - 23（b）所示的相量图。

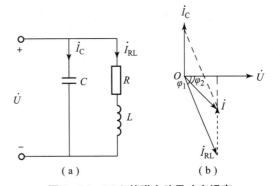

图 2 - 23　*RLC* 并联电路及功率提高的相量图

（a）并联电路；（c）相量图

并联电容后，电感性负载的电流 $I_{RL} = \dfrac{U}{\sqrt{R^2 + X_L^2}}$、功率因数 $\cos\varphi_1 = \dfrac{R}{\sqrt{R^2 + X_L^2}}$、$P = RI_{RL}^2 = UI_{RL}\cos\varphi_1 = UI\cos\varphi_2$ 均未发生变化，这是因为所加电压和负载的参数没有改变。但从相量图上可看出电压 u 和线路电流 i 之间的相位差 φ_2 变小了，即总功率因数 $\cos\varphi_2$ 变大

了。功率因数的提高是指电源或电网功率因数的提高，而不是提高某个感性负载的功率因数。

电容的作用是补偿了一部分电感性负载所需要的无功功率，从而使负载与电源间的能量交换减少，提高电源设备的利用率。即 $C\uparrow\rightarrow\varphi_2\downarrow\rightarrow\cos\varphi_2\uparrow\rightarrow I\downarrow$，补偿的效果越明显。一般功率因数补偿到接近 1 即可。那么如何根据具体的功率因数补偿的要求计算电容 C 的值呢？

若把功率因数由 $\cos\varphi_1$ 提高到 $\cos\varphi_2$，则由图 2 – 23 的相量图可求得电容 C 的值，由

$$\frac{U}{I_C} = X_C = \frac{1}{\omega C}$$

得

$$C = \frac{I_C}{\omega U} = \frac{I_{RL}\sin\varphi_1 - I\sin\varphi_2}{\omega U}$$

$$= \frac{\dfrac{P}{U\cos\varphi_1}\sin\varphi_1 - \dfrac{P}{U\cos\varphi_2}\sin\varphi_2}{\omega U}$$

$$= \frac{P}{\omega U^2}(\tan\varphi_1 - \tan\varphi_2) \tag{2-52}$$

【例 2 – 10】　在 220 V、50 Hz 的线路上接有功率为 40 W、电流为 0.364 A 的日光灯，现欲将电路的功率因数提高到 0.9，应并联多大的电容？此时电路的总电流是多少？

解：依题意，$P = 40$ W，$U = 220$ V，$I_1 = 0.364$ A，所以

$$\cos\varphi_1 = \frac{P}{UI_1} = \frac{40}{220 \times 0.364} = 0.5$$

$$\varphi_1 = \arccos 0.5 = 60° \qquad \tan\varphi_1 = \tan 60° = \sqrt{3} = 1.732$$

$$\cos\varphi_2 = 0.9 \qquad \varphi_2 = \arccos 0.9 = 25.8° \qquad \tan\varphi_2 = \tan 25.8° = 0.483$$

所以　$C = \dfrac{P}{\omega U^2}(\tan\varphi_1 - \tan\varphi_2) = \dfrac{40}{2 \times 3.14 \times 50 \times 220^2} \times (1.732 - 0.483) \approx 3.3 \times 10^{-6}$（F）

$$= 3.3（\mu F）$$

$$I = \frac{P}{U\cos\varphi_2} = \frac{40}{220 \times 0.9} \approx 0.2（A）$$

【思考与练习】

2.5.1　已知某感性负载的阻抗 $|Z| = 7.07$ Ω，$R = 5$ Ω，则其功率因数为多少？当接入 $u = 311\sin 314t$ V 的电源中后消耗的有功功率是多少？

2.5.2　当电路呈感性负载，即 $X_L - X_C > 0$ 时，如何提高功率因数？当电路呈容性负载，即 $X_L - X_C < 0$ 时，如何提高功率因数？

知识链接 2.6　三相交流电路

现代电力系统中电能的生产、输送与分配几乎全都采用了三相制，即采用 3 个频率相

同而相位不同的电压源（或电动势）向用电设备供电。

由于三相交流电有许多优点，例如，三相交流电易于获得；广泛应用于电力拖动的三相交流电动机结构简单、性能良好、可靠性高；三相交流电的远距离输电比较经济等，所以，目前在电力工程中几乎全部采用三相制。

2.6.1　三相电源的产生

三相电源是指由 3 个频率相同、最大值相同、相位互差 120°的交流电压源按一定方式连接而成的对称电源。最常见的三相电源是三相交流发电机，图 2-24 是其原理图，它的主要组成部分是电枢和磁极。

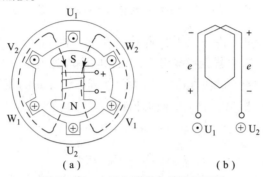

图 2-24　三相交流发电机的原理图

（a）发电机剖面示意图；（b）电枢绕组及电动势

电枢是固定的，所以也称定子。定子铁芯的内圆周表面有 6 个凹槽，用来放置三相绕组。每相绕组完全相同，每相绕组的两端放在相应的凹槽内，要求绕组的始端之间或末端之间彼此相隔 120°。习惯上，它们的始端用 U_1、V_1、W_1 表示，对应的末端则用 U_2、V_2、W_2 表示。

磁极是转动的，所以也称转子。转子铁芯上绕有励磁绕组，用直流励磁。定子与转子之间有一定的间隙，若其极面的形状和励磁绕组的布置恰当，可使气隙中的磁感应强度按正弦规律分布。

当转子以匀速按顺时针方向转动时，则每相绕组依次切割磁力线，分别产生频率相同、最大值相同、相位互差 120°的正弦电动势 e_U、e_V、e_W，方向选定为自绕组的末端指向始端。

以 U 相为参考，则

$$e_U = E_m \sin \omega t$$
$$e_V = E_m \sin(\omega t - 120°)$$
$$e_W = E_m \sin(\omega t - 240°) = E_m \sin(\omega t + 120°)$$

(2-53)

也可用相量表示，即

$$\dot{E}_U = E\underline{/0°}$$
$$\dot{E}_V = E\underline{/-120°}$$
$$\dot{E}_W = E\underline{/+120°}$$

(2-54)

如果用相量图和波形图来表示，则如图 2-25 所示。

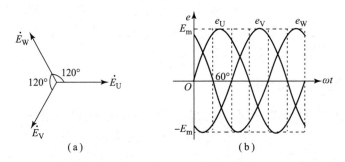

图 2-25 表示三相电动势的相量图和正弦波形

三相交流电在相位上的先后顺序称为相序。在此，相序为 U→V→W 称为正序，相序为 U→W→V 称为逆序。通常若无特殊说明，三相电源均为正序。

由上可见，三相电动势的频率相同、最大值相同、彼此间的相位差也相同，这种电动势称为三相对称电动势。显然，它们的瞬时值或相量之和为零，即

$$\left.\begin{array}{r}e_U+e_V+e_W=0\\[2mm]\dot{E}_U+\dot{E}_V+\dot{E}_W=0\end{array}\right\} \tag{2-55}$$

三相发电机有三相绕组、六个接线端，通常将它们按一定的方式连成一个整体再向外供电，常用的连接方法有星形连接和三角形连接。

2.6.2 三相电源的连接

1. 三相电源的星形连接（Y连接）

若将三相绕组的末端 U_2、V_2、W_2 连在一起，这种连接方法称为星形连接，如图 2-26 所示。其中的连接点称为中性点（或零点），用 N 表示。这样可从三相绕组的始端和中性点分别引出一根导线，从中性点引出的线称为中性线（或零线），如果中性点接地，该线也叫地线，用 NN' 表示；从绕组始端 U_1、V_1、W_1 引出的线称为相线（或端线、火线），分别用 U、V、W 表示。由于共有三相对称电源、四根引出线，因此这种电源连接方式习惯称为三相四线制。

每相绕组始端和末端间的电压，亦即相线与中性线间的电压，称为相电压，其有效值用 U_U、U_V、U_W 或一般用 U_P 表示，其参考方向选定为由绕组始端指向中性点，例如相电压 u_U 是由始端 L_1 指向中性点 N。任意两始端间的电压，亦即两相线间的电压，称为线电压，其有效值分别用 U_{UV}、U_{VW}、U_{WU} 或一般用 U_L 表示，例如 u_{UV} 的参考方向是由始端 L_1 指向始端 L_2。

三相电源作星形连接时，相电压显然不等于线电压。在图 2-26 中，L_1、L_2 两点间电压的瞬时值等于 U 相和 V 相的相电压之差，即

$$u_{UV}=u_U-u_V$$

同理

$$u_{VW}=u_V-u_W$$

$$u_{WU}=u_W-u_U$$

因为它们都是同频率的正弦量，所以可以用相量来表示。设 $\dot{U}_U = U_P\underline{/0°}$，则

$$\dot{U}_{UV} = \dot{U}_U - \dot{U}_V = \sqrt{3}U_P\underline{/+30°}$$

$$\dot{U}_{VW} = \dot{U}_V - \dot{U}_W = \sqrt{3}U_P\underline{/-90°}$$

$$\dot{U}_{WU} = \dot{U}_W - \dot{U}_U = \sqrt{3}U_P\underline{/+150°}$$

则相量图如图 2-27 所示。

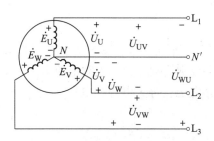

图 2-26　三相电源的星形连接

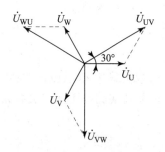

图 2-27　三相电源星形连接时的电压相量图

由图可知，线电压也是对称的，其关系如下。

（1）在相位上比相应的相电压超前 30°。

（2）线电压的大小是相电压的 $\sqrt{3}$ 倍，即

$$U_L = \sqrt{3}U_P \qquad\qquad (2-56)$$

通常在低电压配电系统中相电压为 220 V，线电压为 380 V（380 = 220$\sqrt{3}$）。

2. 三相电源的三角形连接（△连接）

如图 2-28 所示，将三相电源一相绕组的末端与另一相绕组的始端依次相连（连成一个三角形），再从始端 U_1、V_1、W_1 分别引出相线，这种连接方式称为三角形连接。由图 2-28 可知

$$u_{UV} = u_U \qquad u_{VW} = u_V \qquad u_{WU} = u_W$$

所以，三相电源作三角形连接时，电路中线电压与相电压相等，即 $u_L = u_P$。其相量图如图 2-29 所示。

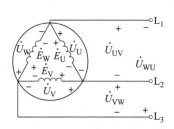

图 2-28　三相电源的三角形连接

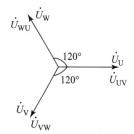

图 2-29　三相电源三角形连接时的电压相量图

由相量图可以看出，三个线电压之和为零，即

$$\dot{U}_{UV} + \dot{U}_{VW} + \dot{U}_{WU} = 0 \qquad (2-57)$$

同理可得，在电源上的三相绕组内部三个电动势的相量和也为零，即

$$\dot{E}_{UV} + \dot{E}_{VW} + \dot{E}_{WU} = 0 \qquad (2-58)$$

因此当电源的三相绕组采用三角形连接时，在绕组内部是不会产生环路电流的。

2.6.3 三相负载的连接

三相电路中负载的连接方式也有两种：星形连接和三角形连接。

1. 三相负载的星形连接（Y 连接）

如图 2-30 所示为三相负载的星形连接，它的接线原则和三相电源的星形连接相似，也就是把每相负载的末端连成中性点 N，始端和中性点分别接到三相四线制电源上。

每相负载两端的电压称作负载相电压，显然负载相电压就等于电源相电压。

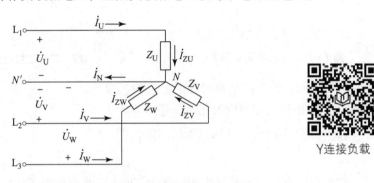

Y连接负载

图 2-30 三相负载的星形连接

三相电路中的电流也有相电流和线电流之分。每相负载上的电流，称为相电流，用 $\dot{I}_P$ 表示，如 $\dot{I}_{ZU}$、$\dot{I}_{ZV}$、$\dot{I}_{ZW}$；每根相线上的电流，称为线电流，用 $\dot{I}_L$ 表示，如 $\dot{I}_U$、$\dot{I}_V$、$\dot{I}_W$。在负载作星形连接时，显然，相电流即为线电流，即 $\dot{I}_L = \dot{I}_P$，流过中性线的电流，称为中性线电流，用 $\dot{I}_N$ 表示。对三相电路而言，每一相都可以看成一个单相电路，用讨论单相电路的方法来进行分析计算。

以在 U 相接一电感性负载 $Z_U = R_U + jX_U = |Z_U| \underline{/\varphi_U}$ 为例。

设电源的 U 相电压为参考量，即 $\dot{U}_U = U_P \underline{/0°}$，于是可求出

$$\dot{I}_U = \frac{\dot{U}_U}{Z_U} = \frac{U_P \underline{/0°}}{|Z_U| \underline{/\varphi_U}} = \frac{U_P}{|Z_U|} \underline{/-\varphi_U} \qquad (2-59)$$

式中，U 相电流的有效值为 $\qquad I_U = \dfrac{U_P}{|Z_U|}$

U 相电压与电流之间的相位差为 $\qquad \varphi_U = \arctan \dfrac{X_U}{R_U}$

V 相和 W 相同理。

对中性点 N 列 KCL 方程可得

$$\dot{I}_N = \dot{I}_U + \dot{I}_V + \dot{I}_W \qquad (2-60)$$

电压和电流的相量图如图 2-31 所示。作相量图时，先画出以 $\dot{U}_U$ 为参考相量的电源相电压 $\dot{U}_U$、$\dot{U}_V$、$\dot{U}_W$ 的相量，再画出各相电流 $\dot{I}_U$、$\dot{I}_V$、$\dot{I}_W$ 的相量。

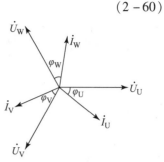

图 2-31　三相电源三角形连接时的电压电流相量图

对于不对称负载星形连接，负载的相电压不对称，在电源中性点与负载中性点间存在电位差，将造成负载两端的相电压或大于或小于额定值而不能正常工作。所以必须采用三相四线制电路，中性线不可少，且为防止中性线突然断开，在中性线中不允许安装熔断器及开关。

现在来讨论图 2-30 电路中负载对称的情况。所谓负载对称，就是指各相负载完全相同，即 $Z_U = Z_V = Z_W = Z$，或阻抗和阻抗角相等，即

$$|Z_U| = |Z_V| = |Z_W| = |Z| \text{ 和 } \varphi_U = \varphi_V = \varphi_W = \varphi$$

因为负载相电压和负载都对称，所以负载相电流也是对称的，即

$$\left.\begin{array}{r}I_U = I_V = I_W = I_P = \dfrac{U_P}{|Z|} \\[3mm] \varphi_U = \varphi_V = \varphi_W = \varphi = \arctan\dfrac{X}{R}\end{array}\right\} \qquad (2-61)$$

因此，这时中性线电流为零，即 $\dot{I}_N = \dot{I}_U + \dot{I}_V + \dot{I}_W = 0$。

中性线中既然没有电流通过，那么中性线就不需要了，此时若去掉中性线，则三相四线制即成为三相三线制。三相三线制电路在工业中用得较多，俗称动力线，主要用于三相对称负载，如三相电动机负载。

计算负载对称的三相电路，只需计算一相即可，因为对称负载的电压和电流也都是对称的，即大小相等，相位互差 120°。

【例 2-11】　有一星形连接的三相对称感性负载，每相负载的电阻 $R = 6\ \Omega$，感抗 $X_L = 8\ \Omega$，电源线电压 $u_{UV} = 537\sin(314t + 30°)\text{V}$。求各相负载的相电压、线电压、相电流的相量式并写出相电流的瞬时表达式；画出各相电压和相电流的相量图。

解：因为负载对称，故只计算一相即可。

由题意可知，$\dot{U}_{UV} = 380\underline{/30°}\ \text{V}$，而

$$\dot{U}_{UV} = \sqrt{3}\,\dot{U}_U\underline{/30°}\ \text{V}$$

所以　　　　　　　　　　$$\dot{U}_U = 220\underline{/0°}\ \text{V}$$

根据负载 Y 连接时的对称特点可知

$$\dot{U}_V = \dot{U}_U\underline{/-120°} = 220\underline{/-120°}\ (\text{V})$$

$$\dot{U}_W = \dot{U}_U\underline{/+120°} = 220\underline{/+120°}\ (\text{V})$$

$$\dot{U}_{VW} = \dot{U}_{UV}\underline{/-120°} = 380\underline{/90°} \quad (V)$$

$$\dot{U}_{WU} = \dot{U}_{UV}\underline{/+120°} = 380\underline{/150°} \quad (V)$$

$$\dot{I}_{U} = \frac{\dot{U}_{U}}{Z_{U}} = \frac{220\underline{/0°}}{6 + j8} = 22\underline{/-53.1°} \quad (A)$$

所以

$$\dot{I}_{V} = \dot{I}_{U}\underline{/-120°} = 22\underline{/-173.1°} \quad (A)$$

$$\dot{I}_{W} = \dot{I}_{U}\underline{/+120°} = 22\underline{/66.9°} \quad (A)$$

$$i_{U} = 22\sqrt{2}\sin(314t - 53.1°)\,A$$

$$i_{V} = 22\sqrt{2}\sin(314t - 173.1°)\,A$$

$$i_{W} = 22\sqrt{2}\sin(314t + 66.9°)\,A$$

其相量图如图 2 - 32 所示。

2. 三相负载的三角形连接（△连接）

把三相负载连成三角形，并和三相电源的相线直接相连，就构成了三相负载的三角形连接，如图 2 - 33 所示。每相负载的阻抗分别用 Z_{UV}、Z_{VW}、Z_{WU} 表示，电压、电流的参考方向在图中标出。

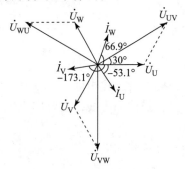

图 2 - 32　例 2 - 11 相量图

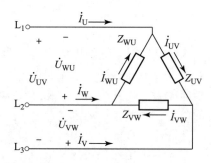

图 2 - 33　三相负载的三角形连接

负载作三角形连接时，负载相电压等于电源线电压，即 $\dot{U}_{L} = \dot{U}_{P}$，因此，无论负载对称与否，其相电压总是对称的，即 $\dot{U}_{UV} = U_{L}\underline{/0°}$、$\dot{U}_{VW} = U_{L}\underline{/-120°}$、$\dot{U}_{WU} = U_{L}\underline{/+120°}$。

但此时相电流和线电流显然不同。线电流仍用 $\dot{I}_{U}$、$\dot{I}_{V}$、$\dot{I}_{W}$ 表示，相电流用 $\dot{I}_{UV}$、$\dot{I}_{VW}$、$\dot{I}_{WU}$ 表示。应用 KCL 列出下列各式进行计算：

$$\left.\begin{array}{l} \dot{I}_{U} = \dot{I}_{UV} - \dot{I}_{WU} \\ \dot{I}_{V} = \dot{I}_{VW} - \dot{I}_{UV} \\ \dot{I}_{W} = \dot{I}_{WU} - \dot{I}_{VW} \end{array}\right\} \qquad (2 - 62)$$

如果负载对称，则负载相电流也对称，即

$$\left. \begin{array}{l} I_{UV}=I_{VW}=I_{WU}=I_P=\dfrac{U_P}{|Z|} \\[3mm] \varphi_{UV}=\varphi_{VW}=\varphi_{WU}=\varphi=\arctan\dfrac{X}{R} \end{array} \right\} \quad (2-63)$$

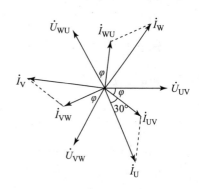

图 2 – 34　对称负载三角形
连接时的电压电流相量图

至于负载对称时线电流和相电流的关系，则可做出相量图，如图 2 – 34 所示。

显然，线电流也是对称的，从相量图得出如下结论。

（1）在相位上线电流比相应的相电流滞后 30°。

（2）在大小上线电流是相电流的 $\sqrt{3}$ 倍，即

$$I_L=\sqrt{3}I_P \quad (2-64)$$

这种对称三相电路同样可以只计算其中一相，求出该相电流后，其余两相电流和各线电流即可推出。

2.6.4　三相电路的功率

（1）如果负载不对称，那么就要一相一相分别求出来，再求和，即

$$P=P_U+P_V+P_W \quad (2-65)$$

（2）负载对称的情形。不论负载是星形连接还是三角形连接，三相总功率必定等于各相功率之和。当负载对称时，每相功率是相等的。因此三相总功率是单相功率的 3 倍。

三相有功功率为 $P=3P_P=3U_PI_P\cos\varphi_P$，式中 φ_P 是相电压 $\dot U_P$ 和相电流 $\dot I_P$ 之间的相位差。

星形连接时，$U_L=\sqrt{3}U_P$，$I_L=I_P$；三角形连接时，$U_L=U_P$，$I_L=\sqrt{3}I_P$。所以

$$P=3U_PI_P\cos\varphi_P=\sqrt{3}U_LI_L\cos\varphi_P \quad (2-66)$$

同理可得三相无功功率和视在功率分别为

$$Q=3U_PI_P\sin\varphi_P=\sqrt{3}U_LI_L\sin\varphi_P \quad (2-67)$$

$$S=3U_PI_P=\sqrt{3}U_LI_L=\sqrt{P^2+Q^2} \quad (2-68)$$

【例 2 – 12】已知三相对称负载，每相负载的电阻 $R=6\ \Omega$，感抗 $X_L=8\ \Omega$，三相电源的线电压为 380 V，试分别计算负载作星形连接和三角形连接时，总的有功功率 P。

解：（1）负载作星形连接时：

已知 $U_L=380\ V$，则 $U_P=\dfrac{U_L}{\sqrt{3}}=\dfrac{380}{\sqrt{3}}=220\ （V）$

由 $R=6\ \Omega$ 和 $X_L=8\ \Omega$ 可知

$$|Z|=\sqrt{R^2+X_L^2}=\sqrt{6^2+8^2}=10\ （\Omega），\quad \cos\varphi_P=\dfrac{R}{|Z|}=\dfrac{6}{10}=0.6$$

线电流为 $\qquad I_L=I_P=\dfrac{U_P}{|Z|}=\dfrac{220}{10}=22\ （A）$

所以三相总功率为 $\qquad P_Y=\sqrt{3}U_LI_L\cos\varphi_P=\sqrt{3}\times380\times22\times0.6=8\ 644\ （W）$

（2）负载作三角形连接时：

相电压为
$$U_\mathrm{P} = U_\mathrm{L} = 380 \;(\mathrm{V})$$

相电流为
$$I_\mathrm{P} = \frac{U_\mathrm{P}}{|Z|} = \frac{380}{10} = 38 \;(\mathrm{A})$$

线电流为
$$I_\mathrm{L} = \sqrt{3} I_\mathrm{P} = 38\sqrt{3} \;(\mathrm{A})$$

所以三相总功率为 $P_\triangle = \sqrt{3} U_\mathrm{L} I_\mathrm{L} \cos\varphi_\mathrm{P} = \sqrt{3} \times 380 \times 38\sqrt{3} \times 0.6 = 25\,992 \;(\mathrm{W})$

显然
$$P_\triangle = 3P_\mathrm{Y} \tag{2-69}$$

式（2-69）说明电源线电压不变时，负载作三角形连接时吸收的功率是星形连接时的 3 倍，这是因为负载作三角形连接时承受的电压和电源均为星形连接时的 $\sqrt{3}$ 倍。

无功功率和视在功率也有相同的结论。

【思考与练习】

2.6.1 已知对称三相电源的 V 相电压瞬时值为 $u_\mathrm{V} = 220\sqrt{2}\sin(\omega t + 60°)\,\mathrm{V}$，请写出其他两相的瞬时表达式并画出波形图。

2.6.2 三相电源为 Y 连接时，若线电压 $u_\mathrm{UV} = 380\sqrt{2}\sin(\omega t + 30°)\,\mathrm{V}$，请写出线电压、相电压的相量表达式并画出相量图。

2.6.3 下列说法是否正确。

（1）当负载作星形连接时，必须有中性线；

（2）当负载作星形连接时，线电流必等于相电流；

（3）当负载作三角形连接时，线电压必等于相电压；

（4）若电动机每相绕组的额定电压为 220 V，当三相电源的线电压为 380 V 时，电动机绕组应接成三角形才能正常工作。

2.6.4 对称三相负载的功率因数角，对于星形连接是指相电压和相电流的夹角，对于三角形连接是指线电压和线电流的夹角，对否？

项目实施

（一）日光灯电路搭接与测试

（1）准备元器件，包括 AC 220 V 电源、40 W 日光灯、镇流器 1 个、启辉器 1 个、600 V 量程电压表、毫安级电流表。

（2）用万用表测试灯管电阻 $R = \underline{\hspace{3em}} \Omega$，并定性测试镇流器。

（3）参考图 2-23 搭建日光灯交流电路。

（4）检查无误后，测试参数。

测量得到灯管两端电压 $U_\mathrm{RL} = \underline{\hspace{2em}}\mathrm{V}$、镇流器两端电压 $U_\mathrm{L} = \underline{\hspace{2em}}\mathrm{V}$，流经 RL 的电流 $I_\mathrm{RL} = \underline{\hspace{2em}}\mathrm{mA}$。

（5）利用相量法验证 $\dot{U} = \dot{U}_\mathrm{L} + \dot{U}_\mathrm{R}$，并画出相量图。

（6）误差分析：$\underline{\hspace{15em}}$。

（7）整理器件、清理现场。

（二）星形负载电路搭接与测试

（1）准备元器件，包括三相四线制电源、25 W 灯泡多个、毫安级电流表 3 个、600 V 量程电压表、导线若干。

（2）用万用表测试三相四线制电源相电压 $U_U =$ ____ V、$U_V =$ ____ V、$U_W =$ ____ V，线电压 $U_{UV} =$ ____ V、$U_{VW} =$ ____ V、$U_{WU} =$ ____ V。

（3）参考图 2 – 30 搭建负载 Y 形连接交流电路。

（4）检查无误后，测试参数。

测量得到灯泡上电压 $U_{R_U} =$ ____ V、$U_{R_V} =$ ____ V、$U_{R_W} =$ ____ V；各相流经灯泡 R 的电流 $I_{R_U} =$ ____ mA、$I_{R_V} =$ ____ mA、$I_{R_W} =$ ____ mA。

（5）利用相量法验证 $\dot{I}_{UV} = \dot{I}_U + \dot{I}_V$，并画出相量图。

（6）误差分析：_____。

（7）整理器件、清理现场。

项目评价

评价项目	评价内容	评价等级	星级
职业素养	按电工职业标准遵守操作规程，电路连接可靠，参数测试精确	★★★★★	
	厉行节约，安全用电意识强，团队沟通、协作良好	★★★★★	
专业能力	掌握单相、三相交流电的表示方法，并能分析计算接不同性质负载时的参数，画出相量图	★★★★★	
	使用仿真软件 Multisim 完成单相电路接 R_L 负载和三相电路为 Y、△ 连接的电路，并测试其参数	★★★★★	
	在实训室完成日光灯电路的搭接与参数测试	★★★★★	

习　题

1. 已知某正弦交流电电流的最大值是 1 A，频率为 50 Hz，设初相位为 – 60°，试求该电流的瞬时表达式 $i(t)$。

2. 写出下列交流电的最大值、有效值、频率及初相，并写出其相量，求出 u 和 i 之间的相位差：（1）$u = 311\sin(314t + 45°)$ V；（2）$i = 14.1\cos(314t - 60°)$ A。

3. 已知两个复数 $A = 30 + j40$，$B = 12 + j5$，求它们的和、差、积、商。

4. 已知相量 $\dot{I} = 110\underline{/60°}$ A 和 $\dot{U} = (-8 - j6)$ V，若它们均为工频交流电，试分别用瞬时值表达式及相量图表示。

5. 电源电压 $u = 311\sin(314t + 60°)$ V，分别加到电阻、电感和电容两端，此时 $R = 44$ Ω，$X_L = 88$ Ω，$X_C = 22$ Ω，试求各元件电流的瞬时值表达式，电阻的有功功率，电感、电容的无功功率。若电压的有效值不变，而频率变为 500 Hz 时，结果又如何？

6. 有一具有内阻的电感线圈，接在直流电源上时通过 8 A 电流，线圈两端电压为 48 V；接在 50 Hz、100 V 交流电源上，通过的电流为 10 A，求线圈的电阻和电感，并画出相量图。

7. 某 RC 串联电路，已知 $R = 8\ \Omega$，$X_C = 6\ \Omega$，总电压 $U = 10$ V，试求电流 $\dot{I}$ 和电压 $\dot{U}_R$、$\dot{U}_C$，并画出相量图。

8. RLC 串联电路中，电阻 $R = 4\ \Omega$，感抗 $X_L = 6\ \Omega$，容抗 $X_C = 3\ \Omega$，电源电压 $u = 70.7\sin(314t + 60°)$V。求电路的复阻抗 Z，电流 i，电压 u_R、u_L、u_C，功率因数 $\cos\varphi$，功率 P、Q、S，并画出相量图。

9. 某复阻抗 Z 上通过的电流 $i = 7.07\sin314t$ A，电压 $u = 311\sin(314t + 60°)$V，则该复阻抗 Z 和其功率因数 $\cos\varphi$ 为多少？有功功率、无功功率和视在功率各为多大？

10. 在图 2-35 所示的各电路图中，除 A_0 和 V_0 外，其余电流表和电压表的读数在图上都已标出（都是正弦量的有效值），试求电流表 A_0 或电压表 V_0 的读数。

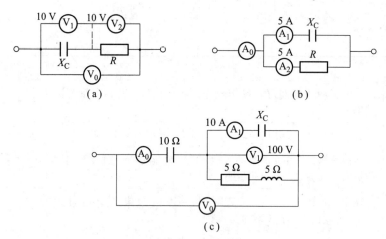

图 2-35 题 10 图

11. 在图 2-20 所示的 RLC 并联电路中，已知 $R = 22\ \Omega$，$X_L = 22\ \Omega$，$X_C = 11\ \Omega$，$I_C = 20$ A。试求电流 I_R、I_L、I、电路的功率 P 及功率因数 $\cos\varphi$。

12. 在图 2-36 所示的电路中，已知 $X_L = 5\ \Omega$，$R = X_C = 10\ \Omega$，$\dot{I} = 1$ A。试求：（1）$\dot{I}_L$、$\dot{I}_C$、$\dot{U}$；（2）该电路的无功功率及功率因数，并说明该电路呈何性质。

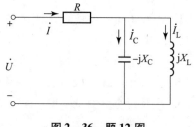

图 2-36 题 12 图

13. 有两个阻抗分别为 $Z_1 = (2 + j2)\ \Omega$、$Z_2 = (1 + j3)\ \Omega$，当它们串联接入 $u = 311\sin(314t + 60°)$V 电源中时，求电流 i；当它们并联接入同样的电源中时分别求 i_1、i_2。

14. 一感性负载的复阻抗 $Z = (6 + j8)\ \Omega$，接于 50 Hz、220 V 电源上，求：

（1）电路的总电流 I_1、有功功率 P 和无功功率 Q、功率因数 $\cos\varphi_1$ 为多少？

（2）欲将功率因数提高到 $\cos\varphi_2 = 0.95$，需并联多大的电容？

（3）并联电容后电路的总电流 I_2 降为多少？

15. 在三相四线制供电线路中测得相电压为 220 V，试求相电压的最大值 U_{Pm}、线电压 U_L 及最大值 U_{Lm} 各为多少？

16. 三相对称负载采用星形连接的三相四线制电路，线电压为 380 V，每相负载 $R = 20\ \Omega$，$X_L = 15\ \Omega$，试求各相电压、相电流和线电流的有效值，并画出相量图。

17. 16 题中，若三相电源和负载均不变，只是将负载的连接方式改为三角形连接。试求各相电压、相电流和线电流的有效值，并将结果与上题加以比较。

18. 电路如图 2－37 所示，已知电源电压 $u_{UV} = 380\sqrt{2}\sin\omega t$ V。

（1）如果每相阻抗均为 20 Ω，即 $R = X_L = X_C = 20\ \Omega$，是否可以说负载是对称的？

（2）试用相量图求电流的瞬时值表达式。

19. 图 2－38 所示电路的三相对称电源的线电压为 380 V，每相负载的电阻值分别为 $R_U = 10\ \Omega$，$R_V = 20\ \Omega$，$R_W = 40\ \Omega$。试求：

（1）各相电流及中性线电流；

（2）W 相开路时，各相负载的电压和电流；

（3）W 相和中性线均断开时，各相负载的电压和电流；

（4）W 相短路且中性线断开时，各相负载的电压和电流。

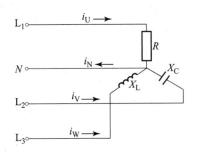

图 2－37　题 18 图

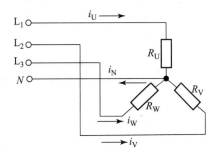

图 2－38　题 19 图

20. 已知对称三相负载星形连接，每相阻抗 $Z = (30.8 + j23.1)\ \Omega$，电源的线电压 $U_1 = 380$ V，求 S、P、Q 和功率因数 $\cos\varphi$。

21. 有一台星形连接的发电机，相电流为 1 380 A，线电压为 9 300 V，功率因数为 0.80，求此发电机提供的有功功率、无功功率和视在功率。

22. 三相对称负载采用三角形连接，电源的线电压为 380 V，线电流为 20 A，三相总功率为 5 kW。求每相负载的电阻和感抗。

项目 3　电工测量、工厂输配电和触电急救

项目描述

电工师傅顾某接到新安街道某办公大楼装修工地摄像头安保项目，刚安装摄像头未调试时便接到临时任务，于是打电话叫来公司李某进行调试，李某在未穿劳保手套、未断电情况下作业，造成触电休克。你若遇见此情景将如何急救李某？

重点知识

（1）电流、电压、电功率的常用测量方法，安全用电、触电防护措施知识。
（2）工业企业供电系统及节电意义。

能力与素养

（1）能使用万用表测量常用电流、电压大小，能检测、判断简易故障。
（2）具备企业配电设备分析能力，具有安全用电意识。
（3）养成善于观察、安全急救的职业素养，培养节电意识，树立珍爱生命的理念。

知识链接 3.1　电流、电压和电功率的测量

3.1.1　电流的测量

1. 电流表的接法

测量电路中电流强度的仪表称为电流表。测量电流时，它必须与被测电流的负载串联在电路中，如图 3-1 所示。应强调的是电流表不得与任何负载（元件）并联，更不准与电源并联，否则会因通过电流表的电流过大而损坏电流表。为了不影响电路的工作状态，电流表的内阻 R_A 应足够小，被测的电流才会接近实际值。在测量直流电流时，应注意电流表的极性，必须将电流表的正端钮接到电路中的高电位，使电流从表的正端钮进入电流表，如果接错，表针将反向偏转，不仅无法读数而且可能使表针撞坏。

2. 电流表的负载效应

由于仪表本身具有电阻（内阻），将电流表串联接入电路，相当于与负载串联了一个电阻，将会改变电路的参数，从而改变电路的工作状态，如图 3－1 所示，通过电流表和负载 R 的电流将为

$$I = \frac{U}{R + R_A} \qquad (3-1)$$

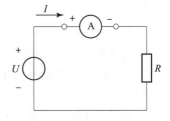

图 3－1　电流表接线图

如果不接电流表，通过负载的电流将为 $I' = U/R$。可见因电流表的影响，使测出的电流 I 的数值比没接入电流表时的电流值 I' 小，造成测量误差，这种现象称为电流表的负载效应。为了减小电流表的负载效应对测量的影响，在选择电流表时应选择内阻 R_A 远远小于负载电阻 R 的电流表。通常若电流表的内阻为负载电阻的 $\frac{1}{100}$ 左右时，则可认为电流表接入后对电路的工作状态没影响，即电流表的负载效应可忽略不计。

电磁系和电动系仪表为交、直流两用，既可以测量直流电流又可以测量交流电流。当用电流表测量大电流时，需采取扩大量限的措施，一般使用分流器或电流互感器。

1）分流器

当测量直流大电流时，可在仪表内或仪表外附加一个并联的小电阻，然后再串入电路中使用，这个小电阻就叫分流器。

分流器的额定值用"额定电流"和"额定电压"值来表示。常见的"额定电压"规格有 75 mV 和 45 mV 两种。若电流表的电压量限（即满度时的电流和内阻的乘积）符合分流器额定电压规格，就可以和分流器并联，这时电流表的量程扩大到分流器上所标注的额定电流值。例如，220 A、75 mV 的分流器和电压量限为 75 mV 的电流表并联后，电流表的量程就扩大到 220 A。

2）电流互感器

在使用电磁系或电动系电流表测量交流电流时，可以使用电流互感器来扩大量程。

电流互感器的一次绕组接测量电路，二次绕组与电流表并联。为了便于使用，电流互感器的二次绕组额定电流一般都是 5 A，因此与它配用的电流表量程也应选择 5 A。根据测量需要，只要选择适当交流比的交流互感器，就可以将电流表的量程扩大到所需范围。例如，200/5 A 的电流互感器，其变流比是 40，因此只要选用量程为 5 A 的交流电流表和它配用后，就可以将量程扩大到 200 A。

使用电流互感器时，必须注意以下两点。

（1）电流互感器的二次绕组和铁芯都要可靠接地。

（2）电流互感器的二次回路绝对不允许开路，也不能加装熔断器。

3.1.2　电压的测量

1. 电压表的接法

测量电路中电压的仪表称为电压表。测量电压时，它必须与被测电压的负载并联在电路中。在测量直流电压时，需注意电压表的极性，电压表的正端钮要接在电路中的高电位点，使通过电压表的电流从表的正端钮流入，如图 3－2 所示，否则电压表指针将反向

偏转。

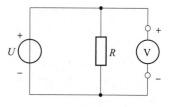

图 3 – 2　电压表接线图

2. 电压表的负载效应

电压表有内阻，接入电压表后相当于在负载上并联了一个电阻，将会改变电路的工作状态，从而使被测电压的数值改变，造成测量误差，这种现象称为电压表的负载效应。

为了减小测量误差，电压表的内阻应该比被测负载的电阻大很多。电压表的内阻越大，测量误差就越小。电压表的内阻通常在表盘上以每伏多少欧来标明。例如，有一只量限为 100 V 的电压表，内阻为 200 kΩ，则电压表内阻可表示为 2 kΩ/V。每伏的欧（姆）数愈大，则测量的结果愈精确。测量高压时，必须先通过电压互感器将电压降低，然后才能接入电压表进行测量。

3.1.3　电功率的测量

电动系功率表由电动系测量机构与附加电阻构成，其固定线圈用较粗的导线绕制，与负载 R_L 串联，反映负载电流，称之为电流线圈；活动线圈由细导线绕制，串联附加电阻 R_F 后与负载 R_L 并联，反映了负载两端的电压，称之为电压线圈，如图 3 – 3 所示。

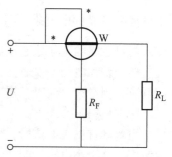

图 3 – 3　功率表接线图

（1）测量直流功率，电路中的功率 $P = UI$，因此可以使用直流电压表和直流电流表分别测出电压值 U 和电流值 I，再计算出功率值 P。

（2）测量交流功率，电路中的功率 $P = UI\cos\varphi$，式中 I、U 为有效值，φ 角为负载电流 $\dot{I}$ 与电压 $\dot{U}$ 之间的相位差。

电压线圈和电流线圈上各有一端标有"＊"号，称为电源端钮，表示电流从这一端钮流入。使用功率表时，应注意以下几个问题。

（1）正确选择功率表的量程。功率表的量程包括电压量程和电流量程，因此不能仅从功率量程来考虑。

（2）正确读出功率表的读数。可携式功率表一般都是多量程的，标度尺上只标出分度格数，不标注瓦特数。读数时，应先根据所选的电压、电流量程以及标度尺满度时的格数，求出每格瓦特数（又称功率表常数），然后再乘上指针偏转的格数，即得到所测功率的瓦特数。

例如，用一只电压量程为 500 V，电流量程为 5 A 的功率表去测量功率，标度尺满度时为 100 格，测量时指针偏转了 60 格，则功率表常数为 500 V × 5 A/100 格 = 25 W/格，被测功率为 25 W/格 × 60 格 = 1 500 W。

【思考与练习】

3.1.1　测量直流电压和直流电流时极性接反后果会怎样？

3.1.2　测量功率应注意哪些问题？

知识链接3.2　万用表和兆欧表

3.2.1　万用表

万用表可测量多种电量，虽然准确度不高，但是使用简单，携带方便，特别适用于检查线路和修理电气设备。万用表分为磁电式和数字式两种。图3-4是常用的MF-500型万用表面板结构和表盘。

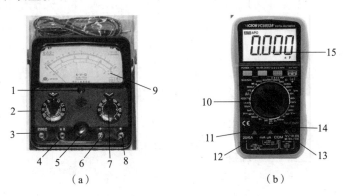

图3-4　MF-500型万用表面板图

（a）MF-500型万用表面板；（b）数字式万用表面板

1—机械调零旋钮；2—左转换开关；3—交直流2 500 V插孔；4—DB插孔；5—欧姆调零旋钮；

6—红表笔插孔；7—右转换开关；8—黑表笔插孔；9—刻度盘；10—数字式万用表转换开关；

11—安培级电流插孔；12—毫安级电流插孔；13—黑表笔插孔；14—红表笔插孔；15—数字式万用表显示屏

万用表的3个基本功能是测量电阻、电压、电流。现在的万用表添加了许多新功能，尤其是数字式万用表，如测量电容值、晶体管放大倍数、二极管压降等，MF-500型万用表有24个挡位，可分别测量直流电压、直流电流、交流电压、电阻、电容、电感及电平，它们通过改变面板上转换开关的挡位，来改变测量电路的测量结构，以满足各种功能的测量要求。

一般用 $\underline{A}$ 表示测直流电流，用 $\underline{V}$ 表示测直流电压，用 $\underset{\sim}{V}$ 表示测交流电压，用 $\underset{\sim}{A}$ 表示测交流电流，用 Ω 表示欧姆挡测电阻。对于指针式万用表，每换一次电阻挡须进行一次欧姆调零。调零就是把万用表的红表笔和黑表笔搭在一起，然后转动调零钮，使指针指向零的位置。

1. **万用表测直流电流**

1）测量原理

测量直流电流的原理电路如图3-5所示，被测电流从"+""-"两端进入。改变转换开关的位置，就可以改变分流器的电阻，从而也就改变了电流的量程。

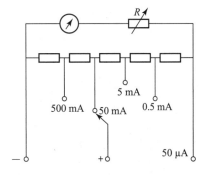

图3-5　测量直流电流的原理电路

2）电流的测量和注意事项

（1）直流电流测量范围为0~500 mA，还有0~5 A专用插口，共6个挡位。

（2）测量时，将转换开关置于相应的直流电流量程挡位。万用表必须串联在被测电路中，操作时必须先断开电路再串入万用表。若将万用表与负载并联，会造成电路和仪表的损坏。

（3）操作时应注意表笔的正、负极性，将红表笔接电流流入端，黑表笔接电流流出端。如果事先不知道被测电路的电流流向，可将一支表笔接触被测电路的任一端，另一支表笔轻轻地试触一下另一端。若指针向右偏转，说明表笔正、负极性接法正确；若指针向左偏转，说明表笔接反了，交换两表笔即可。

（4）禁止在测量过程中转动转换开关选择量程，以免损坏开关接触点、表头及指针。

2. 万用表测直流电压

1）测量原理

测量直流电压原理电路图如图3-6所示。被测量电压加在"＋""－"表笔两端，改变转换开关的位置，就可改变串入线路中的电阻阻值，从而改变电压的量程。

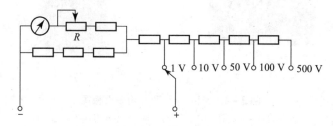

图3-6 测量直流电压的原理电路图

2）电压的测量和注意事项

（1）使用前检查指针是否指在零位上，如果没有指示在零位上，可通过机械调零使指针指示在零位置上。

（2）直流电压测量范围为0～500 V，还有0～2 500 V专用插口，共6挡。

（3）测量时，将转换开关置于相应的直流电压量程挡位。用万用表测量直流电压时，应将万用表与被测电路并联，且红表笔（"＋"）接于直流电路中的高电位，黑表笔（"－"）接于直流电路中的低电位。

（4）禁止在使用过程中转动转换开关选择量程，以免损坏开关接触点、表头及指针。

注：对于交流电流、交流电压的测量，与直流测量颇为相似，只是交流电没有正负极而已。

3. 万用表测电阻值

1）测量原理

测量电阻的原理电路如图3-7所示。测量电阻时要接入电池，面板上的"＋"端接在电池的负极，而"－"端是接在电池的正极的。被测电阻接在"＋""－"两端。被测电阻越小，即电流越大，因此指针的偏转角越大。测量前应先将"＋""－"两端短接，看指针是否偏转最大而指在零（刻度的最右处），否则应转动

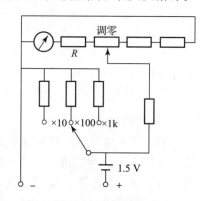

图3-7 测量电阻的原理电路图

零欧〔姆〕调节电位器进行校正。

2）电阻的测量与注意事项

（1）电阻测量的倍率挡分为 $\times 1$、$\times 10$、$\times 100$、$\times 1k$、$\times 10k$ 共五挡。转换开关置于 $R \times 1$ 挡时，应在标度尺上直接读取数据。置于其他挡位时，应乘以相应倍率。

（2）禁止在被测电阻带电的情况下测量，以免产生测量误差及损坏表头。测量时直接将表笔跨接在被测电阻两端。

（3）测量前或每次更换倍率挡时，都应重新调整欧姆零点。停止测量时不要使两表笔相接触，以免短路空耗表内电池。

（4）合理选择适当的倍率挡，应使指针偏转到标度尺的中心附近（尽量使指针偏转在满偏的 $1/3 \sim 2/3$ 为佳），以提高测量数据的准确性。

（5）禁止用手同时接触被测电阻两端，以免由于人体电阻的接入使读数变小，造成测量误差。

（6）测量热敏电阻阻值时，由于电流的热效应，会改变其阻值，故读数仅供参考。

4. 万用表使用注意事项

使用万用表时红表笔插在"＋"孔内，黑表笔插入"－"孔内。测试电流就用电流挡，而不能误用电压挡、电阻挡，其他同理。否则轻则烧掉万用表内的保险丝，重则损坏表头。事先不知道量程，就选用最大量程尝试着测量，然后断开测量电路再换挡，切不可在线转换量程。若表针迅速偏转到底，应该立即断开电路，进行检查。

（1）在使用指针式万用表之前，应先进行"机械调零"，即在没有被测电量时，使万用表指针指在零电压或零电流的位置上。使用电阻挡测量时首先进行欧姆调零，再接入待测电阻，每次更换挡位时必须进行欧姆调零，否则读数不准。

（2）在使用万用表过程中，不能用手去接触表笔的金属部分，这样一方面可以保证测量的准确，另一方面也可以保证人身安全。

（3）在测量某一电量时，不能在测量的同时换挡，尤其是在测量高电压或大电流时，更应注意。否则，会使万用表毁坏。如需换挡，应先断开表笔，换挡后再去测量。

（4）万用表在使用时，必须水平放置，以免造成误差。同时，还要注意避免外界磁场对万用表的影响。

（5）万用表使用完毕，应将转换开关置于交流电压的最大挡。如果长期不使用，还应将万用表内部的电池取出来，以免电池腐蚀表内其他器件。

3.2.2　兆欧表

兆欧表又叫绝缘电阻摇表，是一种简便、常用的测量高电阻的直读式仪表，可用来测量电路、电机绕组、电缆、电气设备等的绝缘电阻，如图3-8所示是常见的手摇式、电子式兆欧表。手摇式兆欧表的表盘刻度以兆欧（$M\Omega$）为单位。兆欧表上有3个分别标有接地（E）、线路端（L）、保护环（G）的接线柱，使用时不仅要接线正确，端钮拧紧，还要注意以下事项。

（1）测量前先将兆欧表进行一次开路和短路试验，检查兆欧表是否良好。具体操作为：将两连接线开路，摇动手柄指针指在无穷大处，这时再把两连接线短接一下，指针指在零处，这说明兆欧表是良好的。

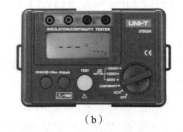

E 端

L 端

G 端

发电机
摇柄

（a）

（b）

图 3 – 8　兆欧表面板

（a）手摇式兆欧表面板；（b）UT502A 型电子式面板

（2）被测设备必须与其他电源断开，测量完毕一定要将被测设备进行充分放电（需 2 ~ 3 min），以保护设备及人身安全。

（3）兆欧表与被测设备之间的连接线应保持表面清洁干燥，并使用单股线分开单独连接，避免因线与线之间绝缘不良引起误差。

（4）摇测时，将兆欧表置于水平位置，摇把转动时其端钮间不许短路。摇测电容、电缆时，必须在摇柄转动的情况下才能将接线拆开，否则将会损坏兆欧表。

（5）应视被测设备电压等级的不同选用合适的兆欧表，电压的选择可参见表 3 – 1。

表 3 – 1　兆欧表电压的选择　　　　　　　　　　　　　　　　V

被测绝缘电阻的设备	被测设备额定电压	选用兆欧表电压
各种线圈	500 以下 500 以上	500 1 000
电力变压器绕组绝缘电阻	500 以上	1 000 ~ 2 500
新电动机线圈 旧电动机线圈	380 及以下	1 000 500
电气设备绝缘电阻	500 以下 500 以上	500 ~ 1 000 2 500

【思考与练习】

3.2.1　说明万用表测量电阻、直流电流的方法，并能指出万用表表面每条刻度线的用途和读数方法。

3.2.2　在使用万用表的电阻挡时，黑表笔接内部电池的什么极？

知识链接 3.3　工厂输配电

3.3.1　工厂供电系统概况

一般中型工厂的电源进线电压是 6 ~ 10 kV。电能先由高压配电所（High-Voltage

Distribution Substation）集中，再由高压配电线路将电能分送到各车间变电所（Shop Transformer Substation），或由高压配电线路直接供给高压用电设备。车间变电所内装设有电力变压器，将 6~10 kV 的高压电降为一般低压用电设备所需电压（如 220 V/380 V），然后由低压配电线路将电能分送给各用电设备使用。

对于大型工厂及某些电源进线电压为 35 kV 及以上的中型工厂，一般经过两次降压，也就是电源进厂后，先经总降压变电所（其中装有较大容量的电力变压器），将 35 kV 及以上的电源电压降为 6~10 kV 的配电电压，然后通过高压配电线将电能送到各个车间变电所，也有的经高压配电所再送到车间变电所，最后经配电变压器降为一般低压用电设备所需的电压。图 3-9 所示为一种送电过程示意图。

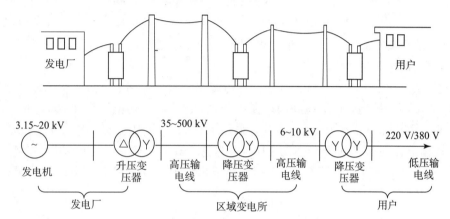

图 3-9　从发电厂到用户的送电过程示意图

对于小型工厂，由于所需容量一般不大于 1 000 kV·A 或稍多，因此通常只设一个降压变电所，将 6~10 kV 降为低压用电设备所需的电压，如果工厂所需容量不大于 160 kV·A 时，一般采用低压电源进线，直接由公共低压电网供电，因此工厂只需设一低压配电间。

由以上分析可知：配电所的任务是接收电能和分配电能，不改变电压；而变电所的任务是接收电能、变换电压和分配电能。工厂供电系统是指从电源线路进厂起到高低压用电设备进线端止的整个电路系统，包括工厂内的变配电所和所有的高低压供配电线路。

3.3.2　发电厂和电力系统简介

电能的生产、输送、分配和使用的全过程，实际上是在同一瞬间实现的，因此除了了解工厂供电系统概况外，还需了解工厂供电系统电源方向的发电厂和电力系统的一些基本知识。

1. 发电厂

发电厂（Power Plant）又称发电站，是将自然界蕴藏的各种一次能源转换为电能（二次能源）的工厂。发电厂按其所利用的能源不同，分为水力发电厂、火力发电厂、核能发电厂以及风力发电厂、地热发电厂、太阳能发电厂等类型。

我国电力的主要来源是火力发电和水力发电。火力发电厂简称火电厂或火电站，它利用燃料的化学能来生产电能。我国的火电厂以燃煤为主，其能量的转换过程是：燃料的化学能→热能→机械能→电能。

水力发电厂，简称水电厂或水电站，它利用水流的位能来生产电能，其能量转换过程是：水流位能→机械能→电能。

为了充分利用资源，减少燃料运输，降低发电成本，因而在有水力资源的地方建造水电站，在有燃料资源的地方建造火电厂。但这些有动力资源的地方，往往离用电中心较远，所以必须用高压输电线路进行远距离输电。

2. 电力系统

由各级电压的电力线路将一些发电厂、变电所和电力用户联系起来的一个发电、输电、变电、配电和用电的整体，称为电力系统（Power System）。

电力系统中各级电压的电力线路及其联系的变电所，称为电力网或电网（Power Network）。电网可按电压高低和供电范围大小分为区域电网和地方电网。区域电网的范围大，电压一般在 220 kV 及以上。地方电网的范围小，最高电压一般不超过 35 ~ 110 kV，一般中型工厂的电源进线为 6 ~ 10 kV。

从发电站发出的电能，一般都要通过输电线路送到各个用电地方。根据输送电能距离的远近，采用不同的高电压。从我国现在的电力情况来看，送电距离在 200 ~ 300 km 时采用 220 kV 的电压输电；在 100 km 左右时采用 110 kV 的电压输电；50 km 左右时采用 35 kV 的电压输电；在 15 ~ 20 km 时采用 10 kV 的电压输电，有的则用 6 600 V 的电压输电。输电电压在 110 kV 以上的线路，称为超高压输电线路。在远距离送电时，我国还有 500 kV 的超高压输电线路。

为什么要采用高压输电呢？这要从输电线路上损耗的电功率谈起，当电流通过导线时，就会有一部分电能变为热能而损耗掉了。我国目前普遍采用的三相三线制交流输电线路上损耗的电功率为

$$P_{耗} = 3I^2R \qquad (3-2)$$

式中，R 为每一条输电线的电阻；I 为输电线中的电流。

如果要输送的电功率为 P，输电线路的线电压为 U，每相负载的功率因数为 $\cos\varphi$，则输电电流还可表示为

$$I = \frac{P}{\sqrt{3}U\cos\varphi} \qquad (3-3)$$

假设送电距离为 L，所用输电线的电阻率为 ρ，其截面积为 S，则 $R = \rho(L/S)$。于是，损耗的电功率可写成

$$P_{耗} = 3\left(\frac{P}{\sqrt{3}U\cos\varphi}\right)^2 R = C\frac{1}{U^2S} \qquad (3-4)$$

式中，$C = \dfrac{\rho P^2 L}{\cos^2\varphi}$，在输送的电功率、输电距离、输电导线材料及负载功率因数都一定的情况下，C 为一常数。

由式（3-4）可以看出，输电线截面积 S 一定时，输电电压 U 越高，损耗的电功率 $P_{耗}$ 就越小；如果允许损耗的电功率 $P_{耗}$ 一定时（一般不得超过输送功率的 10%），电压越高，输电导线的截面积就越小，这可大大节省输电导线所用的材料。

从减少输电线路上的电功率损耗和节省输电导线所用材料两方面来说，远距离输送电

能要采用高电压或超高电压。但也不能盲目提高输电电压，因为输电电压愈高，输电架空线的建设，对所用各种材料的要求愈严格，线路的造价就愈高。所以，要从具体的实际情况出发，做到输电线路既能减少功率损耗，又能节约建设投资。

高压输电能减少电功率的损耗，但从发电方面来看，发电机不能产生 220 kV 那样的高电压，因为发电机要产生那么高的电压，从它的用材、结构以及安全运行生产等方面都有几乎无法克服的困难。从用电方面看，绝大多数的用电设备也不能在高电压下运行。这就决定了从发电、输电到用电需要用到一系列电力变压器来升高或降低电压。

【思考与练习】

3.3.1　什么是电力系统和电力网？由发电站到用户这中间有几个环节？

3.3.2　水电站、火电厂和核电站各利用什么能源？如何转化为电能？

3.3.3　工厂供电系统包括哪些范围？变电所和配电所的任务有何不同？

知识链接 3.4　安全用电

电力是国民经济的重要能源，在现代家庭生活中也不可缺少。但是不懂得安全用电知识就容易造成触电身亡、电气火灾、电器损坏等意外事故，所以"安全用电，性命攸关"。

3.4.1　触电

1. 触电的类型

触电是指人体触及或接近带电导体时，电流对人体造成的伤害。人体触电时，电流对人们造成的危害有电击和电灼伤两种类型。

1）电击

电击是指电流通过人体内部，影响心脏、呼吸和神经系统的正常功能，造成人体内部组织的损坏，甚至危及生命。

电击是由电流流过人体而引起的，它造成伤害的严重程度与电流大小、频率、通电持续时间、流过人体的路径及触电者本身的情况有关。通过人体的电流越大，触电时间越长，危险就越大。对于工频交流电，根据通过人体电流的大小和人体呈现的不同状态，可将电流划分为三级。

（1）感知电流：引起人的感觉的最小电流。成年男性的平均感知电流约为 1.1 mA，成年女性约为 0.7 mA。

（2）摆脱电流：人触电后能自主摆脱电源的最大电流。成年男性的最小摆脱电流约为 9 mA，成年女性约为 6 mA。

（3）致命电流：在较短时间内危及生命的最小电流。

2）电灼伤

电灼伤是指人体外部受伤，如电弧灼伤、与带电体接触后的电斑痕以及在大电流下熔化而飞溅的金属沫对皮肤的烧伤等。

2. 常见的触电方式

按照人体触及带电体的方式和电流通过人体的路径，触电方式有单相触电、两相触电、跨步电压触电以及接触电压触电。

1）单相触电

人体的某部分在地面或其他接地导体上，另一部分触及一相带电体的触电事故称为单相触电。这时触电的危险程度取决于三相电网的中性点是否接地。一般情况下，接地电网的单相触电比不接地电网的危险性大，如图 3-10 所示。

图 3-10（a）表示供电网中性点接地时的单相触电，此时人体承受电源相电压；

图 3-10（b）表示供电网无中性线或中性线不接地时的单相触电，此时电流通过人体进入大地，再经过其他两相对地电容或绝缘电阻流回电源，当绝缘不良时，也有危险。

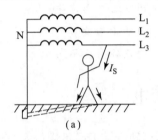
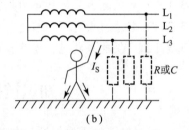

图 3-10 单相触电

（a）中性线接地的单相触电；（b）中性线不接地的单相触电

2）两相触电

人体的不同部分同时分别触及同一电源的任何两相导线称为两相触电，这时，电流从一根导线经过人体流至另一根导线，人体承受电源的线电压，这种触电形式比单相触电更危险，如图 3-11 所示。

3）跨步电压触电

当带电体接地有电流流入地下时（如架空导线的一根断落地上时），在地面上以接地点为中心形成不同的电位，人体在接地点周围，两脚之间出现的电位差即为跨步电压。线路电压越高，离落地点越近，触电危险性就越大。

4）接触电压触电

人体与电气设备的带电外壳接触而引起的触电称为接触电压触电。人体触及带电体外壳，会产生接触电压触电，如图 3-12 所示。人体站立点离接地点越近，接触电压越小。

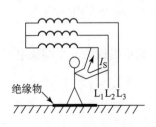

图 3-11 两相触电

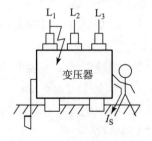

图 3-12 接触电压触电

3.4.2 防止触电的保护措施

触电往往很突然，最常见的触电事故是偶然触及带电体或触及正常不带电而意外带电的导体。为了防止触电事故，应健全安全措施。安全措施分为安全技术措施和安全组织措施，这里主要介绍安全技术措施。

安全技术措施包括停电、验电、装设接地线、悬挂标示牌和装设遮栏等，主要有如下几项。

1. 使用安全电压

安全电压是指人体较长时间接触带电体而不致发生触电危险的电压。我国对安全电压的规定：为了防止触电事故而采用由特定电源供电的电压系列。这个电压系列上限值（在任何情况下，两导体间或任一导体与地之间的电压均不得超过的交流（50～500 Hz）有效值）为 50 V。安全电压的额定值为 36 V、24 V、12 V、6 V（工频有效值）。当电气设备采用了超过 24 V 的安全电压时，应采取防止直接接触带电体的保护措施。

注意安全电压不适用范围如下。

（1）水下等特殊场所。

（2）带电部分能深入人体内的医疗设备。

2. 保护接地

1）定义

保护接地就是在 1 kV 以下变压器中性点（或一相）不直接接地的电网中，电气设备的金属外壳和接地装置良好连接。

2）原理

当电气设备绝缘损坏，人体触及带电外壳时，由于采用了保护接地，人体电阻和接地电阻并联，人体电阻远远大于接地电阻，故流经人体的电流远远小于接地电阻的电流，并在安全范围内，这样就起到了保护人身安全的作用，如图 3－13 所示。

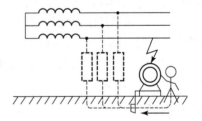

图 3－13 保护接地原理图

3. 保护接零

1）定义

保护接零就是在 1 kV 以下变压器中性点直接接地的电网中，电气设备金属外壳与零线作可靠连接。

2）原理

低压系统电气设备采用保护接零后，如有电气设备发生单相碰壳故障时，形成一个单相短路回路。由于短路电流极大，使熔丝快速熔断，保护装置动作，从而迅速地切断了电源，防止了触电事故的发生，如图 3－14 所示。

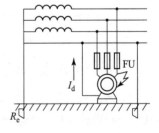

图 3－14 保护接零原理图

4. 使用漏电保护装置

漏电保护装置按控制原理可分为电压动作型、电流动作型、交流脉冲型与直流型等。

其中电流动作型的保护性能最好，应用最普遍。

电流动作型漏电保护装置由测量元件、放大元件、执行元件、检测元件等组成，如图3－15所示。

测量元件是一个高导磁电流互感器，相线和零线从中穿过，当电源输出的电流经负载使用后又回到电源，互感器铁芯中合成磁场为零时，说明无漏电现象，执行机构不动；当合成磁场不为零时，表明有漏电现象，执行机构快速动作，切断电源时间一般为0.1 s，保证安全。

单相漏电保护器接线时，工作零线和保护零线一定要严格分开，不能混用，相线和工作零线接漏电保护器。若将保护零线接到漏电保护器时，漏电保护器处于漏电保护状态而切断电源。

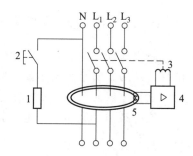

图3－15 电流动作型
漏电保护装置
1—检测元件；2—试验开关；
3—执行元件；4—放大元件；
5—测量元件

在家庭中，漏电保护器一般接在单相电能表和断路器胶盖闸刀后，是安全用电的重要保障。

3.4.3 安全用电常识

（1）不要超负荷用电，如用电负荷超过规定容量，应到供电部门申请增容；空调、烤箱等大容量用电设备应使用专用线路。

（2）要选用合格的电器，不要贪便宜购买和使用假冒伪劣电器、电线、线槽（管）、开关、插头、插座等。

（3）不要私自或请无资质的装修队及人员铺设电线和接装用电设备，安装、修理电器用具要找有资质的单位和人员。

（4）对规定使用接地的用电器具的金属外壳要做好接地保护，不要忘记给三眼插座、插座盒安装接地线；不要随意将三眼插头改为两眼插头。

（5）要选用与电线负荷相适应的熔断丝，不要任意加粗熔断丝，严禁用铜丝、铁丝、铝丝代替熔断丝。

（6）不用湿手、湿布擦带电的灯头、开关和插座等。

（7）漏电保护开关应安装在无腐蚀性气体、无爆炸危险品的场所，要定期对漏电保护开关进行灵敏性检验。

（8）晒衣架要与电力线保持安全距离，不要将晒衣竿搁在电线上。

（9）要将电视机室外天线安装得牢固可靠，不要高出附近的避雷针或靠近高压线。

（10）严禁私设电网防盗、狩猎、捕鼠和用电捕鱼。

3.4.4 触电急救常识

触电者的现场急救，是抢救过程的关键。触电后会出现呼吸中断、神经麻痹、心脏停止跳动等症状，外表看起来昏迷不醒。此时要把这种状态看作是假死，应迅速对触电者进行抢救，否则，必然带来不可弥补的后果。

触电急救常识

1. 脱离电源

触电后，可能由于失去知觉等原因而紧抓带电体，要使触电者迅速脱离电源，应立即拉下电源开关或拔掉电源插头，若无法及时找到或断开电源时，可用干燥的竹竿、木棒等绝缘物挑开电线。

2. 急救处理

脱离电源后，应根据情况就地迅速进行救护，将触电者迅速移至通风干燥处仰卧，将其上衣和裤带放松，观察触电者有无呼吸，摸一摸颈动脉有无搏动。对于触电相当严重，触电者已停止呼吸的，应立即进行人工呼吸；如果触电者心跳和呼吸都已停止，人完全失去知觉，应进行人工呼吸和心脏按压进行抢救。

3. 人工呼吸和心脏按压

人工呼吸是在触电者呼吸停止但有心跳时的急救方法。心脏按压适用于有呼吸但无心跳的触电者。当人触电后，一旦出现假死现象，应迅速进行人工呼吸或心脏按压。

（1）人工呼吸（口对口吹气法）。将触电者移至通风处，仰卧平地上，鼻孔朝天、头后仰，并解开衣服、腰带，头不可垫枕头，以便呼吸道通畅，清理口鼻异物，捏紧鼻孔，紧贴触电者的口吹气 2 s 使其胸部扩张，接着放松鼻孔，使其胸部自然缩回排气约 3 s，如此不断进行，直至好转，吹气用力要适当。

（2）心脏按压，即胸外按压法。将触电者仰卧在硬地上，松开领扣，解开衣服，清除口腔内异物，救护人员站在触电者一侧，两手相叠，将下面那只手的手掌根放在触电者心窝稍高一点的地方，这时的手掌跟部即为正确的压点，自上而下，垂直均衡地向下按压，压力轻重要适当；然后突然放松掌根，但手掌不要离开胸部，如此连续不断地进行，对于成年人则一秒一次，对于儿童则每分钟挤压 100 次左右为宜。按压时注意按压位置要准确，不可以用力过猛，以免将胃中食物按压出来，堵塞气管，影响呼吸。

【思考与练习】

3.4.1　安全生产电压为多少？安全电压为多少？

3.4.2　生产用电措施有哪些？试联系实际，谈谈你应采取哪些安全生产用电措施？

知识链接 3.5　节约用电

3.5.1　节约用电的意义

我国把能源建设作为战略重点之一，提出了开发和节约并重的能源方针，在大力发展能源建设的同时，最大限度提高能源利用的经济效果，降低能源消耗。节约用电就是通过采取技术上可行、经济上合理的对环境无妨碍的措施，用以消除供用电过程中的电能浪费现象，提高电能的利用率。

在工业生产中，电气设备和电力线路的电能损耗占工厂电能消耗的 20% ~30%，因此节约电能被视为加强企业经营管理，提高经济效益的一项重要任务。图 3 – 16 所示为电能传输和使用示意模型图，如果图中任何一个环节节约 1%，都会取得巨大经济效益。由此可见，节约电能不仅势在必行，而且人人有责。节约用电的方式有管理节电和技术节电两种。

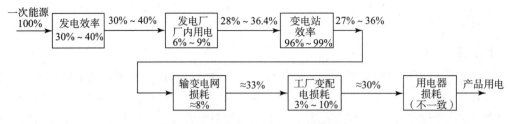

图 3－16　电能传输和使用示意模型图

3.5.2　节约用电的一般措施

（1）采用科学管理方法，成立专门的能源管理机构，对各种用电要进行统一管理，建立一整套供电管理制度。

（2）实行计划供用电可以提高电能的利用率，工厂用电应严格按照地区电业局下达的指标和规定的时间执行。对工厂内部供电系统来说，各级部门都要加强用电管理，按工厂统一下达指标实施计划用电，严格限制非生产用电，防止电能浪费。集中科研力量开发能源综合利用新途径。

（3）合理分配负荷，"消峰填谷"以提高供电能力。根据电力系统的供电情况和各级用户的用电规律，合理地计划和安排各类用户的用电时间，以降低负荷高峰，填补负荷低谷，充分发挥发电、变电设备的潜力，从而提高电力系统的供电能力。工厂内部也要进行负荷调整，错开各车间的生产班次，调整工厂内大容量设备的用电时间，实行高峰让电，可以使各车间高峰负荷分散，从而降低工厂总的负荷，提高变压器的负荷率和功率因数（既提高供电能力，又节约电能）。

（4）实行经济运行，降低系统损耗。所谓经济运行是指传送相同能量时，供电系统电能损耗最小，工厂经济效益最高的一种运行方式。一般电动机运行在75%左右的额定负载，电力变压器运行在50%~60%时效率最高。要求机电设备的配套合理，改变用大电动机拖动小功率设备的现象。尽量减少设备上不必要的电能损耗，使有限的电力发挥更大的效益。电动机和变压器可用两台小功率的代替一台大功率的设备，根据不同选择投入运行。

（5）加强对用电设备的维护和检修，确保生产的正常运行，这样做既保证了安全用电，又间接地减少了电能浪费。

项目实施

结合现场条件，利用人体模型进行演练。

（1）立即断开摄像头电源，直接关闭空气开关或断路器；若无法断开电源时，则用木棍等绝缘物推开电源线。

（2）快速查看"李某"生命体征，若有自主呼吸、有脉搏、意识正常，则平躺、静等进行观察；若心跳停止、无自主呼吸，则立即采用胸外按压法进行急救。

（3）采用胸外按压法：将"李某"平躺、确保口中无异物堵塞气道，将其头微向后仰。

（4）手掌叠压、四指交叉放置在"李某"双乳头连线中点位置进行按压，按压深度为5~6 cm，持续频率为100~120次/分钟，按压30次、做2次口对口人工呼吸，吹气时间大于1 s，需见胸廓起伏。持续5个循环后，查看瞳孔大小及口唇颜色、脉搏等判断是否有效。

（5）若恢复呼吸后需将"李某"送入正规医院做进一步治疗。

项目评价

评价项目	评价内容	评价等级	星级
职业素养	熟悉供电部门管理规定，遵守现场操作规程	★★★★★	
	实践是理论之源，能安全用电、节约用电，省能又低碳	★★★★★	
专业能力	掌握U、I、P、W的测量方法，能分析电能输送及安全用电、节电方法	★★★★★	
	具备遇触电事故时临危不惧胆识，善用不同触电急救方法的能力	★★★★★	

习　题

1. 测100 V的电压时，电压表的指示值是101 V，测20 V的电压时电压表的指示值为19.7 V，可以判定测量20 V的电压时精确度更高些。这样说对吗？为什么？

2. 用万用表和兆欧表要注意些什么？

3. 查阅资料指出电子式兆欧表使用时如何接线？（低压电工特操证书理论考题）

4. 什么叫触电？常见的触电方式和原因有哪几种？

5. 人体触电后可能有几种情况？怎样确定实行急救的方法？

6. 节约用电的主要措施有哪些？

项目 4 电磁电器检测和变压器

项目描述

电工师傅顾某在新员工的实操考核中，将不同厂家的交流接触器或中间继电器实物随机分配到新员工手中，要求新员工利用万用表正确判别交流接触器或中间继电器的所有接线端子。你若是其中一名新员工，能圆满完成考核吗？

重点知识

（1）磁路的欧姆定律的含义及交流铁芯线圈电路的电压平衡方程。
（2）理解变压器变电压、变电流、变阻抗的原理。

能力与素养

（1）能正确识别电磁线圈极性，正确区分交流接触器各端子功能。
（2）能正确安装变压器及检测电压大小，判断绕组极性。
（3）养成巡检电源柜设备的职业习惯；培养合理分配变压器负荷的能力；树立宏观意识、质量意识。

知识链接 4.1 磁 路

在电力系统和电子设备中经常用电磁转换来实现能量的转换，学习这些电磁设备时，不仅会遇到电路问题，而且也会遇到磁路问题。为了把磁场聚集在人为限定的空间范围内，并且能用较小的励磁电流建立足够强的磁场，常用一定形状的铁芯使磁通的绝大部分经过铁芯而形成一个闭合的通路，这种磁通的路径称为磁路。

4.1.1 磁场的基本物理量

磁场的特性可用下列几个物理量来表示。

1. 磁感应强度 **B**

磁感应强度 **B** 是表示空间某点磁场强弱和方向的物理量，它是一个矢量，其大小等于垂直于磁场方向的单位长度内流过单位电流的直导体在该点所受的力。电流产生的磁场方向与该点磁力线切线方向一致，可用右手螺旋定则来确定。如果磁场内各点的 **B** 大小相等，方向相同，则称该磁场为均匀磁场。

在国际单位制中，磁感应强度的单位是特斯拉（T），简称特。

2. 磁通量 **Φ**

在磁场中，磁感应强度 **B** 与垂直于磁场方向的面积 S 的乘积称为通过该面积的磁通量。即

$$B = \frac{\Phi}{S} \quad 或\ \Phi = BS \tag{4-1}$$

在国际单位制中，磁通的单位是韦伯（Wb），简称韦。

3. 磁导率 μ

磁导率 μ 是用来表示物质导磁性能的物理量。它的单位是亨/米（H/m）。不同的物质有不同的 μ。在真空中的磁导率为 μ_0，由实验测得为一常数，其值为

$$\mu_0 = 4\pi \times 10^{-7}\ \text{H/m}$$

其他材料的磁导率 μ 和真空中的磁导率 μ_0 的比值，称为该物质的相对磁导率 μ_r，即

$$\mu_r = \frac{\mu}{\mu_0}$$

自然界的所有物质按磁导率的大小，大体上可分为磁性材料和非磁性材料两大类。其中非磁性材料，如铜、铝、银等，其 $\mu \approx \mu_0$，$\mu_r \approx 1$。磁性材料，如铁、钴、镍及其合金等，其相对磁导率 μ_r 很大，可达几百到几万，且不是常数，随磁感应强度和温度变化而变化。

4. 磁场强度 **H**

磁场中因各种物质的磁导率不同，即磁场相同而导磁物质不同，则磁感应强度不同。这就给计算磁感应强度带来麻烦，为此引出另一个物理量——磁场强度 **H**。它与物质磁导率无关，与载流导体的形状，电流的大小等有关。

磁场中某点磁场强度的大小等于该点的磁感应强度的数值除以该点的磁导率，磁场强度的方向与该点磁感应强度的方向相同，即

$$H = \frac{B}{\mu} \tag{4-2}$$

在国际单位制中，磁场强度的单位是安/米（A/m）。

4.1.2　磁性材料的主要性能

根据导磁性能的好坏，自然界的物质可分为铁磁性材料（如铁、钢、镍等）和非铁磁性物质（铜、铝、纸等）两大类。下面讨论铁磁性材料的主要性能。

1. 高导磁性

磁性材料在外磁场的作用下具有被磁化的特性，因而磁导率很高。在磁性材料的内部

可分成许多小区域，称为磁畴。在无外磁场作用时，各个磁畴间的磁性相互抵消，对外不显示磁性，在外磁场作用下，磁畴就逐渐转到与外磁场相同的方向上，这样便产生了一个很强的与外磁场同方向的磁化磁场，而使磁性材料内的磁感应强度大大增加。

2. 磁饱和性

磁性材料磁化所产生的磁场不会随外磁场的增强而无限增强，当外磁场增大到一定值时，全部磁畴的磁场方向都转到与外磁场方向一致，这时磁性材料内的磁感应强度将达到饱和值，这一点充分反映在磁化曲线（$B-H$ 曲线）上，如图 4-1 所示中 b 点（膝点）到 c 点（饱和点）的范围。

3. 磁滞性

所谓磁滞，就是在外磁场 H 做正负变化（如线圈中通以交变电流）的反复磁化过程中，磁性材料中磁感应强度 B 的变化总是落后于外磁场的变化，磁性材料反复磁化后，可得到如图 4-2 所示的磁滞回线。

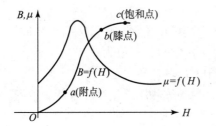

图 4-1 铁磁材料的 $B-H$、$\mu-H$ 关系示意图

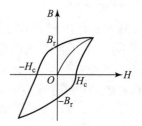

图 4-2 磁滞回线

当外磁场 $H=0$ 时，永久磁铁的磁性就是由剩磁产生的。但有时又需要去掉剩磁，如当工件在平面磨床上加工完毕后，由于电磁吸盘有剩磁，还将工件吸附，为此，应加反方向的外磁场，即通过反向去磁电流，祛掉剩磁，才能将工件卸下。使 $B=0$ 所需的 H_c 值，称为矫顽磁力，如图 4-2 中 $\pm H_c$ 点所示。

磁性材料按其磁滞回线形状不同，可分为以下 3 类。

（1）软磁材料，如纯铁、铸铁、硅钢。这类材料的磁滞回线狭窄，剩磁和矫顽磁力均较小，可用来做成电机、变压器的铁芯，也可做计算机的磁芯、磁鼓以及录音机的磁带、磁头。

（2）硬磁材料，如碳钢、钨钢、钴钢及铁镍合金等，这类材料的磁滞回线较宽，剩磁和矫顽磁力都较大，适宜做永久磁铁。

（3）矩磁材料，如镁锰铁氧体、1J51 型铁镍合金等，磁滞回线接近矩形，在计算机和控制系统中，可用作记忆元件、开关元件和逻辑元件。

4.1.3 磁路的欧姆定律

在工程上，为了获得较强的磁场，常常需要把磁通集中在某一定型的路径中，形成磁路的最好方法是利用磁性材料按照电器结构要求做成各种形状的铁芯，从而使磁通形成所需要的闭合路径。

由于磁性材料的磁导率 μ 远远大于空气磁导率，所以磁通主要沿铁芯而闭合，只有很少部分磁通经过空气或其他材料。把通过铁芯的磁通称为主磁通，如图 4-3 中的 $\mathbf{\Phi}_\delta$ 在一般情况下，漏磁通很少，常略去不计。

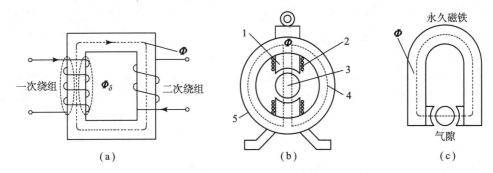

图 4-3　不同的磁路

(a) 单回路方形磁路；(b) 双回路圆形磁路；(c) 单回路 "U" 形磁路
1—磁极；2—励磁绕组；3—电枢；4—磁通 $\mathbf{\Phi}$；5—磁轭

和电路类似，磁路也分为无分支磁路和有分支磁路，图 4-3（a）、（c）是无分支磁路，图 4-3（b）是有分支磁路。

通常在线圈中通入电流产生磁路中的磁通 $\mathbf{\Phi}$，该电流称为励磁电流。改变励磁电流 I 或线圈匝数 N，磁通 $\mathbf{\Phi}$ 的大小就要变化。I 愈大，所产生的磁通 $\mathbf{\Phi}$ 也愈大。因此把励磁电流 I 和线圈匝数 N 的乘积称为磁动势 F_m，用 $F_m = IN$ 表示，单位为安［培］（A）。因此磁通 $\mathbf{\Phi}$ 可以表示为

$$\Phi = \frac{F_m}{R_m} = \frac{NI}{R_m} = \frac{NI}{\dfrac{l}{\mu S}} \tag{4-3}$$

式中，R_m 为磁路的磁阻，表示磁路对磁通具有阻碍作用；l 为磁路的平均长度；S 为磁路的截面积。

式（4-3）与电路的欧姆定律相似，故也称为磁路的欧姆定律，是磁路分析和计算的基础。

【思考与练习】

4.1.1　磁场的基本物理量有哪些？

4.1.2　磁性材料的磁导率为何不是常数？用螺丝刀在磁铁上摩擦后，可吊起小螺丝钉的原因是什么？

4.1.3　磁性材料按其磁滞回线的形状不同，可分为几类？各有什么不同？需要做变压器应该选用哪种材料？

4.1.4　什么叫磁路？在图 4-3（a）中为保持最大磁通 $\mathbf{\Phi}_m$ 不变，下列情况下线圈匝数 N、励磁电流大小 I 应该如何变化？

（1）交流励磁，磁路长度 l 加长一倍，电源电压 U 与频率 f 等条件不变。

（2）交流励磁，磁路截面积 S 长度增长一倍，电源电压 U 与频率 f 等条件不变。

知识链接 4.2　电磁铁及其电磁电器

4.2.1　电磁铁及电磁性能

电磁铁是利用通电的铁芯线圈吸引衔铁的一种电器。衔铁的动作可使其他机械装置发生联动。当电源断开时，电磁铁的吸力随着消失，衔铁或其他零件在弹簧作用下被释放。电磁铁是构成电磁开关、电磁阀门、继电器、接触器的基本部件，因此用途十分广泛。

电磁铁由铁芯、绕组及衔铁三部分组成。图 4-4 所示是两种电磁铁的典型结构。

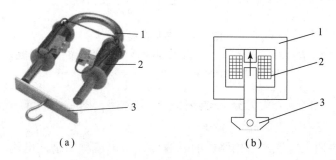

图 4-4　电磁铁的结构形式

（a）马蹄式；（b）螺管式

1—铁芯；2—绕组；3—衔铁

电磁铁绕组通电后，铁芯吸引衔铁的力，称为电磁吸力。根据能量转换原理可推出直流电磁铁吸力的公式为

$$F = \frac{10^7}{8\pi} B_\delta^2 S_\delta \qquad (4-4)$$

式中，B_δ 为空气隙中的磁感应强度，可近似认为与铁芯中磁感应强度相等，单位为 T；S_δ 为空气隙的有效面积，单位为 m^2；F 为电磁吸力，单位为牛顿（N）。

电磁铁按励磁电流的种类不同，可分为直流电磁铁和交流电磁铁。

1. 直流电磁铁

直流电磁铁的基本结构如图 4-5 所示。它的励磁电流是恒定不变的，其大小只取决于线圈上所加的直流电压和线圈电阻 R 的大小，所以磁动势 IN 也是恒定的。随着衔铁的吸合，空气隙 δ 变小，磁路对磁通的阻碍作用（即磁阻）减小，磁感应强度 B_δ 增大，因此吸合后的电磁力 F 要比吸合前大得多，其特性如图 4-6 所示。

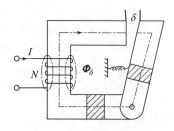

图 4-5　直流电磁铁原理图

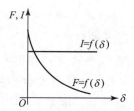

图 4-6　直流电磁铁的特性

由于直流电磁铁中电流恒定，铁芯中无交变磁通产生，能量损耗较小，故其铁芯常用整块软钢做成。

2. 交流电磁铁

交流电磁铁通入的励磁电流是交变的，故磁场也是交变的。

设 $B = B_m \sin\omega t$，则吸力为

$$f = \frac{10^7}{8\pi} B_\delta{}^2 S_\delta \sin^2\omega t = \frac{1}{2}F_m - \frac{1}{2}F_m \cos 2\omega t \tag{4-5}$$

式中，$F_m = \dfrac{10^7}{8\pi} B_m^2 S_\delta$ 是吸力的最大值。

在计算时，只考虑吸力的平均值。即

$$F = \frac{1}{T}\int_0^T f\mathrm{d}t = \frac{1}{2}F_m = \frac{10^7}{16\pi} B_m^2 S_\delta \tag{4-6}$$

由式（4-5）可知，吸力在零与最大值 F_m 之间脉动，如图 4-7 所示，使衔铁以两倍频率在颤动，引起噪声。为了消除此现象，可在磁极的部分端面上套上一个分磁环，也称短路环，如图 4-8 所示。这样的分磁环中便会产生感应电流，以阻碍磁通的变化，使在磁极两部分中的磁通 $\boldsymbol{\Phi}_1$ 和 $\boldsymbol{\Phi}_2$ 之间产生一相位差，因两部分磁通之和与吸力不同时降为零，消除了衔铁的颤动和噪声。

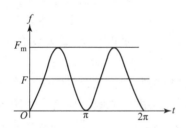

图 4-7　交流电磁铁的吸力

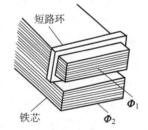

图 4-8　分磁环（短路环）

在交流电磁铁中，为了减小铁损，铁芯由硅钢片制成。

交流电磁铁在吸合过程中，电磁吸力的平均值基本不变，随着空气隙的减小直到消失，磁阻显著减小，所以吸合后的励磁电流比吸合前小得多。因此交流电磁铁在工作时，衔铁和铁芯一定要吸合好，如有空气隙，则线圈就会因长时间通过大电流而过热，甚至烧毁，其特性如图 4-9 所示。

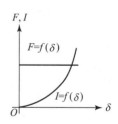

图 4-9　交流电磁铁的特性

4.2.2　交流接触器

交流接触器是利用电磁吸力而工作的自动电器，常用于接通和断开电动机（或其他用电设备）的主电路。它主要由电磁铁和触头两部分组成，用以产生电磁力。其外形、结构示意图及触点如图 4-10 所示，触头系统由静触头和动触头组成，用以断开和闭合电路，衔铁与动触头连在一起，可以一起运动。

当电磁铁的吸引线圈加上额定电压时，静铁芯与衔铁之间产生电磁力，使衔铁吸合的

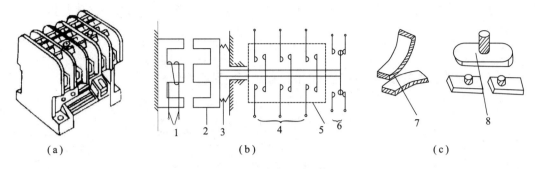

图 4 – 10　交流接触器

（a）外形图；（b）结构示意图；（c）触头

1—线圈；2—动铁芯；3—弹簧；4—主触头；5—灭弧罩；6—辅助触头；7—指式触头；8—桥式触头

同时带动动触头一起运动，使一部分触头接通，另一部分触头断开；当吸引线圈断电或电压低于吸引线圈额定电压较多时，电磁力小于复位弹簧的反作用力，使衔铁释放，带动动触片复位。可见利用接触器吸引线圈的通电或断电，可以控制接触器触头的闭合或断开，从而控制电路的通断。

交流接触器的触头按功能不同，分为主触头和辅助触头两种。主触头的接触面较大，允许通过的电流较大，通常有三对动合触头，串联在电动机的主电路中，用以通断主电路。但由于主触头通过的电流较大，经常有电弧产生，为此有些接触器还设有灭弧罩，以减小电弧。辅助触头的接触面较小，通过的电流较小，一般为 5 A 以下，通常有 4 对触头（两对动合触头、两对动断触头），常接在控制电路中，用来通断交流接触器的吸引线圈和其他小电流的电器。

交流接触器根据触头的动作分为动合触头和动断触头两种。动合触头是当交流接触器吸引线圈时，触头在复位弹簧的作用下，使接触器的触头由原来断开状态变为闭合状态的触头，即"一动即合"触头。线圈断电时，触头在复位弹簧的作用下，使触头恢复为断开状态。而动断触头是吸引线圈通电后，该触头由原来闭合状态变为断开状态，线圈断电时，该触头又回到闭合状态，即"一动即断"触头。

交流接触器吸引垫圈的额定电压有：380 V、220 V、127 V、36 V。交流接触器主触头的额定工作电压有：220 V、380 V、660 V、1 140 V；辅助触头额定工作电压有：交流 380 V、直流 220 V。交流接触器的额定电流是指主触头的额定电流，有 6.3 A、10 A、16 A、25 A、40 A、63 A、100 A、160 A、250 A、400 A、630 A、1 000 A、1 600 A、2 500 A、4 000 A。在选用时，应注意它的额定电流（应大于或等于电动机的额定电流）、线圈电压及触头数量等。

4.2.3　电磁阀

电磁阀是指气体或液体流动的管路中受电磁力控制开闭的阀体。它大量应用在液体机械、空调系统、组合机床、自动机床及自动生产线中，是工业自动化的一种重要元件。其结构、符号如图 4 – 11 所示。

电磁阀的工作原理可简述如下：当吸引线圈不通电时，衔铁由于受弹簧作用与铁芯脱离，阀门处于关闭状态，如图 4 – 11（a）所示；当线圈通电时，衔铁克服弹簧的弹力而

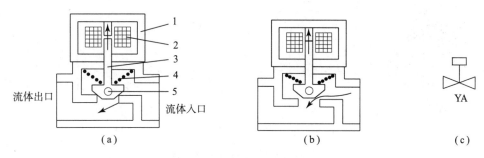

图 4 – 11　电磁阀的工作原理

(a) 电磁阀关闭状态；(b) 电磁阀接通状态；(c) 符号

1—铁芯；2—吸引线圈；3—衔铁；4—弹簧；5—阀门

与铁芯吸合，阀门处于打开状态，如图 4 – 11 (b) 所示。从而控制了液体或气体的流动，推动油缸或气缸转换为物体的机械运动，完成进给、往复等动作。电磁阀的电路符号如图 4 – 11 (c) 所示，文字符号用 YA 表示。

【思考与练习】

4.2.1　在电压相等的情况下，如果把一个直流电磁铁接到交流电源上使用，或者把一个交流电磁铁接到直流电源上使用，将会发生什么后果？

4.2.2　交流电磁铁衔铁的颤动怎样消除？

4.2.3　交流接触器在选用时应注意些什么？

4.2.4　交流电磁铁在吸合过程中气隙减小，试问磁路磁阻、线圈电感、线圈电流以及铁芯中的磁通的最大值将如何变化？

知识链接4.3　交流铁芯线圈电路

铁芯线圈按励磁方式不同，有直流铁芯线圈和交流铁芯线圈。直流铁芯线圈中，由于励磁电流是直流，产生的磁通是恒定的，在线圈和铁芯中没有感应电动势，所以电压、电流关系及功率与一般直流电路相同。而交流铁芯线圈电路，由于铁芯线圈中的磁通是变化的，在线圈中会产生感应电动势，而且还由于铁芯的导磁性能不像空气一样，会发生变化，故交流铁芯线圈在电磁关系、功率损耗等方面和直流铁芯线圈有所不同。

4.3.1　交流铁芯线圈电路中的电磁关系

图 4 – 12 所示为交流铁芯线圈原理图，线圈的电压和磁通关系如图 4 – 12 (a) 所示，电路模型如图 4 – 12 (b) 所示。在线圈中加上正弦交流电压 u，则在线圈中产生交变电流 i 及相应的磁动势 iN。此磁动势产生的磁通有两部分：一部分 Φ 经铁芯形成闭合路径，称为主磁通，也称为工作磁通；另一部分 Φ_δ 经空气形成闭合路径，称为漏磁通。

根据电磁感应现象，Φ 和 Φ_δ 分别产生感应电动势 e 和 e_δ，设 e 和 e_δ 与产生的感应磁通的参考方向符合右手螺旋关系。由于铁芯线圈电阻的电压降和漏磁产生的感应电动势很

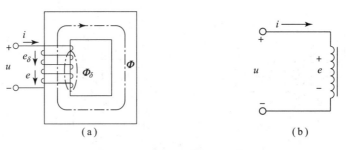

图 4 – 12　交流铁芯线圈电路

（a）交流铁芯线圈电路；（b）电路模型

小，故被忽略，则由电磁感应定律可知

$$u = -e = N\frac{\mathrm{d}\Phi}{\mathrm{d}t} \tag{4-7}$$

设 $\Phi = \Phi_\mathrm{m}\sin\omega t$，则

$$e = -N\frac{\mathrm{d}\Phi}{\mathrm{d}t} = -\omega N\Phi_\mathrm{m}\cos\omega t = 2\pi f N\Phi_\mathrm{m}\sin(\omega t - 90°)$$

$$= E_\mathrm{m}\sin(\omega t - 90°) = \sqrt{2}E\sin(\omega t - 90°) \tag{4-8}$$

所以

$$u = -e = 2\pi f N\Phi_\mathrm{m}\sin(\omega t + 90°)$$

$$U \approx E = E_\mathrm{m}/\sqrt{2} = 4.44fN\Phi_\mathrm{m}$$

由此可见，当线圈加上正弦电压时，铁芯中的磁通也是同频率的正弦交流量，相位滞后电压 90°，式（4 – 8）中 $U_\mathrm{m} = 2\pi f N\Phi_\mathrm{m}$ 是电压的幅值，而其有效值则为

$$U = \frac{U_\mathrm{m}}{\sqrt{2}} = \frac{2\pi f N\Phi_\mathrm{m}}{\sqrt{2}} = 4.44fN\Phi_\mathrm{m} \tag{4-9}$$

式（4 – 9）表明，当电源频率 f、线圈匝数 N 一定时，主磁通的幅值 Φ_m 大小只取决于外施电压的有效值，与磁路性质无关。它是分析变压器、交流电动机、交流接触器等的重要概念。

4.3.2　交流铁芯线圈的功率损耗

在交流铁芯线圈中，除了在线圈电阻上有功率损耗 I^2R（称为铜损 ΔP_Cu）外，处于交变磁化下的铁芯也有功率损耗（称为铁损 ΔP_Fe），它有磁滞损耗 ΔP_h 和涡流损耗 ΔP_e 两部分。

1. 磁滞损耗 ΔP_h

铁磁性材料交变磁化时，会产生磁滞现象，它所产生的损耗称为磁滞损耗，用 ΔP_h 表示。它是由磁性材料内部磁畴反复转向，磁畴间相互摩擦引起铁芯发热而造成的损耗。为了减小磁滞损耗，铁芯应选用磁滞回线狭小的软磁材料制造，硅钢就是变压器和电动机中常用的铁芯材料。

2. 涡流损耗 ΔP_e

磁性材料不仅有导磁性能，同时又有导电性能。图 4 – 13（a）中在交变磁通的作用下，铁芯内将产生感应电动势和感应电流，感应电流在垂直于磁通方向的平面内环流着，形成的磁力线呈旋涡状，故称涡流。涡流会使铁芯发热，引起的功率损耗称为涡流损耗，用 ΔP_e 表示。为了减少涡流，可采用硅钢片叠成的铁芯，如图 4 - 13（b）所示。

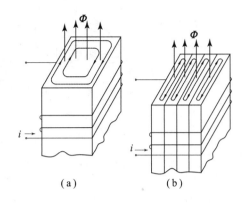

图 4 - 13　涡流的形成与抑制

它不仅有较高的磁导率，还有较大的电阻率，可使铁芯电阻增大，同时硅钢片的表面涂有绝缘漆，片与片之间相互绝缘，把涡流限制在许多狭小的截面内，减少了涡流损耗。

涡流有有害的一面，但在另外一些场合下也有有利的一面。对其有害的一面应尽可能地加以限制，而对其有利的一面则应充分加以利用。例如，利用涡流的热效应来冶炼金属，利用涡流和磁场相互作用而产生电磁力的原理来制造感应式仪器、滑差电动机等。

综上所述，交流铁芯线圈中的功率损耗为

$$\Delta P = \Delta P_{Cu} + \Delta P_{Fe} = \Delta P_{Cu} + \Delta P_h + \Delta P_e \qquad (4-10)$$

铜损和铁损都要从电源吸取能量，并转化为热能而使铁芯发热。因此大容量的变压器和交流电动机需采用各种相应的冷却措施。

【思考与练习】

4.3.1　将一个空心线圈先后接到直流电源和交流电源上，然后在这个线圈中插入铁芯，再接到上述的直流电源和交流电源上。如果交流电源电压的有效值和直流电源电压相等，试比较在上面几种情况下通过线圈的电流和功率的大小，并说明其理由。

4.3.2　试简述交流铁芯线圈中的电磁关系。

4.3.3　举例说明涡流和磁滞的有害一面和它们的应用。

知识链接4.4　变压器的原理和应用

变压器是利用电磁感应原理传输电能或信号的器件，具有变换交流电压、交流电流和阻抗的作用。

变压器由铁芯和绕组两部分组成。铁芯一般用导磁性能好的磁性材料制成，其作用是构成闭合的磁路，以增强磁感应强度，减小变压器体积和铁芯损耗，一般用厚度为 0.2 ~ 0.5 mm 的硅钢片叠成。常用铁芯的形式有心式和壳式，如图 4 - 14 所示，目前一般采用心式铁芯。

绕组采用高强度漆包线绕成，它是变压器的电路部分，要求各部分之间相互绝缘。为了便于分析，把与电源相连的绕组称为一次绕组，与负载相连的绕组称为二次绕组。

除了铁芯和绕组外，较大容量的变压器还有冷却系统、保护装置以及绝缘套管等。大容量变压器通常是三相变压器。

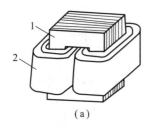
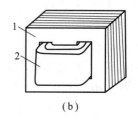

（a）　　　　　　　　　　　　　　　（b）

图4－14　单相变压器外形

（a）心式变压器；（b）壳式变压器

1—铁芯；2—线圈

4.4.1　变压器空载运行

变压器的一次绕组接上交流电压，二次绕组开路，这种运行状态称为变压器空载运行，如图4－15所示。在外加电压 u_1 作用下，一次绕组内通过的电流称为励磁电流 i_{10}，二次绕组中的电流 $i_2 = 0$，二次电压为开路电压 u_{20}。各量的方向按习惯参考方向选取，N_1 和 N_2 分别为一、二次绕组的匝数。

由于二次绕组开路，变压器的一次绕组相当于一个交流铁芯线圈电路，通过变压器的电流为变压器的励磁

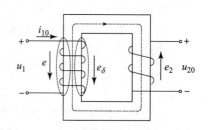

图4－15　变压器的空载运行

电流。励磁电流越大，一次线圈匝数越多，所产生的磁通也越大。于是由 $i_{10}N_1$ 产生的主磁通 $\boldsymbol{\Phi}$ 通过铁芯闭合，既穿过一次，又穿过二次，在一、二次绕组内分别产生感应电压 u_1、u_{20}，在忽略漏磁通 $\boldsymbol{\Phi}_\delta$ 产生的电动势 e_δ 和线圈电阻 R_1 上压降的情况下，一次电压的有效值为

$$U_1 = U = 4.44fN_1\Phi_\mathrm{m} \tag{4-11}$$

同样，在 $\boldsymbol{\Phi}$ 的作用下，二次绕组产生的感应电压有效值为

$$U_{20} = 4.44fN_2\Phi_\mathrm{m} \tag{4-12}$$

由式（4－11）和式（4－12）可得

$$\frac{U_1}{U_{20}} = \frac{4.44fN_1\Phi_\mathrm{m}}{4.44fN_2\Phi_\mathrm{m}} = \frac{N_1}{N_2} = K_u \tag{4-13}$$

由式（4－13）可知，在变压器空载运行时，一、二次电压的比值等于一、二次绕组的匝数比，比值 K_u 称为变压器的电压比。当一、二次绕组匝数不同时，变压器就可以把某一数值的交流电压变换为同频率的另一数值的交流电压，这就是变压器的电压变换作用。当变压器的 $N_1 > N_2$，即 $K_u > 1$ 时，称为降压变压器；反之，当 $N_1 < N_2$，即 $K_u < 1$ 时，称为升压变压器。

4.4.2　变压器负载运行

变压器的一次绕组接上电源，二次绕组接有负载的运行状态称负载运行状态，如图4－16所示。

二次绕组接上负载 Z 后，经过一、二次绕组交链形成的磁耦合，产生电压 u_2，二次绕组就有电流 i_2 流过，从而有电能输出。i_2 流过二次绕组 N_2 将产生磁通，使主磁通变化，因此，当电源电压 U_1 和电源频率 f 一定时，Φ 近似于常数。故一次绕组的励磁电流 i_{10} 为维持主磁通基本不变，将变为 i_1，且带负载时的一次绕组 i_1N_1、二次绕组 i_2N_2 共同产生的主磁通应该与空载时原绕组 $i_{10}N_1$ 产生的主磁通相等，即

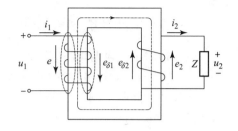

图 4-16 变压器的负载运行

$$i_1 N_1 + i_2 N_2 = i_{10} N_1 \tag{4-14}$$

变压器空载电流 i_{10} 是励磁用的，由于铁芯质量高，空载电流是很小的，只占一次绕组额定电流 I_N 的 3%~10%。因此 $i_{10}N_1$ 与 i_1N_1 相比，$i_{10}N_1$ 常可忽略。于是式（4-14）可写成

$$i_1 N_1 \approx -i_2 N_2 \tag{4-15}$$

由式（4-15）可知，一、二次绕组的电流有效值关系为

$$\frac{I_1}{I_2} = \frac{N_2}{N_1} = \frac{1}{K_u} \tag{4-16}$$

式（4-16）表明，变压器一、二次绕组的电流有效值之比与它们的匝数成反比。

由于二次绕组的内阻抗很小，在二次侧带负载时的电压与空载时的电压基本相等，即

$$u_2 \approx u_{20} \tag{4-17}$$

根据式（4-13）和式（4-16）可得

$$\frac{U_1}{U_{20}} \approx \frac{U_1}{U_2} = \frac{I_2}{I_1} \tag{4-18}$$

或

$$U_1 I_1 = U_2 I_2 \tag{4-19}$$

式（4-18）表明，变压器一、二次绕组中电压高的一边电流小，而电压低的一边电流大。而式（4-19）则表明，变压器可以把一次侧绕组的能量通过 Φ 传输到二次侧绕组去，实现了能量的传输。

【例 4-1】 已知变压器 $N_1 = 800$ 匝，$N_2 = 200$ 匝，$U_1 = 220$ V，$I_2 = 8$ A，负载为纯电阻，求变压器的二次电压 U_2、一次电流 I_1 和输入功率 P_1、输出功率 P_2（忽略变压器的漏磁和损耗）。

解：$K_u = \dfrac{N_1}{N_2} = \dfrac{800}{200} = 4 \qquad U_2 = \dfrac{U_1}{K_u} = \dfrac{220}{4} = 55$（V）

$I_1 = \dfrac{I_2}{K_u} = \dfrac{8}{4} = 2$（A）

输入功率 $P_1 = U_1 I_1 \cos\varphi_1 = 220 \times 2 \times 1 = 440$（W）

输出功率 $P_2 = U_2 I_2 \cos\varphi_2 = 55 \times 8 \times 1 = 440$（W）

4.4.3 变压器的阻抗变换

变压器除了变换电压和电流外，还可以进行阻抗变换，以实现"匹配"，如图4-17（a）所示。负载阻抗$|Z|$接在变压器二次侧，对电源来说其外部分可用另一个阻抗$|Z'|$来等效代替，如图4-17（b）所示。所谓等效，就是两端输入的电压、电流和功率不变。两者的关系可通过下面计算得出。

$$|Z'| = \frac{U_1}{I_1} = \frac{\frac{N_1}{N_2}U_2}{\frac{N_2}{N_1}I_2} = \left(\frac{N_1}{N_2}\right)^2 \frac{U_2}{I_2} = \left(\frac{N_1}{N_2}\right)^2 |Z|$$

即

$$|Z'| = K_u^2 |Z| \qquad\qquad (4-20)$$

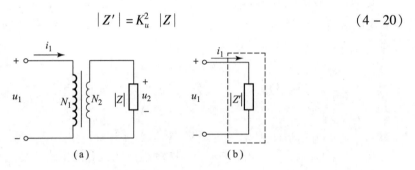

图4-17 变压器的阻抗变换

$|Z'|$又称为反映阻抗。式（4-20）表明，在忽略漏磁的情况下，只要改变匝数比，就可把负载阻抗变换为比较合适的数值，且负载性质不变。这种变换通常称为阻抗变换。

【例4-2】 在图4-18所示电路中，交流信号源的电动势$E=120$ V，内阻$R_0=800$ Ω，负载电阻$R_L=8$ Ω。（1）当R_L折算到一次侧的等效电阻$R_L'=R_0$时，求变压器的匝数比和信号源输出功率；（2）当将负载直接与信号源连接时，信号源输出多大的功率？

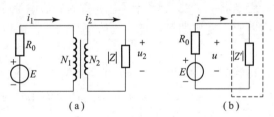

图4-18 例4-2图

解：（1）变压器的匝数比应为

$$K_u = \frac{N_1}{N_2} = \sqrt{\frac{|Z'|}{|Z|}} = \sqrt{\frac{800}{8}} = 10$$

信号源的输出功率为

$$P_1 = \left(\frac{E}{R_0 + R_L'}\right)^2 R_L' = \left(\frac{120}{800 + 800}\right)^2 \times 800 = 4.5 \ (\text{W})$$

（2）当将负载直接接在信号源上时，有

$$P_2 = \left(\frac{U}{R_0 + R_L}\right)^2 R_L = \left(\frac{120}{800 + 8}\right)^2 \times 8 = 0.176 \ (\text{W})$$

此例说明了变压器的阻抗变换功能可实现负载阻抗与信号源阻抗相匹配，从而使负载得到最大输出功率。

4.4.4　变压器的额定值

为了正确、合理地使用变压器，应当知道其额定值并根据其额定值正确使用，这是保证变压器有一定的使用寿命和正常工作所必需的。变压器正常运行的状态和条件称为变压器的额定工作情况。表征变压器额定工作情况下的电压、电流和功率，称为变压器的额定值，它标在变压器的铭牌上。

变压器的主要额定值有以下几种。

1. 额定电压 U_{1N} 和 U_{2N}

一次额定电压 U_{1N} 是指根据绝缘材料和允许发热所规定的应加在一次绕组上的正常工作电压有效值。

二次额定电压 U_{2N} 是指一次绕组上加额定电压时二次输出电压的有效值。

三相变压器中，U_{1N} 和 U_{2N} 均指线电压。

2. 额定电流 I_{1N} 和 I_{2N}

一次、二次额定电流 I_{1N} 和 I_{2N} 是指根据绝缘材料所允许的温度而规定的一、二次绕组中允许长期通过的最大电流有效值。三相变压器中，I_{1N} 和 I_{2N} 均指线电流。

3. 额定容量 S_N

额定容量 S_N 是指变压器二次额定电压和额定电流的乘积，即二次的额定视在功率，其单位为伏安（V·A）或千伏安（kV·A）。

在单相变压器中
$$S_N = U_{2N}I_{2N} \approx U_{1N}I_{1N} \tag{4-21}$$

在三相变压器中
$$S_N = \sqrt{3}U_{2N}I_{2N} \approx \sqrt{3}U_{1N}I_{1N} \tag{4-22}$$

额定容量实际上是变压器长期运行时，允许输出的最大功率，反映了变压器传送电功率的能力，但变压器实际使用时的输出功率是由负载阻抗和功率因数决定的。

4. 额定频率 f_N

额定频率 f_N 是指变压器应接入的电源频率。我国规定标准工业频率为 50 Hz。

使用变压器时一般不能超过其额定值，除此之外，还必须注意以下几点。

（1）工作温度不能过高。

（2）一、二次绕组必须分清。

（3）防止变压器绕组短路，以免烧毁变压器。

4.4.5　变压器绕组的同极性端

变压器绕组的同极性端是指各绕组电位瞬时极性相同的对应端。同极性端又称同名端。同极性端用符号"·"标记，如图4-19（a）所示。由图4-19（a）不难看出，当电流从两个绕组同极性端流入（或流出）时，产生的磁通方向相同；或当磁通变化（增大或减小）时，两个绕组的同极性端感应电动势的极性相同。如果图4-19（a）中的3-4绕组反绕，如图4-19（b）所示，则1端和4端为同极性端。

在使用变压器时，应根据绕组同极性端正确连接各绕组。例如，一台变压器的原绕组有相同的两个绕组，当把变压器原边接到220 V交流电源上时，若两个绕组分别承受耐压为110 V时，正确连接应是绕组的2端与3端相连，如图4-20（a）所示。如果误将2端与4端相接，将1端、3端接到220 V电源上，这样，两个绕组的磁动势相互抵消，铁芯中不产生磁通，绕组中没有感应电动势，于是绕组（通常绕组的电阻是很小的）中将流过很大的电流，将把原绕组烧毁。若两个绕组分别承受耐压为220 V时，正确连接应是绕组的1端与3端相连，如图4-20（b）所示。

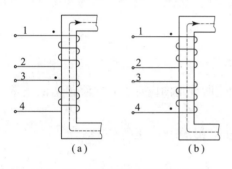

图4-19　变压器绕组的同极性端

（a）两绕组绕向相同时；（b）两绕组绕向相反时

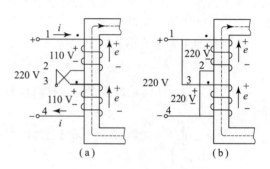

图4-20　绕组的正确连接

（a）两绕组各承受110 V；（b）两绕组各承受220 V

4.4.6　特殊变压器

1. 自耦变压器

这种变压器的特点是二次绕组是一次绕组的一部分。因此，一、二次绕组之间不仅有磁场的联系，而且还有电的联系。

自耦变压器分为可调式和固定抽头式两种。图4-21是实验室中常用的一种可调式自耦变压器，其工作原理与双绕组变压器相同，图4-22是它的原理电路。分接头 a 做成能用手柄操作自由滑动的触头，从而可平滑地调节二次电压，所以这种变压器又称自耦调压器。当一次侧加上电压 u_1 时，二次侧可得电压 u_2，且

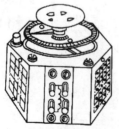

图4-21　自耦变压器

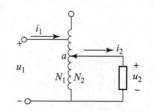

图4-22　自耦变压器原理图

$$\frac{U_1}{U_2} = \frac{N_1}{N_2} = K_u \qquad (4-23)$$

同样有
$$\frac{I_1}{I_2} = \frac{N_2}{N_1} = \frac{1}{K_u} \qquad (4-24)$$

应该注意，首先由于自耦变压器的一、二次之间有电的直接联系，当高压侧发生接地或二次绕组断线等故障时，高压将直接窜入低压侧造成人身事故。其次，一次和二次不可接错，否则很容易造成电源被短路现象或烧坏自耦变压器。另外，当自耦变压器绕组接地端误接到电源相线时，即使二次电压很低，人触及二次侧任一端时均有触电的危险。因此，自耦变压器不允许作为安全变压器来使用。

2. 仪用互感器

用于测量的变压器称为仪用互感器，简称互感器。采用互感器的目的是扩大测量仪的量程，使测量仪表与大电流或高电压电路隔离。

互感器按用途可分为电流互感器和电压互感器两种。

1）电流互感器

电流互感器是一种将大电流变换为小电流的变压器，工作原理与普通变压器的负载运行相同，其工作原理和电路符号，如图 4-23（a）、（b）所示。

电流互感器的一次绕组用粗导线绕成，匝数很少，与被测线路串联。二次绕组导线细，匝数多，与测量仪表相连接，通常二次的额定电流设计成 5 A 或 1 A。

由于 $I_2/I_1 = K_i$（K_i 为电流互感器的电流比），则 $I_2 = K_i I_1$，因此测量仪表读得的电流 I_2 为被测线路电流 I_1 的 K_i 倍。

电流互感器中经常使用的钳形电流表（俗称测流钳、卡表），如图 4-23（c）所示。它是电流互感器的一种，由一个与电流表组成闭合回路的二次绕组和铁芯构成，其铁芯可以开合。测量时，先张开铁芯，将待测电流的导线卡入闭合铁芯，则卡入导线便成为电流互感器的一次绕组，经电流变换后，从电流表就直接读出被测电流的大小。副边不允许开路。

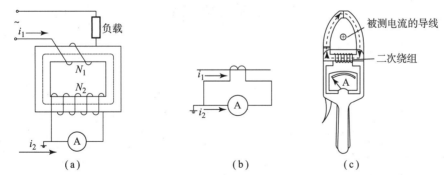

图 4-23　电流互感器

（a）原理图；（b）电路符号；（c）测流钳

2）电压互感器

电压互感器是一个降压变压器，其工作原理与普通变压器空载运行相似，如图 4-24 所示。

电压互感器的一次绕组匝数较多，与被测高压线路并联，二次绕组匝数较少，并联接在高阻抗的测量仪表上。通常二次绕组的额定电压规定为 100 V，副边不允许短路。

3. 三相变压器

电能的发生、输送和分配都是用三相制的，因此，三相电压的变换在电力系统中占据着特殊的地位。变换三相电压，又可以用一台三铁芯柱式的三相变压器，也可以用三台单相变压器组成的三相变压器组来完成，后者用于大容量的变换。

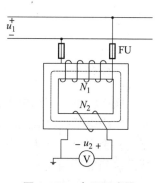

图 4-24　电压互感器的接线图

三相变压器的原理结构如图 4-25 所示，它由三根铁芯柱和三组高低绕组等组成。高压绕组的首端和末端分别用 U_1、V_1、W_1 和 u_1、v_1、w_1 标示，低压绕组的首、末端分别用 U_2、V_2、W_2 和 u_2、v_2、w_2 标示。绕组的连接方法有多种，其中常用的有 $Y-Y_0$ 和 $Y-\triangle$。这里前者表示高压绕组的接法，后者表示低压绕组的接法。图 4-26 所示为这两种接法的接线情况。

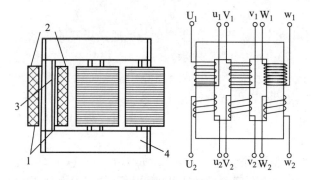

图 4-25　三相心式变压器的构造原理

1—低压绕组；2—高压绕组；3—铁芯柱；4—磁轭

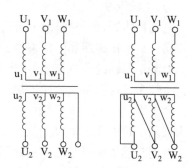

图 4-26　三相变压器绕组的连接

【思考与练习】

4.4.1　若电源电压与频率都保持不变，试问变压器铁芯中的 Φ_m 是空载时大，还是有负载时大？

4.4.2　变压器能否变换直流电压？若把一台电压为 220 V/110 V 的变压器接入 220 V 的直流电源，将发生什么后果？为什么？

4.4.3　一台电压为 220 V/110 V 的变压器，$N_1 = 2\ 000$ 匝，$N_2 = 1\ 000$ 匝。能否将其匝数减为 400 匝和 200 匝以节省铜线？为什么？

4.4.4　调压器在使用时应注意哪些方面？

4.4.5　简述钳形电流表的工作原理。

项目实施

如图 4-27 所示为提供的交流接触器和中间继电器。

（1）教师分配1个交流接触器、1个中间继电器到学生手中，学生通过查看标识符号对其进行初步识别。

（2）识别交流接触器KM主触头，并简要说明触头要求。

（3）识别交流接触器辅助常开、常闭触头，使用万用表现场检测并说明常开端子是否完好。

（4）识别交流接触器线圈接线端子，用万用表检测线圈通断。

（5）识别中间继电器线圈、常开触头、常闭触头，并使用万用表检测验证，画出触头、线圈图形符号。

图4-27　交流接触器及中间继电器

项目评价

评价项目	评价内容	评价等级	星级
职业素养	能分析电磁干扰，并有减少干扰的措施，具备清洁环境的职业素养	★★★★★	
	具有辩证思维能力，理解电磁电器既有安全隐患，又能提升生活质量	★★★★★	
专业能力	能应用电磁感应现象解释电磁电器的工作原理	★★★★★	
	能根据需求选用变压器，能安装、测试绕组及电压，并能处理故障	★★★★★	

习　题

1. 交流铁芯线圈在下面情况下，其磁感应强度和线圈中电流怎样变化。

（1）电源电压大小和频率不变，线圈匝数增加；

（2）电源电压大小不变，铁芯截面减小；

（3）电源电压大小不变，铁芯中气隙增加。

2. 某收音机输出变压器的一次绕组匝数为230匝，二次绕组匝数为80匝，原来配有

阻抗为 8 Ω 的电动扬声器，现在要改接成阻抗为 4 Ω 的扬声器，那么二次绕组匝数应如何变动？（一次绕组匝数不变）

3. 变压器原边匝数 $N_1 = 1\,000$ 匝，$U_1 = 220$ V，副边接一电阻性负载，其 $U_2 = 55$ V，$I_2 = 8$ A。试求：（1）变压器的原边电流 I_1；（2）副边匝数 N_2。

4. 已知某单相变压器的一次绕组电压为 3 000 V，二次绕组电压为 220 V，负载是一台 200 V、25 kW 的电炉，试求一次绕组、二次绕组的电流各为多少？

5. 一台单相变压器的额定容量 $S_N = 50$ kV·A，额定电压为 10 kV/230 V，满载时二次电压为 220 V，则其额定电流 I_{1N} 和 I_{2N} 各是多少？$\left(\text{提示：考虑电压调整率 } \Delta U = \dfrac{U_{20} - U_2}{U_{20}}\right)$

6. 把电阻 $R = 8$ Ω 的扬声器接于输出变压器的二次绕组两端，设变压器的电压比为 5。

（1）试求扬声器折合到一次绕组的等效电阻；

（2）如果变压器的一次绕组接上 $U_S = 10$ V，内阻 $R_0 = 250$ Ω 的信号源，求输出到扬声器的功率；

（3）若不经过变压器，直接把扬声器接到 $U_S = 10$ V、内阻 $R_0 = 250$ Ω 的信号源上，求输送到扬声器上的功率。

7. 某机修车间的单相行灯变压器，一次绕组额定电压为 220 V，额定电流为 4.55 A，二次绕组额定电压为 36 V，则二次绕组可接 36 V、60 W 的白炽灯多少盏？

8. 有一额定容量为 $S_N = 2$ kV·A 的单相变压器，一次绕组额定电压 $U_{1N} = 380$ V，匝数 $N_1 = 1\,140$ 匝，二次绕组匝数 $N_2 = 108$ 匝，求：

（1）该变压器二次绕组的额定电压 U_{2N} 及一、二次绕组的额定电流 I_{1N}、I_{2N} 各是多少？

（2）若在二次绕组接入一个电阻负载，消耗功率为 800 W，则一、二次绕组的电流 I_1、I_2 各是多少？

9. 已知图 4-28 所示电路，试画出当闭合开关 S 时两回路中电流的实际方向。

10. 图 4-29 是一个有三个副绕组的电源变压器原理电路，试问其输出电压能有多少种电压值？

图 4-28　题 9 图　　　　　　　　　　　　图 4-29　题 10 图

11. 某三相变压器，一次绕组每相匝数 $N_1 = 2\,080$ 匝，二次绕组每相匝数 $N_2 = 80$ 匝，如果二次绕组端加线电压 $U_1 = 6\,000$ V。求：

（1）在 Y-Y$_0$ 连接时，二次绕组端的线电压和相电压；

（2）在 Y-△ 连接时，二次绕组端的线电压和相电压。

项目 5　电动机及其基本控制系统安装

大型机床电气设计中为便于维护、维修，会在机床后方、操作面板均设置起动控制按钮。要求设计三相异步电动机控制线路，实现两地控制启停，并在完成电气连接后进行验证。

重点知识

（1）理解三相异步电动机的结构和工作原理，掌握三相异步电动机的机械特性、起动性能、启动方法、电气调速方法、制动方法。

（2）掌握常用低压电器的结构、符号和作用，以及控制三相异步电动机点动、长动、正反转、降压起动、顺序控制等功能的主电路及控制电路的工作原理。

能力与素养

（1）能根据三相异步电动机铭牌数据正确使用电动机，并连接电源电路。

（2）能根据使用要求正确选用、设计原理图，能正确选用低压电器并连接电路、测试线路，实现控制功能。

（3）养成断电操作、反复核查的职业习惯；培养工业现场能量转换系统思维；树立安全至上、孜孜不懈的意识。

知识链接 5.1　三相异步电动机的基本结构和工作原理

实现机械能与电能互相转换的旋转机械称为电机。把机械能转换为电能的电机称为发电机；而把电能转换为机械能的电机称为电动机。电动机按使用电源的种类分为交流电动机和直流电动机两种，交流电动机又分为同步电动机和异步电动机。其中异步电动机具有结构简单、运行可靠、维护方便、效率较高、价格低廉的特点，是所有电动机中应用最广泛的一种。据统计，在电力拖动系统中，交流异步电动机约占85%。

5.1.1 三相异步电动机的构造

三相异步电动机分成两个基本部分：定子（固定部分）和转子（转动部分），它们之间有很窄的空气隙。如图 5 - 1 所示是三相异步电动机的构造。

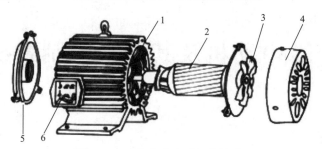

图 5 - 1 三相异步电动机的构造

1—定子；2—转子；3—风扇；4—罩壳；5—端盖；6—接线盒

1. 定子

定子是电动机的静止部分，它由机座、定子铁芯和定子绕组三部分组成。

1）机座

电动机的外壳（圆桶形）和底座等固定部分组成机座，作为定子铁芯的支架。机座由铸铁或铸钢制成，底座上有安装槽孔。

2）定子铁芯

为了减少涡流损耗，定子铁芯通常由厚 0.5 mm 的硅钢片叠成，固定在圆桶形机座内侧。内圆周上有均匀分布的槽，用于嵌放定子绕组。

3）定子绕组

嵌放在定子铁芯中的定子绕组是定子的电路部分，它用带有绝缘层的导线（漆包线或纱包线）绕制而成，按一定的规律嵌入定子的下线槽内，并将其分成三组，使之对称地分布于铁芯中，构成三相绕组，通以三相交流电后能产生合成旋转磁场。

根据供电电压，三相绕组可以接成星形或三角形。若电网线电压为 380 V，定子绕组的各相电压为 220 V 时，定子绕组必须接成星形，如图 5 - 2（a）所示；若定子各相绕组的额定电压是 380 V 时，定子绕组必须接成三角形，如图 5 - 2（b）所示。

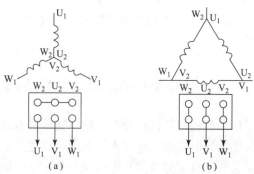

图 5 - 2 三相异步电动机的接线盒

（a）Y 接法；（b）△接法

2. 转子

异步电动机的转子由转轴、转子铁芯、转子绕组和风扇等组成。转子铁芯是一个圆柱体，由相互绝缘的硅钢片叠压而成，并固定在电动机的转轴上。转子硅钢片外表上冲有均匀分布的槽，槽内嵌入或浇铸转子绕组。

按转子绕组的结构区分，三相异步电动机的转子可分为笼形转子和绕线转子两种。

1）笼形转子

这种转子绕组是压入铁芯槽内的铜条，铜条两端分别焊接在两个导体端环上，形成一条短路回路，转子绕组貌似鼠笼，故称笼形转子。为了节省铜材，一般中、小型电动机的转子绕组多为铸铝，将熔化的铝液浇注在转子铁芯槽内，同时端环和风扇叶也一起铸成，如图 5-3 所示。

2）绕线转子

在转子铁芯内对称地嵌放三个绕组，其末端接在一起成星形连接，首端引出并连接在转轴三个彼此绝缘的滑环上，每个滑环均用弹簧压接着电刷，通过电刷使转动的转子绕组与外部固定的变阻器接通成回路，如图 5-4 所示。绕线转子异步电动机起动和调速性能好，但结构复杂、价格较高，一般只用于对起动和调速有较高要求的场合，如立式车床、起重机等。

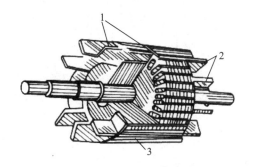

图 5-3　笼形转子

1—铸铝条；2—风叶；3—转子铁芯

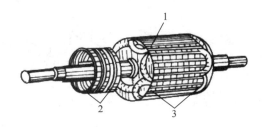

图 5-4　绕线转子

1—铁芯；2—集电环；3—转子绕组

5.1.2　三相异步电动机的工作原理

为说明三相异步电动机的旋转原理，首先来做一个演示。

图 5-5 所示是一个装有手柄的蹄形磁铁，磁极间放有一个可以自由转动的由铜条组成的转子。铜条两端分别用钢环连接起来，组成笼形转子。磁极和转子之间没有机械联系，但当用手摇动蹄形磁铁时，笼形转子随磁极的旋转而转动。

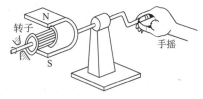

图 5-5　异步电动机转子
转动的演示

然而靠磁铁的转动来获得转子转动没有实际意义，它是用机械能换取机械能。实际的异步电动机中的旋转磁场是利用三相交流电通过固定在定子上的三相对称绕组来获得的。

当异步电动机的定子绕组通入三相交流电流时，在电动机中就产生一个旋转磁场，这个磁场切割转子绕组，在转子导体中将产生感应电动势及感应电流，有电流的转子导体在磁场中必将受到电磁力的作用，力乘以力臂（转子半径）就是力矩，此力矩作用在轴上则变成转矩，于是便可使电动机的转子旋转起来，这样，定子从电源引入的电能，通过旋转磁场，传递到转子，转变成为动能（机械能），实现了机 - 电能量的转换。由此可知，三相异步电动机旋转的先决条件是产生一个旋转磁场。下面就先来讨论旋转磁场是怎样建立起来的。

1. 定子旋转磁场的产生及转动方向

为了简化分析，设电动机每相绕组只有一个线圈，三相绕组的三个线圈 $U_1 - U_2$，$V_1 - V_2$，$W_1 - W_2$ 完全相同，且 U_1、V_1、W_1 为首端，U_2、V_2、W_2 为末端，三相绕组彼此在空间互差 $120°$的空间角度。将末端 U_2、V_2、W_2 连于一点成星形连接，首端 U_1、V_1、W_1 接三相电源，如图 5 – 6 所示。设三相电流的参考方向为从首端到末端，并以 U 相为参考量，瞬时表达式为

$$i_U = I_m \sin\omega t \ \text{A}$$
$$i_V = I_m \sin(\omega t - 120°) \ \text{A}$$
$$i_W = I_m \sin(\omega t + 120°) \ \text{A}$$

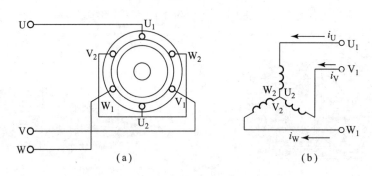

（a） （b）

图 5 – 6　通入 Y 连接定子绕组的三相电流

三相对称电流的波形图如图 5 – 7 所示。

当 $\omega t = 0$ 时刻，$i_U = 0$，表示 $U_1 - U_2$ 绕组中无电流；$i_V < 0$，表示电流从末端 V_2 流入，从首端 V_1 流出；$i_W > 0$，表示电流从首端 W_1 端流入，从末端 W_2 流出，如图 5 – 7（a）所示。图中⊕表示流入电流；⊙表示流出电流。依据右手螺旋定则，其合成磁场如图中虚线所示，它具有 N、S 两个磁极（即一对磁极），且与 U 相绕组平面重合。当 $\omega t = 120°$时，如图 5 – 7（b）所示，合成磁场与 V 相绕组平面重合，此时合成磁场在空间上顺时针转过了 $120°$角，恰与通入定子绕组的三相电流的电角度相等。同理可得 $\omega t = 240°$、$360°$时的合成磁场，如图 5 – 7（c）、（d）所示。可见，当定子绕组通入对称的三相电流后，在定子、转子铁芯中就产生旋转磁场，并且旋转磁场的方向与通入定子绕组的三相电流的相序是一致的。由此可知，只要改变通入定子绕组三相电流的相序（对调任意两相接线），旋转磁场必将反向旋转。读者可自行分析改变通入定子绕组三相电流的相序后不同时刻的磁场分布图。

如果每相设置两个线圈，分别放置在定子铁芯的 12 个槽内，则可形成两对 N、S 磁极（4 极）的旋转磁场，如图 5 – 8 所示。用上面的方法不难证明，当电流变化一个周期时，

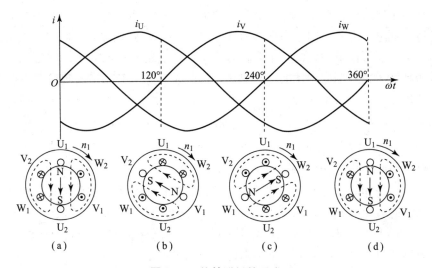

图 5 − 7 旋转磁场的形成

（a）$\omega t = 0$；（b）$\omega t = 120°$；（c）$\omega t = 240°$；（d）$\omega t = 360°$

N 极变为 S 极再变为 N 极，在空间只转动了半周。定子采取了不同的结构和接法还可以获得 3 对（6 极）、4 对（8 极）、5 对（10 极）等不同极对数的旋转磁场。

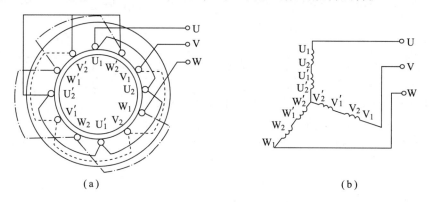

图 5 − 8 产生两对磁极的定子绕组

2. 旋转磁场的转速

由以上两极（磁极对数 $p = 1$）旋转磁场的分析可知，当电流变化一周时，旋转磁场在空间正好转过一周。对 50 Hz 的工频交流电来说，旋转磁场每秒将在空间旋转 50 周，其转速 $n_1 = 60f_1 = 60 \times 50 \ \text{r/min} = 3\ 000 \ \text{r/min}$；若旋转磁场有两对磁极，电流变化一周，旋转磁场则转过半周，比一对磁极情况下的转速慢了一半，即 $n_1 = 60f_1/2 = 1\ 500 \ \text{r/min}$。依此类推，当旋转磁场具有 p 对磁极时，旋转磁场转速（r/min）为

$$n_1 = \frac{60f_1}{p} \tag{5 − 1}$$

旋转磁场的转速 n_1 又叫同步转速。在我国，工频交流电 $f_1 = 50$ Hz，所以，不同磁极对数的旋转磁场转速如表 5 − 1 所示。

表 5 – 1　n_1 与 p 的对照表

磁极对数 p	1	2	3	4	5	6
磁场转速 $n_1/(\mathrm{r \cdot min^{-1}})$	3 000	1 500	1 000	750	600	500

3. 异步电动机的工作原理

设某瞬间定子电流产生的磁场如图 5 – 9 所示，它以同步转速 n_1 按顺时针方向转，与静止的转子之间有着相对运动，这相当于磁场静止而转子导体朝逆时针方向切割磁力线，于是在转子导体中产生感应电动势，其方向根据右手螺旋定则来确定。由于转子电路通过短接端环自行闭合，所以在感应电动势作用下将产生转子电流 I_2，忽略转子感抗，则两者同相。这样，上半部转子导体的电流是流出来的，下半部则是流进去的。

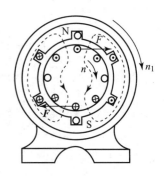

图 5 – 9　异步电动机工作原理

通电（载流）导体在磁场中要受到电磁力作用，故载有感应电流 I_2 的转子导体与旋转磁场相互作用便产生电磁力 F，其方向可用左手定则判断。此力对轴形成一个与旋转磁场同向的电磁转矩，使得转子沿着旋转磁场的方向以 n 的速度旋转起来。

4. 转差率

异步电动机的转速 n 总是小于旋转磁场的转速 n_1。只有这样定子和转子之间才有相对的运动，才能在转子回路中产生感应电动势和感应电流，从而形成电磁转矩。$n \neq n_1$，这正是异步电动机称谓的由来。因此又将 n_1 称为同步转速。又因为转子电动势和电流是通过电磁感应产生的，所以异步电动机又叫感应电动机。

旋转磁场和转子转速存在着转速差（$n_1 - n$）是异步电动机工作的一个特点。通常，将转速差与同步转速 n_1 之比称为转差率，用 s 表示。即

$$s = \frac{n_1 - n}{n_1} \times 100\% \tag{5 – 2}$$

它是反映电动机运行情况的一个重要物理量。当异步电动机接通电源起动瞬间，$n = 0$，所以 $s = 1$。处于运行状态的电动机，其转差率的变化范围 $0 \leqslant s < 1$。电动机的转速为

$$n = (1 - s)n_1 \tag{5 – 3}$$

中、小型电动机在额定运行时转差率一般为 $s_N \approx 1\% \sim 9\%$。

【例 5 – 1】　已知一台异步电动机的额定转速为 $n_N = 1\ 460$ r/min，电源频率为 50 Hz，求该电动机的同步转速、磁极对数和额定运行时的转差率。

解：由于电动机的额定转速小于且接近于同步转速，对照表 5 – 1 可知，与 1 460 r/min 最接近的同步转速为 $n_1 = 1\ 500$ r/min，与此相对应的磁极对数 $p = 2$，是 4 极电动机。

额定运行时的转差率为

$$s_N = \frac{n_1 - n}{n_1} \times 100\% = \frac{1\ 500 - 1\ 460}{1\ 500} \times 100\% = 2.67\%$$

【思考与练习】

5.1.1　三相异步电动机的定子绕组和转子绕组在电动机的转动过程中各起什么作用?

5.1.2　三相异步电动机的定子铁芯和转子铁芯为什么要由硅钢片叠成?定子和转子之间的气隙为什么要做得很小?

5.1.3　异步电动机的转差率 s 有何意义?下列几种取值在什么情况下出现?

(1) $s=0$;(2) $s=1$;(3) $s>1$;(4) $0<s<1$;(5) $s<0$。

知识链接 5.2　三相异步电动机的定子电路和转子电路

三相异步电动机中的电磁关系同变压器类似,定子绕组相当于变压器的原绕组,转子绕组(一般是短接的)相当于副绕组。当定子绕组接上三相电源电压时,则有三相电流通过。定子三相电流产生旋转磁场,其磁力线通过定子和转子铁芯而闭合。这时磁场不仅在转子每相绕组中要感应出电动势 e_2,而且在定子每相绕组中也要感应出电动势 e_1,即定子电流和转子电流共同产生旋转磁场。

5.2.1　定子电路分析

1. 定子电动势

旋转磁场在空间旋转,其作用宛如一块永久磁铁在空间旋转,其磁感应强度在定子与转子间的空气隙是近似于按正弦规律分布的。通过每相绕组的磁通 $\boldsymbol{\Phi}$ 也是按正弦规律变化的,即 $\Phi=\Phi_m\sin\omega t$。因此,旋转磁场在定子每相绕组中产生的感应电动势为

$$e_1 = -N_1\frac{\mathrm{d}\Phi}{\mathrm{d}t}$$

它也是正弦量,其有效值为

$$E_1 = 4.44f_1N_1\Phi_m \tag{5-4}$$

式中,f_1 为 e_1 的频率;N_1 为定子每相绕组的匝数。

定子电流除产生旋转磁通(主磁通 $\boldsymbol{\Phi}$)外,还产生漏磁通 $\boldsymbol{\Phi}_{\delta 1}$。这个磁通只围绕定子绕组的一相,而与转子不相连。因此定子每相绕组中还要产生漏磁电动势

$$e_{\delta 1} = -L_1\frac{\mathrm{d}i_1}{\mathrm{d}t}$$

和变压器原绕组的情况一样,加在定子绕组上的电压也分成 3 个分量,即

$$u_1 = i_1R_1 + (-e_{\delta 1}) + (-e_1) \tag{5-5}$$

其等效电路如图 5-10(a)所示。相量表示式可表示为

$$\dot{U}_1 = \dot{I}_1R_1 + \mathrm{j}\dot{I}_1X_1 + (-\dot{E}_1) \tag{5-6}$$

式中,R_1 为定子每相绕组的电阻;X_1 为定子每相绕组的感抗,大小为 $X_1=2\pi f_1L_{\delta 1}$(漏磁感抗由漏磁通产生)。

由于在 R_1 和 X_1 上产生的电压与电动势 E_1 比较起来,可忽略不计,于是

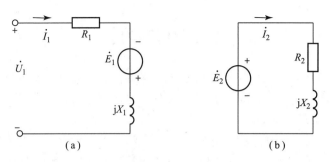

图 5 – 10　三相异步电动机每相的等效电路

（a）定子等效电路；（b）转子等效电路

$$U_1 \approx E_1 \tag{5-7}$$

2. 定子电流和定子功率因数

当电动机空载时，轴上受到的摩擦阻力极小，转速 n 接近于同步转速 n_1，可以认为旋转磁场不切割转子绕组，因此 $e_2 \approx 0$ 和 $i_2 \approx 0$。此时，旋转磁场仅由定子电流 i_{10} 建立，空载时的主磁通 $\boldsymbol{\Phi}_0$ 与之相对应。

当电动机带上负载时 $n < n_1$，转子电流 i_2 不再为零，旋转磁场由 i_1 和 i_2 共同建立。为简化分析，习惯认为定子电流 i_1 由两部分组成，一部分为励磁分量 i_{10}，其作用是产生气隙主磁通 $\boldsymbol{\Phi} = \boldsymbol{\Phi}_0$；另一部分是负载分量，其作用是抵消（或平衡）转子电流所产生的磁效应。从此角度出发，能方便地理解当 i_2 增加时，i_2 便相应增加这种能量的传递和转换作用。

在定子绕组中，由于 $\dot{U}_1$ 和 $\dot{I}_1$ 不同相，且 $\dot{I}_1$ 总滞后于 $\dot{U}_1$ 一个角度 φ_1，所以定义 $\cos\varphi_1$ 为定子功率因数，也就是电动机的功率因数。

5.2.2　转子电路分析

在旋转磁场的作用下，转子绕组中产生感应电动势，从而形成感应电流，而这电流同旋转磁通作用产生电磁转矩。现分析转子电路中各物理量之间的关系。

1. 转子电动势

在转子静止不动的情况下，定子绕组通入三相交流电，这时 $n = 0$，$s = 1$。旋转磁场在转子每相绕组中所产生的感应电动势为

$$e_{20} = - N_2 \frac{\mathrm{d}\boldsymbol{\Phi}}{\mathrm{d}t}$$

它也是正弦量，其有效值为

$$E_{20} = 4.44 f_2 N_2 \boldsymbol{\Phi}_{\mathrm{m}} \tag{5-8}$$

式中，f_2 为 e_2 的频率；N_2 为定子每相绕组的匝数。

考虑到转子的电阻 R_2 和转子电流 i_2 也要产生漏磁通 $\boldsymbol{\Phi}_{\delta 2}$，也有漏磁感抗 $X_2 = 2\pi f_1 L_{\delta 2}$，其等效电路如图 5 – 10（b）所示。相量表达式为

$$\dot{E}_{20} = \dot{I}_2 R_2 + \mathrm{j}\dot{I}_2 X_2 \tag{5-9}$$

电动机运转起来后，旋转磁场以 $\Delta n = n_1 - n$ 的速度切割转子，随着 n 的升高，旋转磁

场相对于转子转速 $(n_1 - n)$ 逐渐降低，所以转子感应电动势（电流）的频率 f_2 为

$$f_2 = \frac{p(n_1 - n)}{60} = \frac{n_1 - n}{n_1} \cdot \frac{pn_1}{60} = sf_1 \qquad (5-10)$$

可见，转子频率 f_2 与转差率 s 有关，也就是与转速 n 有关。

在电动机起动瞬间，$n = 0$，$s = 1$ 时刻，转子频率 f_2 与定子频率 f_1 相同，即 $f_1 = f_2$。当异步电动机为额定负载时，$s = 1\% \sim 9\%$，则 $f_2 = (0.5 \sim 4.5)\,\text{Hz}$（$f_1 = 50\,\text{Hz}$）。

这时转子绕组中感应电动势的有效值也随之降低为

$$E_2 = 4.44 sf_1 N_2 \Phi_m = sE_{20} \qquad (5-11)$$

2. 转子电流和转子功率因数

由于转子电路的频率 f_2 随转差率 s 变化，因此，感抗 $X_2 = 2\pi f_2 L_2$ 也随 s 而变化。设 $n = 0$ 时的感抗 $X_{20} = 2\pi f_1 L_2$，则

$$X_2 = 2\pi f_2 L_2 = s2\pi f_1 L_2 = sX_{20} \qquad (5-12)$$

由此可得转子绕组的电流为

$$I_2 = \frac{E_2}{\sqrt{R_2^2 + X_2^2}} = \frac{sE_{20}}{\sqrt{R_2^2 + (sX_{20})^2}} \qquad (5-13)$$

可见，转子电路的电流 I_2 随转差率 s 的增大而增大，在 $s = 1$，即转子静止时，I_2 为最大。由于转子电路存在感抗，因此 I_2 与 E_2 存在一个相位差 $\varphi_2 = \arctan(sX_{20}/R_2)$。转子电路的功率因数为

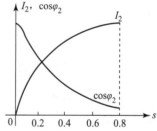

$$\cos\varphi_2 = \frac{R_2}{\sqrt{R_2^2 + X_2^2}} = \frac{R_2}{\sqrt{R_2^2 + (sX_{20})^2}} \qquad (5-14)$$

可见，转子电路的功率因数随转差率 s 的增大而减小，在转子静止时，$s = 1$，转子电路的功率因数最低，在空载或轻载时，s 接近于 0，$\cos\varphi_2 \approx 1$。

转子电路的电流 I_2、功率因数与转差率 s 的关系可用图 5-11 所示的曲线表示。

图 5-11 I_2、$\cos\varphi_2$ 与 s 关系曲线

【思考与练习】

5.2.1 三相异步电动机在稳定运行中，若机械负载增大，则转子电动势、转子电流和定子电流将如何变化？

5.2.2 若三相异步电动机转子被卡住不转，这时接通电源，会引起什么后果？若三相异步电动机在正常运行时，突然被卡住不转，又会引起什么后果？

5.2.3 在三相异步电动机起动瞬间，即 $s = 1$ 时，为什么转子电流 I_2 大，而转子电路的功率因数 $\cos\varphi_2$ 小？

知识链接5.3 三相异步电动机的电磁转矩和机械特性

电磁转矩是三相异步电动机的最重要物理量之一，机械特性是它的主要特性，对电动

机进行分析往往离不开它们。

5.3.1 电磁转矩

根据三相异步电动机的转动原理，其电磁转矩是由定子绕组产生的旋转磁场与转子绕组的感应电流的有功分量 $I_2\cos\varphi_2$ 的相互作用而产生的。磁场越强，转子电流越大，转矩也就越大。由此可得电磁转矩的物理式为

$$T = K_M \Phi I_2 \cos\varphi_2 \qquad (5-15)$$

式中，K_M 为与电动机结构有关的常数；Φ 为旋转磁场的每极磁通。

若将式（5-13）、式（5-14）代入式（5-15），则

$$T = K_M \Phi \frac{sE_{20}}{\sqrt{R_2^2 + (sX_{20})^2}} \cdot \frac{R_2}{\sqrt{R_2^2 + (sX_{20})^2}}$$

根据式（5-4）、式（5-7）可知 $\Phi \propto U_1$，由式（5-8）可知 $\Phi \propto E_{20}$，则

$$T = K_M \frac{sR_2 U_1^2}{R_2^2 + (sX_{20})^2} \qquad (5-16)$$

由此可知，转矩 T 与定子电压 U_1 的平方成比例，所以当电源电压有所变动时，对转矩的影响很大。此外，转矩 T 还受转子电阻 R_2 的影响。

当电源电压 U_1 和转子电阻 R_2 一定时，电磁转矩 T 是转差率 s 的函数，其关系曲线如图 5-12（倒置的 s 与 T 的坐标）所示。通常把 $T=f(s)$ 称为异步电动机的转矩特性曲线。

5.3.2 机械特性

转矩特性曲线表示了电源电压一定时电磁转矩 T 与转差率 s 的关系。但实际应用中，更直接需要了解的是电源电压一定时转速 n 与电磁转矩 T 的关系，即 $n=f(T)$ 曲线，这条曲线称为电动机的机械特性曲线，如图 5-12 所示。

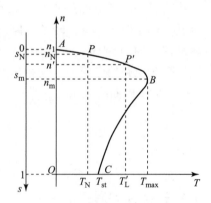

图 5-12　三相异步电动机的
机械特性曲线

由图可见，机械特性曲线上有 4 个特殊点，这些特殊点所对应的数值可以基本确定机械特性的曲线形状和电动机的主要性能。

（1）A 点：$n=n_1(s=0)$，$T=0$。实际上电动机转速不可能等于旋转磁场的转速，故该点为理想空载点。设空载转矩即是假设电动机空载时作用于该点。

（2）P 点：$n=n_N(s=s_N)$，$T=T_N$。此时电动机轴上输出的转矩为额定转矩 T_N，其转速为额定转速 n_N，称该点为额定工作点。根据电动机铭牌上的额定功率（设为 P_{2N}），可求得

$$T_N = 9\,550 \times \frac{P_{2N}}{n_N} \qquad (5-17)$$

式中，P_{2N} 为额定功率，单位为 kW；n_N 为额定转速，单位为 r/min；T_N 为额定转矩，单

位为 N·m。

三相异步电动机额定运行时，电磁转矩与其拖动的负载反转矩相等，即 $T_N = T_L$，拖动系统以转速 n_N 稳定运行在工作点。在机械特性曲线的 AB 段，若负载转矩增大（例如金属切削机床加大切削深度）为 T_L' 时，电动机将会减速，同时电磁转矩增大，直至与之相等时，电动机又以 n' 在 P' 点稳定运行。同理当负载转矩减小时，转速将会增加，电动机会工作在一个新的转矩平衡点上。由于工作在 AB 段时，电动机能自动适应负载转矩的变化，故称 AB 段为稳定工作区。一般希望稳定工作区的转速随转矩的变化不大（曲线较平直），并称其为较硬的机械特性。

（3）B 点：$n = n_m (s = s_m)$，$T = T_{max}$。此时异步电动机具有最大电磁转矩 T_{max}，也称为临界转矩，故该点称为临界工作点。对式（5 - 16）求导，并令 $dT/ds = 0$，可求得当 $s = s_m = R_2 / X_{20}$ 时，有最大转矩

$$T_{max} = K_M \frac{U_1^2}{2 \cdot X_{20}} \tag{5 - 18}$$

可见，临界转差率 s_m 与转子电阻成正比；最大转矩 T_{max} 与 U_1^2 成正比，而与转子电阻 R_2 无关。

异步电动机运行时，具有承受短时间超过额定转矩的能力，即过载能力，为了反映电动机的过载能力，产品目录上通常会给出比值 T_{max}/T_N，并称之为过载系数，记为 λ。即

$$\lambda = \frac{T_{max}}{T_N} \tag{5 - 19}$$

一般 Y 系列异步电动机的过载系数 λ 为 1.8 ~ 2.2，某些特种用途电动机的 λ 可达 3 以上。

（4）C 点：$n = 0 (s = 1)$，$T = T_{st}$，该点是起动工作点。T_{st} 称为起动转矩。通常用起动转矩 T_{st} 与额定转矩 T_N 的比值 T_{st}/T_N 来表示异步电动机的起动能力，称为起动系数，用 λ_{st} 表示，即

$$\lambda_{st} = \frac{T_{st}}{T_N} \tag{5 - 20}$$

它是衡量电动机起动性能的一个重要参数，一般三相异步电动机的起动能力并不大，为 0.8 ~ 2.2，小容量电动机的起动系数大些。

对于笼形转子的三相异步电动机，改变定子绕组电压 U_1（R_2 不变），可改变起动转矩，如图 5 - 13 所示，该方法使最大转矩随之改变，机械特性较硬；对绕线转子三相异步电动机，还可在 U_1 不变时改变转子电阻 R_2 获取较大的起动转矩，如图 5 - 14 所示，该方法保持最大转矩不变，但机械特性变软，适于起动过程采用。

【例 5 - 2】　已知 Y280S - 4 型异步电动机的额定功率 P_N 为 75 kW，额定转速 n_N 为 1 480 r/min，起动系数 T_{st}/T_N 为 1.9，过载系数 T_{max}/T_N 为 2.0，频率 f 为 50 Hz，效率 η_N 为 90%。求该电动机的额定转差率 s_N、额定转矩 T_N、起动转矩 T_{st}、最大转矩 T_{max} 和额定输入电功率 P_{IN}。

解：由型号知该异步电动机是 4 极的，其同步转速为 $n_1 = 1 500$ r/min，所以额定转差率为

$$s_N = \frac{n_1 - n_N}{n_1} \times 100\% = \frac{1\ 500 - 1\ 480}{1\ 500} \times 100\% = 1.3\%$$

额定转矩 T_N 为 $T_N = 9\ 550 \times \frac{P_{2N}}{n_N} = 9\ 550 \times \frac{75}{1\ 480} = 483.95$（N·m）

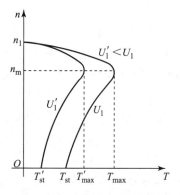

图 5-13　改变 U_1 时机械特性

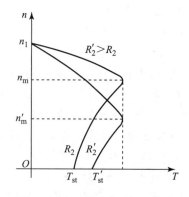

图 5-14　改变 R_2 时机械特性

起动转矩 T_{st} 为 $T_{st} = 1.9 T_N = 1.9 \times 483.95 = 919.51$（N·m）

最大转矩 T_{max} 为 $T_{max} = 2.0 T_N = 2.0 \times 483.95 = 967.9$（N·m）

额定输入电功率 P_{IN} 为 $P_{IN} = \dfrac{P_N}{\eta_N} = \dfrac{75}{0.9} = 83.33$（kW）

【思考与练习】

5.3.1　三相异步电动机的转子与定子之间没有电的直接联系，为什么当转子轴上的机械负载增加后，定子绕组的电流以及输入功率会随之增大？

5.3.2　带恒转矩负载稳定运行的三相异步电动机，如果电源电压稍有下降或转子串入电阻，其转速和转矩会如何变化？

5.3.3　三相异步电动机额定转速为 1 440 r/min，当负载转矩为额定转矩一半时，电动机转速为多少？

知识链接5.4　三相异步电动机的使用

5.4.1　三相异步电动机的铭牌和技术数据

每台电动机的外壳上都附有一块铭牌，上面打印着这台电动机的一些基本数据，如表 5-2 所示。

表 5-2　异步电动机的铭牌

三相异步电动机		
型号　Y160M-4	功率　15 kW	频率　50 Hz
电压　380 V	电流　30.3 A	连接　△
转速　1 460 r/min	温升　75 ℃	绝缘等级　B 级
防护等级　IP44	重量　120 kg	工作方式　S1
××电机厂　　　　年　　月		

铭牌数据的含义如下。

1）型号说明

$$Y \quad 160 \quad M-4$$

Y：笼形异步电动机（YR 表示绕线异步电动机）；

160：机座中心高（单位：mm）；

M：机座长度代号（L—长机座、M—中机座、S—短机座）；

4：磁极数（$p=2$）。

2）功率

该功率是指在额定电压、额定频率下满载运行时电动机轴上输出的机械功率，即额定功率，又称为额定容量。

3）电压

该电压是指电动机绕组应加的线电压有效值，即电动机的额定电压，Y 系列三相异步电动机的额定电压统一为 380 V。有的电动机铭牌上标有两种电压值，如 380 V/220 V，是对应于定子绕组采用 Y/△两种连接时应加的线电压有效值。

4）电流

该电流是指电动机在额定运行（即在额定电压、频率下的输出额定功率）时，定子绕组的线电流有效值，即为额定电流。铭牌上标有两种电压的电动机，相应标有两种电流表值。

5）连接

指电动机在额定电压下，三相定子绕组应采用的连接方法。Y 系列三相异步电动机规定额定功率在 3 kW 及以下的为星形连接，4 kW 及以上的为三角形连接。铭牌上标有两种电压、两种电流的电动机，应同时标明 Y/△两种连接。

6）转速

指额定转速，即在额定电压、频率和输出功率（或额定负载）下的转速。

7）温升

电动机运行过程中，各种有功损耗转化成热量，致使绕组温度升高即为温升。"75℃"是指绕组温度高出环境温度（规定为 +40 ℃）的允许值。该电动机的运行温度允许达到 115 ℃。

8）绝缘等级和防护等级

绝缘等级是按电动机绕组所用的绝缘材料在使用时容许的极限温度来分级的。不同等级绝缘材料的极限温度如表 5-3 所示。

表 5-3 绝缘材料的耐热分级和极限温度

绝缘等级	Y	A	E	B	F	H	C
极限温度/℃	90	105	120	130	155	180	>180

防护等级是电动机外壳防护形式的分级。铭牌中的"IP44"中的"IP"指国际防护标准之意，前边的"4"表示防止直径大于 1 mm 的固体异物进入，第二位"4"指防止水滴溅入。它相当于旧型号的封闭式。

9）工作方式

连续工作制（代号为"S_1"）是指电动机在额定运行条件下长时间运转，温度不会超过允许值。

短时工作制（代号为"S_2"）是指只允许在规定时间内按额定运行情况使用，我国规定的标准持续时间有 10 min、30 min、60 min、90 min 四种。

间歇工作制（代号为"S_3"）是指电动机间歇运行，包括一个运行时间 t_1 和一个停歇时间 t_2，标准周期时间 T 为 10 min。我国规定 t_1/T 的值称为负载持续率，有 15%、25%、40% 和 60% 四种。

5.4.2 三相异步电动机的选择

1. 类型的选择

在空载或轻载起动、无调速要求的场合，例如输运机、搅拌机和功率不大的水泵、风机等，应选用笼形异步电动机。它的结构简单、维护方便、价格低廉，但起动性能较差，调速困难。

在要求较大起动转矩，并能在一定范围平滑调速的场合，例如起重机、卷扬机、轧钢机等，应选用绕线转子电动机，它的起动性能好，可以在一定范围内调速，但结构复杂、维护不便、价格较贵。

2. 转速的选择

异步电动机在功率相同的条件下，其同步转速越低，则其电磁转矩越大，体积也越大，重量越重，价格越贵。一般情况下，应尽量选用高速异步电动机。要求转速低于 500 r/min 的生产机械，可以配置减速装置。通常采用较多的是同步转速为 1 500 r/min 的笼形异步电动机（4 极）。

3. 功率（容量）的选择

合理选择电动机的功率有重要的经济意义。功率选大了，不仅投资费用增大，而且电动机在低于额定负载情况下运行，其功率因数和效率都低，增加运行费用。功率选小了，其运行时的工作电流超过了额定值，使电动机过热损坏，甚至降低使用寿命。粗略地说，电动机功率的选择应按照其工作方式采用不同的方法，基本的工作方式有"连续""短时"和"断续周期"三种。

还包括额定电压的选择、结构的选择等，这里不一一介绍。

5.4.3 三相异步电动机的起动

电动机的起动过程就是把电动机的定子绕组与电源接通，使电动机的转子由静止加速到稳定运行的过程。一般中、小型异步电动机起动过程时间很短，通常是几秒至几十秒钟。

1. 起动性能

电力拖动系统对电动机的起动要求：足够大的起动转矩和比较小的起动电流。这样可以减小起动时供电线路的电压降，缩短起动时间，提高生产效率。

然而，电动机实际的起动电流性能却正好相反。它的起动电流（定子线电流）很大，一般为额定电流的 4~7 倍，这样大的起动电流虽然因为起动时间较短而不至于引起电动机的过热而损坏，但将造成供电线路的端电压显著下降，可能影响同一电网上其他用电设备的正常工作，例如三相四线制的动力与照明混合供电的线路，此时白炽灯突然暗下来。而它的起动转矩不大，只有额定转矩的 1～2 倍。所以通常要改善其起动性能，即减小起动电流和增大起动转矩，根据实际情况可采用不同的起动方法。

2. 起动方法

1）直接起动

直接起动也称为全压起动，它是利用开关将电动机定子绕组直接接到具有额定电压的电源上。图 5 - 15 所示是用刀开关 QS 直接起动的电路。

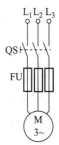

图 5 - 15　用刀开关直接起动

直接起动的优点是设备简单、操作方便、起动过程短。只要电网容量允许应尽量采用直接起动，例如容量是 4 kW 以下的三相异步电动机一般都采用直接起动。

一台电动机是否允许直接起动，可参考经验公式（5 - 21）确定。若能满足公式（5 - 21）则能直接起动，否则应采用减压起动（降压起动）方法起动。

$$\frac{直接起动的电流（A）}{电动机的额定电流（A）} \leqslant \frac{3}{4} + \frac{电源变压器容量（kV \cdot A）}{4 \times 电动机的额定功率（kW）} \qquad (5-21)$$

另外，各地方电力部门对于异步电动机能否直接起动是有规定的。可参考表 5 - 4 所示的某地方电力部门的规定。

表 5 - 4　确定笼形异步电动机直接起动参考数据

供电方式	起动情况	供电网允许电压降	直接起动电动机额定功率允许占供电变压器额定容量的比值
动力与照明混合	经常起动	2%	4%
	不经常起动	4%	8%
动力专用		10%	20%

2）减压起动

减压起动的目的是减小起动电流对电网的不良影响，但由于电磁转矩正比于 U_1^2，因此减压起动时起动转矩将大大减小，一般只能在电动机空载或轻载的情况下起动，起动完毕后再加上机械负载，常用以下方法。

（1）星 - 三角（Y - △）换接起动。

Y - △起动就是把正常工作时定子绕组为三角形连接的异步电动机，在起动时接成星形，待电动机转速上升接近额定值时，再换接成三角形。

Y - △起动电路如图 5 - 16 所示，起动时先合上电源开关 QS₁，同时将三刀双掷开关 S₂ 扳到起动（Y起动）位置，此时定子绕组接成 Y 形，各相绕组承受的电压为额定电压的 $1/\sqrt{3}$，相电流也为 △ 连接的

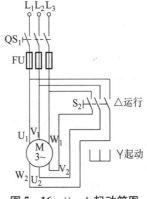

图 5 - 16　Y - △起动简图

$1/\sqrt{3}$，所以线电流为直接起动时的 1/3。因为 $T_{st} \propto U_1^2$，起动转矩也降为直接起动的 1/3。待电动机转速接近稳定时，再把 S_2 迅速扳到运行（△运行）位置，使定子绕组改为△连接，于是每相绕组加上额定电压，电动机进入正常运行。

Y - △起动设备简单、成本低、寿命长、动作可靠。目前 4 kW 以上的异步电动机都已设计为 380 V 的△连接，并得到了广泛的应用。

（2）自耦减压起动。

自耦减压起动就是用自耦变压器减压起动，其线路如图 5 - 17 所示，用一个六刀双掷转换开关 S_2 来控制变压器接入或脱离电路。其操作过程如下：合上电源开关 QS_1 后，将转换开关 S_2 扳在起动位置，使三相交流电源接入变压器的一次侧，而电动机的定子绕组接入变压器的二次侧。此时定子电压降为直接起动时的 1/K（K 为电压比），定子电流降为直接起动时的 1/K，而变压器的一次电流降为直接起动时的 $1/K^2$；由于

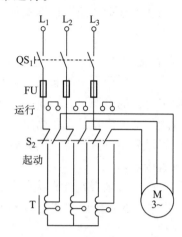

图 5 - 17　自耦变压器减压起动

$T_{st} \propto U_1^2$，起动转矩也降为直接起动的 $1/K^2$。待转速升高接近于稳定时，把转换开关 S_2 迅速扳到运行位置，定子绕组直接与电源相通。

自耦减压起动的优点是起动电压可根据需要选择，但设备较笨重，一般只适用于容量较大和不能用 Y - △起动的场合。为了适应不同的要求，通常自耦变压器的抽头有 73%、64%、55% 和 80%、60%、40% 等规格。

3）绕线转子异步电动机的起动

对于起重机、锻压机等带负载起动的生产机械就需用绕线转子电动机，其起动常用转子串电阻起动或转子串频敏变阻器起动两种方法。

（1）转子串电阻起动。

在绕线转子异步电动机转子电路中串入适当的起动电阻 R_{st}，如图 5 - 18 所示。由式（5 - 13）可知，这时 I_2 将减小，所以定子电流也随之减小；同时，起动转矩相应地得到了提高。起动时，随着转速的上升逐渐减小起动电阻，最后起动电阻全部短路，起动结束。

这种控制方法所用控制设备较复杂，起动电阻占地面积较大，适宜要求起动转矩大的生产机械。

（2）转子串频敏变阻器起动。

频敏变阻器是一种无触点的电磁元件。实际是一种三相铁芯电抗器，特殊之处在于其铁芯是由较厚的铸铁板或铸钢叠装而成，如图 5 - 19（a）所示。在起动瞬间，$n = 0$，$s = 1$，$f_2 = f_1$，铁芯的涡流最大，表征涡流损耗的等效电阻 R_p 最大，同时等效感抗 X_p 也最大，所以起动电流很小。若频敏变阻器参数适当，T_{st} 可大于 T_N。随着转速的升高而自动减小 R_p 和 X_p 的作用。起动结束时将转子绕组短接，切除频敏变阻器。

转子串频敏变阻器起动电路如图 5 - 19（b）所示。其特点是控制设备少，操作简单，运行可靠；但起动过程中由于感抗的影响，使功率因数较低，起动转矩也不太高。

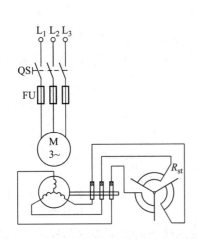

图 5 – 18　绕线转子异步电动机起动简图

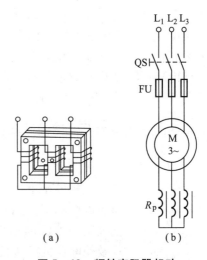

图 5 – 19　频敏变阻器起动

（a）频敏变阻器结构图；（b）起动线路图

5.4.4　三相异步电动机的调速

调速是指在电动机负载不变的情况下人为地改变电动机的转速，以满足工业生产中许多场合的不同要求。由式（5 – 1）、式（5 – 2）可得

$$n = (1 - s) n_1 = (1 - s)\frac{60 f_1}{p} \qquad (5 - 22)$$

可见异步电动机可通过改变磁极对数 p、电源频率 f_1 和转差率 s 三种方法来实现调速。

1. 改变电源频率调速

改变电源频率可使异步电动机得到平滑无级调速。电源频率变化大时，调速范围大；由于我国电网频率固定为 50 Hz，变频调速需要一组频率可变的电源。

近年来，因为利用晶闸管等电力电子器件实现交流变频技术取得了进展，用晶闸管变频装置进行交流变频兼调压的调速方法得到了推广，故在起重机械、水泵、风机等设备中都有成套的调速装置。变频调速是交流电动机的发展方向，其调速性能已经可以达到直流电动机的性能，是一种高效、节能的调速方式。

2. 改变磁极对数调速

改变异步电动机的定子绕组的连接方式，可以改变磁极对数，从而得到不同的转速。当三相定子绕组中每相由两个线圈串联而形成时，其合成磁场为两对磁极；当每相由两个绕组并联而形成时，其合成磁场为一对磁极。

这种调速方法仅限于笼形异步电动机使用，能得到双倍速或三倍速等，不能实现无级调速。由于它比较简单、经济，在金属切削机床上常被用来扩大齿轮箱调速的范围。

3. 改变转差率调速

该方法通常只适用于绕线转子异步电动机，是通过转子电路中串接调速电阻（和起动电阻一起接入）来实现的，此时转子电流减小，则定子电流、转矩、转速也随之减小，转差率 s 升高，所以叫作改变转差率调速。改变调速电阻的大小可以得到平滑调速。

从图 5 - 20 可以看出，在负载转矩 T_L 不变的情况下，加大调速电阻，可使机械特性越来越软，从而改变工作点并得到越来越低的转速。由于电阻耗能和不能使机械特性过软，调速电阻不能过大，故使得这种调速的范围比较小。它的简便易行，仍广泛应用于大型起重设备中。

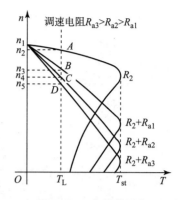

图 5 - 20　绕线转子串电阻调速

5.4.5　三相异步电动机的反转与制动

1. 三相异步电动机的反转

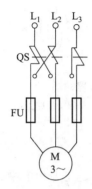

图 5 - 21　三相异步电动机正反转接线图

三相异步电动机的旋转方向与旋转磁场的转向是一致的，而旋转磁场的方向又是与电源的相序方向是一致的，因此要使电动机反转只要改变电源的相序即可，例如原相序为 U→V→W，现改为 U→W→V。图 5 - 21 所示为用刀开关实现正、反转控制的电路，它将接到电源的三根导线中的任意两根的一端对调位置。

2. 三相异步电动机的制动

当电动机的定子绕组断电后，转子及拖动系统因惯性作用，总要经过一段时间才能停转。为了缩短辅助工时，提高生产效率和安全度，往往要求电动机能迅速停车和反转，为此需要对电动机进行制动。

在生产中有许多实用的机械制动方法，例如杠杆式电磁抱闸，利用闸轮与闸瓦部的摩擦力制动和靴式的液压制动机构等。还有一些电动机带有制动装置。

三相异步电动机常用的电气制动方法有以下几种。它们的工作原理虽然不同，但都是使转子获得一个与原来旋转方向相反的制动转矩，从而使电动机减速和停转。

1）能耗制动

切断电动机电源后，把转子旋转的动能转换为电能以热能的形式迅速消耗在回路电阻 R 上的方法，称为能耗制动。其实施方法是在切断交流电源的同时，将定子绕组的两个端钮与直流电源接通，使直流电流通入定子绕组，使定子与转子之间形成固定的磁场，如图 5 - 22 所示。设转子因机械惯性按顺时针方向旋转，根据右手螺旋定则和左手定则不难确定这时的转子电流与固定磁场相互作用产生的电磁转矩为逆时针，所以是制动力矩。在制动力矩的作用下电动机迅速停转。

能耗制动的优点是制动平稳，消耗电能少，但需要直流电源。目前在一些金属切削机床中常采用。

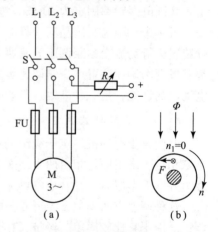

图 5 - 22　能耗制动接线图与原理图

（a）接线图；（b）原理图

2）反接制动

改变电动机的三相电流的相序，使电动机的旋转磁场反转的制动方法称为反接制动。

其实施的方法是把电动机与电源连接的三根导线任意对调两根，当转速接近于零时，再把电源切断，如图 5 - 23（a）所示，其制动原理如图 5 - 23（b）所示。相序改变后，旋转磁场反向旋转，转差（$n_1 + n$）很大，转差率 $s = (n_1 + n)/n_1 > 1$，转子绕组中感应电动势和电流很大（定子电流也很大，应限制）且反向，所以产生的电磁力矩是制动的。

反接制动不需另备直流电源，比较简单，且制动力矩较大，停车迅速，但机械冲击和能耗也较大，会影响加工精度。所以使用范围受到一定的限制，通常用于起动不频繁、功率小于 10 kW 的中、小型机床及辅助性的电力拖动中。

3）发电馈送制动

在起重机下放重物时，在重力的作用下，可能使转速 $n > n_1$，转差率 $s < 0$，这会改变转子电流和转矩的方向，使转矩变成制动转矩，电动机转入发电机运行。重物的位能转换为电能反馈到电网中去，所以称为发电馈送制动，如图 5 - 24 所示，利用它可以稳定地下放重物。

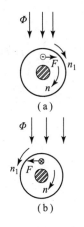

图 5 - 23　反接制动原理图
（a）换相序前；（b）换相序后

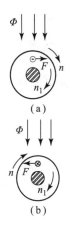

图 5 - 24　发电馈送制动原理图
（a）上升时 $n_1 > n$；（b）下降时 $n_1 < n$

【思考与练习】

5.4.1　一台型号为 Y180L - 4 的异步电动机，额定转速 $n_N = 1\ 470$ r/min、$f = 50$ Hz，求电动机的磁极对数和额定转差率，并求同步转速。

5.4.2　三相异步电动机直接起动时，为什么起动电流很大（一般为 4 ~ 7 倍），起动转矩并不大（只有额定转矩的 0.8 ~ 1.8 倍）？

5.4.3　为什么容量较大的三相异步电动机通常采用降压起动？常用哪几种降压起动方法？它们都适合于什么场合？

5.4.4　一台 Y/△接法、380 V/220 V 的三相异步电动机，当电动机星形连接（电源电压为 380 V）起动时和三角形连接（电源电压为 220 V）起动时，起动电流和起动转矩是否相同？

5.4.5　三相异步电动机有几种调速方法？各适用于哪种类型的电动机？改变电源电压进行调速是否也可以？

知识链接 5.5　单相异步电动机

单相异步电动机也是由定子和转子构成的，定子绕组通入单相交流电，转子多半为笼形转子。在电风扇、洗衣机、电冰箱、空调及各种医疗仪器上有广泛应用。

单相异步电动机的工作原理与三相异步电动机相似。由于在定子绕组中通入的是单相交流电，所产生的是一个在空间位置固定不变，而大小和方向随时间按正弦规律变化的脉动磁场，由于脉动磁场不能旋转而产生电磁转矩，故电动机不能自行起动。实用上常采用电容分相式和罩极式两种方法产生一个与脉动磁场频率相同、相位不同、在空间相差一个角度的另一脉动磁场与其合成，产生旋转磁场自行起动。

1. 电容分相式电动机

如图 5-25 所示电容分相式单相异步电动机，定子上有两个在空间相隔90°的绕组 V_1V_2 和 U_1U_2，V_1V_2 绕组串联适当的电容 C 后与 U_1U_2 绕组并联于单相交流电源上，选择合适的电容容量可使两绕组的电流在相位上的近似相位差为90°，即把单相交流电分解为两相交流电，两相电流的数学表达式可写成

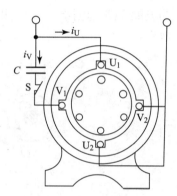

图 5-25　电容分相式异步电动机原理图

$$i_U = I_m \sin\omega t$$
$$i_V = I_m \sin(\omega t + 90°)$$

这样的两相交流电流产生的两个脉动磁场相合成，就是一个旋转磁场，其原理如图 5-26 所示。

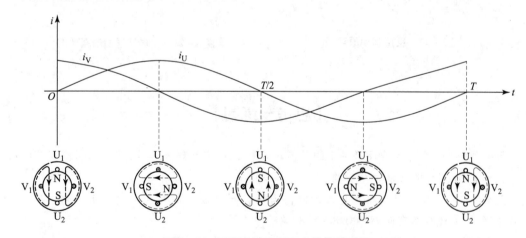

图 5-26　两相交流电所产生的旋转磁场

如果想改变这种单相异步电动机的转向，只要利用一个转换开关将工作绕组与起动绕组互换即可，如图 5-27 所示。洗衣机中的电动机靠定时器自动转换开关，使波轮周期性地改变方向。

通常电容分相式异步电动机的功率都在 0.6 kW 以下。

有了旋转磁场之后，转子就能自行起动，待转速升到一定数值，借助于离心开关 S_2

或其他自动控制电器将起动绕组 V_1V_2 断开，只留下工作绕组 U_1U_2，仍可带动负载运转。当然电动机运转时电容也可不断开，这种电动机称为电容式单相异步电动机，它比一般的单相异步电动机具有较高的功率因数。

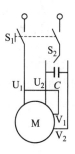

图 5 - 27 洗衣机正反转控制原理图

2. 罩极式电动机

罩极式电动机的定子通常做成凸极式，其特点是极面上开有小槽，嵌入短路铜环，罩住部分磁极，如图 5 - 28 所示。定子绕组通过交流电产生的交变磁通在极面上被分成了两部分，穿过短路铜环的那部分磁通在短路铜环内感应出电动势和电流。由于感应电流对磁通变化的阻碍作用，使相位滞后于另一部分磁通，同时在位置上也相隔一定角度。这样两个在时间上有一定相位差，在空间上相隔一定角度的脉动磁场，也可以合成一个有一定旋转功能的磁场，在这个旋转磁场的作用下，笼形转子也会产生感应电流，形成电磁转矩而转动，旋转方向是由磁极未罩短路铜环的一侧转向罩有短路铜环的一侧。

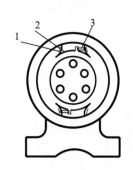

图 5 - 28 罩极式异步电动机
1—定子绕组；2—磁极；3—短路铜环（副绕组）

单相异步电动机的优点是能够在单相交流电源上使用，但它的功率因数和效率都较低，工作电流大，主要制成小型电动机。

如果三相异步电动机接到电源的三根导线中由于某种原因断开了一根，就成了单相电动机运行。如果在起动时就断了一根，则不能起动，可听到"嗡嗡"声，这时电流很大，时间长了，电动机就会被烧坏。如果在运行中断了一根，则电动机仍将继续转动，若此时还带动额定负载，则势必超过额定电流。时间一长，也会使电动机烧坏。这种情况往往不易察觉（特别是在无过载保护的情况下），在使用三相异步电动机时必须注意。

【思考与练习】

5.5.1 三相异步电动机断了一根电源线后，为什么不能起动？而在运行时断了一根线，仍能继续转动？这两种情况对电动机有何影响？

5.5.2 洗衣机波轮的来回运转能否用罩极式电动机来带动？为什么？

知识链接5.6 常用低压电器及其电气符号

低压电器是指工作在直流 1 200 V、交流 1 000 V 以下的各种电器，按动作性质可分为手动电器和自动电器两种，下面介绍常用的几种电器。

5.6.1 刀开关

刀开关是结构最简单的一种手动电器，它由刀片（刀开关本体）和刀座（静触点）组成，其外形和表示符号分别如图5－29所示。刀片下面装有熔丝，起保护作用。刀开关主要用于不频繁接通和分断电路，或用来将电路与电源隔离，此时又称为"隔离开关"。

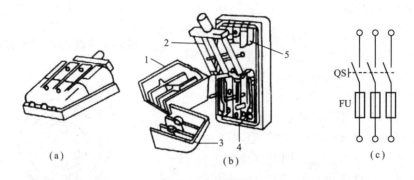

图 5 - 29　刀开关

（a）外形；（b）结构；（c）符号

1—上胶木盖；2—刀开关刀片；3—下胶木盖；4—接熔丝的接头；5—刀座

安装时，电源线应与静触点相连，负载与刀片和熔丝一侧相连，这样安装，当断开电源时，刀片不带电。选用刀开关时主要应考虑其额定电压和额定电流，数值要与所控制电路的电压与电流相符合。

5.6.2 熔断器

熔断器（俗称保险丝）是一种最常用和有效的短路保护电器，串接在被保护的电路中。线路正常工作时，熔断器的熔体不熔断；一旦发生短路故障时，电路中产生大电流使熔断器的熔体熔断，及时切断电源，以达到保护线路和电气设备的目的。

熔断器有开启式、半封闭式和封闭式等几种，图5－30所示是两种封闭式熔断器。

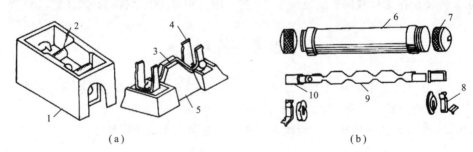

图 5 - 30　熔断器

（a）插入式；（b）管式

1—瓷底座；2—夹座；3—熔丝；4—刀片；5—瓷插件；6—熔管；7—黄铜帽；

8—夹座；9—熔体；10—刀座

在保护照明线路中，所选择熔断器的电流要等于或稍大于被保护电路的电流。在保护电动机线路中，单台电动机时熔体的额定电流为电动机起动电流的 1.5～2.5 倍；几台电动机共用的总熔体的额定电流可按下式估算：

$$I_{RN} \geqslant \frac{I_{stm} + \sum I_N}{2.5} \tag{5-23}$$

式中，I_{stm} 为最大容量电动机的起动电流；$\sum I_N$ 为其他电动机的额定电流之和。

5.6.3　按钮和行程开关

1. 按钮

按钮也是一种简单的手动开关，应用很普遍，通常用于发出操作信号，以接通和断开电动机及其他电气设备的控制电路，故它的额定电流较小。

按钮根据结构不同分为动合按钮、动断按钮和带动断及动合触头为一体的复式按钮，如图 5-31 所示是复式按钮结构示意图。当用手按下按钮时，原来闭合的触点（常闭或动断触点）则断开，原来断开的触点（常开或动合触点）被闭合。当手松开后，由于弹簧张力的作用，触点恢复原状。

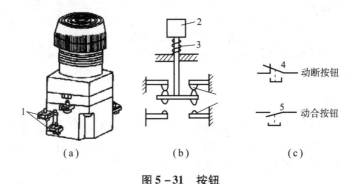

图 5-31　按钮

（a）外形；（b）结构示意图；（c）符号

1—触点接线柱；2—按钮帽；3—复位弹簧；4—动断触点；5—动合触点

2. 行程开关

行程开关又叫限位开关，它是利用机械部件的位移来切换电路的自动电器。其外形、结构及符号如图 5-32 所示。

将行程开关安装在适当位置，当预装在生产机械运动部件上的撞块压下推杆 1 时，行程开关的动断触点 3 断开，动合触点 4 闭合。当撞块离开推杆 1 时，复位弹簧 2 将推杆和触点恢复原状。

5.6.4　交流接触器

交流接触器是一种依靠电磁力的作用使触头接通或断开，以控制电动机（或其他用电设备）电路的自动电器。其外形图、结构示意图见第 4 章中图 4-10 所示交流接触器，其电气符号如图 5-33 所示。

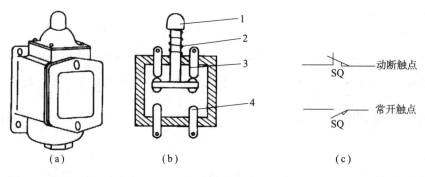

图 5-32　行程开关

（a）外形；（b）结构示意图；（c）符号

1—推杆；2—复位弹簧；3—动断触点；4—动合触点

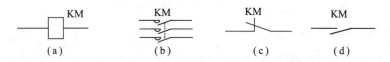

图 5-33　交流接触器

（a）线圈；（b）主触头；（c）动断辅助触点；（d）动合辅助触点

5.6.5　继电器

继电器

继电器是根据一定的信号使其触头闭合或断开，从而实现对电气线路的控制或保护作用的一种自动电器。它的触点电流容量小，主要用来传递信号，不能接在主电路中，这是它和接触器的主要区别。

继电器在自动化系统中应用广泛，其种类繁多，这里仅就几种简单且常用的继电器介绍如下。

1. 热继电器

热继电器是利用电流热效应使电路断开的保护电器。它主要在电动机出现断相、欠电压和过载等故障时进行保护。热继电器的工作原理示意图如图 5-34 所示。

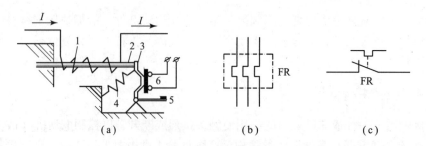

图 5-34　热继电器

（a）结构示意图；（b）热元件符号；（c）热开关符号

1—热元件；2—双金属片；3—扣板；4—弹簧；5—复位按钮；6—动断触点

热继电器的发热元件（电阻丝）绕在具有不同热膨胀系数的双金属片上，串接于电动机的主电路中，而动断触点则串联于电动机的控制电路中。电动机正常工作时相当于不起作用，而当出现过载时，电流超过额定电流，经一定时间后，发热元件的发热量增大，足以使双金属片发生较大弯曲变形，推动扣板，通过动作机构使动断触点断开，控制电路断开，接触器断电，主触点断开电源，电动机停转，从而达到过载保护的目的。

热继电器的主要技术数据是整定电流。所谓整定电流是指长期通过发热元件而不动作的最大电流。电流超过整定电流 20% 时，热继电器应当在 20 min 内动作；当过载电流超过整定电流的 50% 时，应当在 2 min 内动作。超过的电流数值越大，则发生动作的时间越短。由于热惯性，热继电器不能作短路保护，而且电动机起动或短时过载时，热继电器不会动作，保证电动机的正常运行。

目前，常用的热继电器有 JR15 和 JR16 系列；JR15 系列是两相结构；JR16 系列是三相结构（即发热元件和双金属片是三相的），且有带或不带断相保护两种。一般多选用三相结构。

2. 时间继电器

时间继电器是按照所整定的时间间隔的长短来切换电路的自动电器。时间继电器按工作原理分类可分为电磁式、电动式、电子式和空气阻尼式等。下面介绍通电延时型空气阻尼式时间继电器。

通电延时型空气阻尼式（又称气囊式）时间继电器是利用空气阻尼的原理工作的。它主要由电磁系统、工作触点、气室和传动机构 4 部分构成，结构如图 5-35 所示。

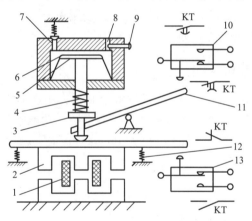

图 5-35　通电延时型空气阻尼式时间继电器
1—线圈；2—衔铁；3—活塞杆；4—释放弹簧；5—伞形活塞；6—橡皮膜；7—排气孔；
8—进气孔；9—调节螺钉；10，13—微动开关；11—杠杆；12—复位弹簧

当吸引线圈 1 通电时，将衔铁 2 吸下，使铁芯与活塞杆 3 之间有一段距离，活塞杆在释放弹簧 4 的作用下向下移动。因伞形活塞 5 的表面固定有一层橡皮膜 6，活塞下移时，在膜的上面造成空气稀薄的空间，而下方的压力加大，限制了活塞杆下移的速度，只能慢慢下移，当移动到一定位置时，杠杆 11 使微动开关 10 动作。可见，延时时间为从线圈通电开始到使微动开关 10 动作的一段时间。通过调节螺钉 9 改变进气孔 8 的大小，就可以改变延时时间的长短。

线圈断电后，在复位弹簧 12 的作用下使橡皮膜 6 上升，空气经排气孔 7 迅速排出，

不产生延时作用，使触点瞬时复位。

这类延时继电器称为通电延时型继电器，它有两个延时触点：一个是延时断开的动断（常闭）触点；另一个是延时闭合的动合（常开）触点。还有两个瞬时动作触点：通电时微动开关 13 的动断触点瞬时断开，动合触点立即闭合。

由于空气阻尼式时间继电器的延时范围较大（有 0.4 ~ 60 s 和 0.4 ~ 180 s 两种），所以在机床电气控制线路中得到了广泛的应用。常用的 JS7 - A 系列空气阻尼式时间继电器有通电延时型和断电延时型两种类型。

只要将通电延时型空气阻尼式时间继电器的铁芯倒装，即将动铁芯置于静铁芯下面，便可得到断电延时型时间继电器。时间继电器在电气控制电路中的符号如图 5 - 36 所示。

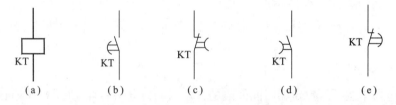

（a） （b） （c） （d） （e）

图 5 - 36　时间继电器的图形符号

（a）线圈；（b）通电延时闭合动合触点；（c）通电延时断开动断触点；

（d）断电延时断开动合触点；（e）断电延时闭合动断触点

随着电子技术的发展，电子式时间继电器、可编程时间继电器和数字式时间继电器已广泛应用。其定时精度更高，定时时间范围更宽，使用更方便。但其控制原理和图形符号与机械式时间继电器都有可借鉴之处。

5.6.6　可编程控制器 PLC

1969 年美国 DEC 公司研制出第一台可编程控制器，用在 GM 公司的自动装配线上获得成功，这一时期只是用它来取代继电接触器控制系统，功能限于逻辑运算、计时、计数等，故称为可编程序逻辑控制器，简称 PLC（Programmable Logic Controller）。

以 FX2N 系列机型（见图 5 - 37）为例介绍 PLC 的 I/O 配置及内部软继电器。

图 5 - 37　三菱公司 FX2N 系列 PLC 外形图

1. I/O 配置

如某型号为 FX2N – 32MR 的 I/O 配置为输入 16 点，用 X 表示，其编号为 X0 ~ X7、X10 ~ X17；输出 16 点，用 Y 表示，其编号为 Y0 ~ Y7、Y10 ~ Y17。

输入继电器的作用是接收外部信号的窗口，其状态只由外部传感器或开关的状态来决定，不能由程序改变。一个点对应一个输入继电器，一个输入继电器具有许多动合、动断触点，供编程时使用。图 5 – 38 所示是输入继电器的等效电路。

输出继电器的作用是将 PLC 的信号传给外部负载，一个输出继电器对应一个输出点，其输出方式有继电器式、晶体管式、晶闸管式三种。输出继电器的状态由程序的执行情况而定，每个输出继电器也带有多个内部动合和动断触点，供编程使用。图 5 – 39 所示为输出继电器的等效电路。

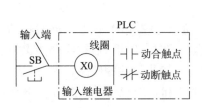

图 5 – 38　输入继电器的等效电路

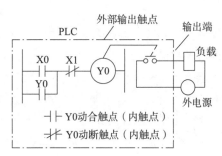

图 5 – 39　输出继电器的等效电路

2. 内部软继电器

PLC 内部软继电器包括辅助继电器 M、定时器 T、计数器 C、数据寄存器 D、状态继电器 S 等，PLC 编程过程中根据各自功能不同使用在不同语句中实现各类控制功能。此处不予详细介绍。

【思考与练习】

5.6.1　何谓动断触点和动合触点？按钮和接触器的动断触点和动合触点有何区别？

5.6.2　一个按钮的动合触点和动断触点有可能同时闭合和同时断开吗？

5.6.3　熔断器在电路中仅有短路保护作用，没有过载保护的作用，对吗？热继电器是否有短路保护作用？

知识链接5.7　三相异步电动机的基本控制系统

各种生产机械的生产过程是不同的，其继电接触器控制线路也是各式各样的，但各种线路都是由较简单的基本环节构成的，即由主电路和控制电路组成。下面介绍几个基本控制系统，通过对一些基本控制系统的掌握，进而能对复杂的控制线路进行分析和设计。

5.7.1　点动控制

点动控制就是按下按钮时电动机就转动，松开按钮时电动机就停转，生产机械在进行试车和调整时常要求点动控制。如摇臂钻床立柱的夹紧与放松、龙门刨床横梁的上下移动等。

图5-40所示为点动控制电路，它由电源开关 QS、熔断器 FU、按钮 SB、接触器 KM 和电动机 M 组成。当合上 QS 后，按下 SB，使接触器线圈 KM 通电，动合主触点 KM 闭合，电动机 M 通电运行。当松开 SB 后，接触器 KM 断电释放，电动机 M 断电停转。

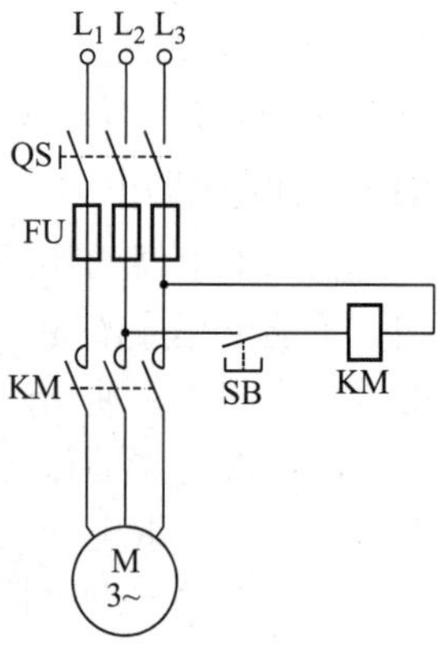

图5-40　点动控制电路

5.7.2　连续运转控制

1. 单向"起-停"控制线路

在实际生产中，大多数生产机械需要连续运转，如水泵、机床等。只要在上述点动控制线路中，在按钮 SB 两端并联接触器的一个动合辅助触点便可实现电动机的连续运转，如图5-41所示。

当合上 QS 后，按下 SB_1，使接触器线圈 KM 通电，动合主触点 KM 闭合，同时辅助触点 KM 也闭合，它给线圈 KM 提供了另外一条通路，因此，当松开 SB_1 后线圈仍能保持通电，于是电动机便实现连续运行。辅助触头 KM 的作用是"锁住"线圈电路，因此被称为"自锁"触头。当按下 SB_2 后，线圈 KM 失电，主触头 KM 和辅助触头同时断开，电动机便停转。

该电路中 FU 起短路保护作用，FR 起过载保护作用，KM 还兼有失电压、欠电压保护作用，去掉自锁触点，可实现点动。

2. 多地点控制线路

有的生产机械可能有几个操作台，各台都能独立操作生产机构，故称为多地点控制。这时只要把起动按钮动合触点并联，停止按钮动断触点串联，便可实现多处控制，如图5-42所示。

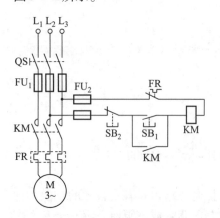

图5-41　连续运转控制电路

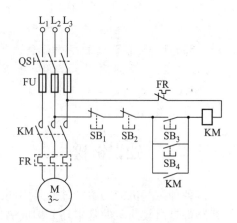

图5-42　多地点控制电路

3. 基于 PLC 控制的连续运转梯形图

电动机连续运转控制电路若改为 PLC 为控制核心器件，编写梯形图程序如图5-43所示，图中 X0 代表起动按钮 SB_1，X1 代表停止按钮 SB_2，Y0 代表线圈 KM。当合上 X0 时，线圈 Y0 得电并通过并联在 X0 两端的输出继电器 Y0 自锁，使输出继电器 Y0 一直保持通电，直至 X1 断开。

步序	操作符	操作数
00	LD	X0
01	OR	Y0
02	ANI	X1
03	OUT	Y0

（a）　　　　　　　　（b）

图 5 – 43　OR、ORI 指令的使用

（a）梯形图；（b）指令表

5.7.3　电动机的正、反转控制

生产上许多设备需要正、反两个方向的运动，例如机床主轴的正转和反转，工作台的前进和后退等。这可由电动机的正、反转来实现。在前面内容述及使三相异步电动机反转，只要将电动机的三相电源线中的任意两相对调连接即可。为此，可利用两个接触器和三个按钮组成的控制线路就可实现这一要求，如图 5 – 44（a）所示。主电路中 KM_1 是正转接触器线圈主触头；KM_2 是反转接触器主触头。

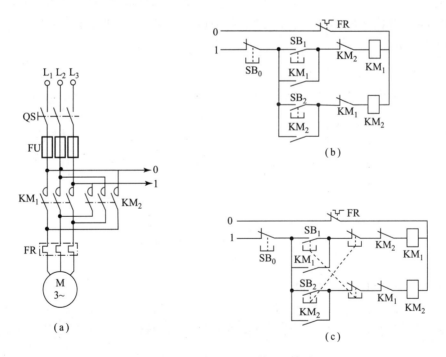

图 5 – 44　电动机正、反转控制电路

（a）主电路；（b）接触器互锁控制电路；（c）双重互锁控制电路

1. 接触器互锁的正反转控制电路

从主电路中可看出，KM_1 和 KM_2 的主触头是不允许同时闭合的，否则将发生相间短路。因此要求在各自的控制电路中串接入对方的辅助动断触点，达到两个接触器不会同时工作的控制作用，称为互锁或联锁，这两个动断触点就称为互锁触点，如图 5－44（b）所示。这种互锁就叫接触器互锁。

按下 SB_1 时，线圈 KM_1 得电并自锁，辅助动断触点 KM_1 断开，保证 KM_2 线圈不得电，电动机实现正转；当按下 SB_2 时，线圈 KM_2 得电并自锁，辅助动断触点 KM_2 断开，保证 KM_1 线圈不得电，电动机实现反转。这种操作方式的特点是要实现反转必须先按停止按钮，再按另一转向的起动按钮才能实现，宜适用功率较大和频繁正、反转的电动机。

2. 复合互锁的正反转控制电路

如图 5－44（c）所示控制电路采用复合按钮互锁，即将两个起动按钮的动断触点分别串入另一接触器的控制支路上。当电动机正转时，按下反转按钮 SB_2，它的动断触点断开，使正转接触器线圈 KM_1 断电，主触点 KM_1 断开，串联在反转接触器线圈 KM_2 支路上的辅助动断触点 KM_1 恢复闭合；与此同时它的动合触点闭合，使反转接触器线圈 KM_2 得电并自锁，实现电动机反转。同理，按下 SB_1 可实现电动机的直接正转。这种电路的特点是操作方便，适用于功率较小的电动机。

3. 基于 PLC 控制的电动机正反转控制系统

若电动机正反转控制电路改为 PLC 为核心控制器，对应的控制系统如图 5－45 所示，图 5－45（a）是对应的 I/O 接线图，图 5－45（b）是控制梯形图，图 5－45（c）是助记符程序（指令表）。

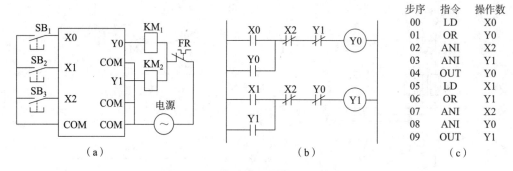

图 5－45　电动机正反转 PLC 控制图
（a）I/O 接线图；（b）梯形图；（c）指令表

图 5－45 中按 SB_1 起动按钮时，X0 输入继电器闭合，此时线圈 Y0 得电并自锁，电动机处于正转运行；当按 SB_3 停止按钮后，X2 输入继电器常闭触点断开，使线图 Y0 断电，解除自锁；当按 SB_2 按钮时，X1 输入继电器闭合，此时线圈 Y1 得电并自锁，电动机处于反转运行。

5.7.4　电动机的开关自动控制

在现代工农业生产和生活中，通过把各种不同的物理量转换为开关命令，实现顺序控制、行程控制、时间控制和速度控制等自动控制。

1. 行程控制

由于工艺和安全的需要，常要求按照生产机械的某一运动部件的行程或位置变化来对生产机械进行控制，如吊钩上升到一定高度要求停止，龙门刨床的工作台要求在一定范围内自动往复往返等。行程控制是通过行程开关来实现的。

1）限位控制

其主电路与电动机的正、反转控制电路相同，其位置示意图与控制电路图如图 5 – 46 所示。

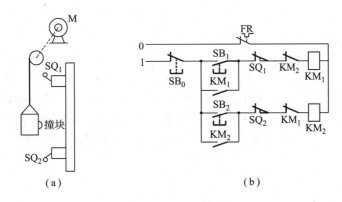

图 5 – 46　限位控制

（a）限位开关位置示意图；（b）控制电路

工作原理：当按下正转按钮 SB_1 时，KM_1 线圈通电，电动机正转，此时罐笼上升，当到达顶点时撞块顶撞行程开关 SQ_1，其动断触点断开，使接触器 KM_1 断电，于是电动机停转，罐笼不再上升（此时应有制动器将电动机转轴抱住，以免重物下滑）。此时保证罐笼运行不会超过它的极限位置。对于罐笼向下运行过程原理请自行分析。

2）自动往复行程控制

某些生产机械要求工作台在一定距离内能往复运动，以便对工件进行连续加工。图 5 – 47 所示是工作台往复运动示意图和控制线路图。其主电路与电动机的正反转控制电路相同。

工作原理：当按下 SB_1 时，KM_1 线圈得电并自锁，电动机驱动工作台向左运动，直到

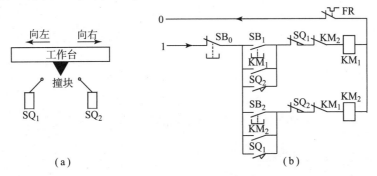

图 5 – 47　自动往复行程控制

（a）工作台往复运动示意图；（b）工作台往复运动控制电路

撞块撞击 SQ_1，一方面 SQ_1 动断触点断开，KM_1 线圈断电，使电动机先停转；另一方面 SQ_1 动合触点闭合，使 KM_2 线圈得电并自锁，电动机反转并带动工作台向右运动。当撞块撞击 SQ_2 后，一方面 SQ_2 动断触点断开，KM_2 线圈断电，使电动机停止反转；另一方面 SQ_2 动合触点闭合，使 KM_1 线圈得电并自锁，电动机再次正转。如此循环下去，工作台则做往复运动。随意按下 SB_0 可使工作台在任意位置停下。

2. 时间控制

在生产中，经常需要按一定的时间间隔来对生产机械进行控制，称为时间控制。现以图 5 – 48 所示的笼形异步电动机的 Y – △减压起动控制为例，说明时间控制原理。

图 5 – 48 （a）为主电路，图 5 – 48 （b）为控制电路，其工作过程如下：先合上电源开关 QS，按下起动按钮 SB_1，使接触器线圈 KM_1、KM_2 通电，其主触点同时闭合，电动机定子绕组做 Y 连接减压起动。KM_1 的动合辅助触点闭合自锁，KM_2 的动断辅助触点断开，与接触器 KM_3 实现互锁。由于时间继电器 KT 的线圈与 KM_2 同时得电，所以经过一定时间（Y接起动时间）后，通电延时断开的动断触点断开使 KM_2 线圈失电，主触点断开，而延时闭合的动合触点闭合使 KM_3 线圈通电自锁，其主触点 KM_3 闭合将电动机定子绕组连接成△形，并全压正常运行。图 5 – 48 （c）为实用型控制电路，正常工作时仅 KM_1、KM_3 通电。

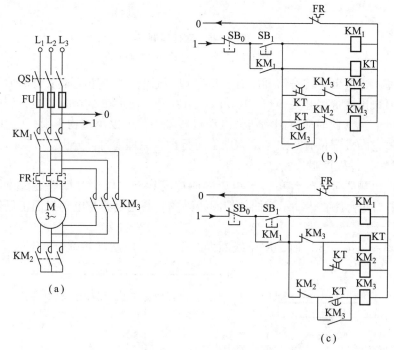

图 5 – 48　Y – △减压起动电路

（a）主电路；（b）时间控制的控制电路；（c）实用型控制电路

5.7.5　电动机的联锁控制

一台生产机械或一条自动生产线往往有多台电动机，它们相互配合完成一定的工作，这些电动机之间常有一些制约关系，在控制电路上称为联锁。例如电动机要求顺序起动，有的要求不允许同时工作，有的要求不允许单独工作等。

1. 按顺序先后起动

图 5–49 所示电路是车床油泵和主轴电动机的联锁控制电路。要求油泵电动机 M_1 先起动，使润滑系统有足够的润滑油以后，方能起动主轴电动机 M_2。按下 SB_3，线圈 KM_1 得电并自锁，主触点 KM_1 闭合，油泵电动机 M_1 起动。这时动合触点 KM_1 闭合，为线圈 KM_2 得电做准备。这样，按下 SB_4，主轴电动机 M_2 方能起动，如果 M_1 未起动时，按下 SB_4，主轴电动机 M_2 也不能起动。

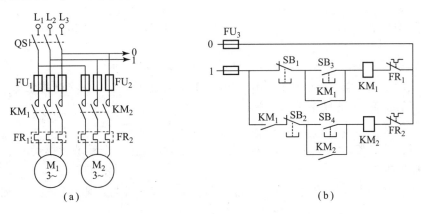

(a)　　　　　　　　　　　　　　(b)

图 5–49　两台电动机按顺序先后起动的电路

(a) 主电路；(b) 控制电路

2. 不允许单独工作和不允许同时工作

图 5–50 (a) 所示电路是两台电动机不允许单独工作的控制电路，其工作原理请自行分析。

图 5–50 (b) 所示电路是两台电动机不允许同时工作的控制电路，其工作原理请自行分析。

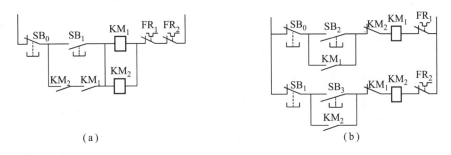

(a)　　　　　　　　　　　　　　(b)

图 5–50　两台电动机按要求工作的控制电路

(a) 两台电动机不允许单独工作的控制电路；(b) 两台电动机不允许同时工作的控制电路

【思考与练习】

5.7.1　什么是自锁控制？起自锁作用的主要电气元件是什么？

5.7.2　什么是互锁（联锁）？它的主要作用是什么？

5.7.3　电动机的基本控制电路中，通常应设置哪些保护功能？它们是如何实现的？

5.7.4　如果要在图5-47所示自动往复行程控制电路的基础上增加两个行程开关实现终端保护，以避免由于SQ_1和SQ_2经常受撞块碰撞而动作失灵，造成越位事故。这两个终端保护用的行程开关应使用动合触头还是动断触头？怎样连接在电路中？

5.7.5　时间继电器有通电延时型和断电延时型两种，它们在原理上有何区别？符号有什么不同？

项目实施

（1）根据任务要求设计控制线路原理图，如图5-42所示。

（2）领取低压电器：4个按钮$SB_1 \sim SB_4$、1个热继电器、1个交流接触器、1台三相异步电动机125 W、6个熔断器、1个空气开关。

（3）检测按钮、交流接触器等开关状态，确保器件完好。

（4）搭接主电路，依次完成电源、空气开关、熔断器、主触头、热元件、电动机接线，确保接线牢靠。

（5）搭接控制电路，依次连接熔断器、热开关、停止按钮、起动按钮、线圈，再连接自锁触头。

（6）用万用表检查线路正误。主要判断控制电路的通断、主触头的通断。

（7）上电，依次合上外部电源开关、主电路空气开关、按下起动按钮，查看电动机是运行还是停止？

（8）依次试验第一处起动、停止，第二处起动、停止功能。

（9）试验成功后，记录操作步骤及现象。

（10）拆除连接线，整理现场，清扫卫生。

项目评价

评价项目	评价内容	评价等级	星级
职业素养	能判别动力来源及控制装置，具备数字化职业素养	★★★★★	
	养成脚踏实地、积极向上的职业态度，追求极致、吃苦耐劳的工匠精神	★★★★★	
专业能力	掌握电动机结构及转动原理，知晓低压电器原理，能连接典型线路并验证正误	★★★★★	
	能使用AutoCAD或E-plan软件设计电气原理电路	★★★★★	
	能拆装异步电动机，掌握重要参数，能搭建控制电动机的典型线路		

习　题

1. 某三相异步电动机的额定转速为 1 440 r/min，电源频率为 50 Hz，求电动机的磁极对数及额定转差率；当转差率由 0.6% 变到 0.4% 时，试求电动机转速的变化范围。

2. 已知某台三相异步电动机在额定状态下运行，转速为 1 430 r/min，电源频率为 50 Hz。求：(1) 磁极个数 N；(2) 额定转差率 s_N；(3) 额定运行时转子电动势的频率 f_2；(4) 额定运行时定子旋转磁场对转子的转速差。

3. 一台三相异步电动机的额定转速为 1 470 r/min，额定功率为 30 kW，T_{st}/T_N 和 T_{max}/T_N 分别为 2.0 和 2.2，试大致画出它的机械特性。

4. 一台三相异步电动机，其电源频率为 50 Hz，额定转速为 1 430 r/min，额定功率为 3 kW，最大转矩为 40.07 N·m，求电动机的过载能力 λ。

5. 某三相异步电动机的铭牌上有如下数据：2.8 kW、Y/△、380 V/220 V、6.3/10.9 A、1 370 r/min、50 Hz、$\cos\varphi_2 = 0.84$。试计算：(1) 磁极对数 p；(2) 额定转矩 T_N；(3) 额定转差率 s_N；(4) 额定效率 η_N。

6. 已知一台三相异步电动机的部分数据如下：$P_N = 3$ kW，$U_N = 220$ V/380 V，$I_N = 11/6.34$ A，$f = 50$ Hz，$n_N = 2\,880$ r/min，$\eta_N = 0.825$，$I_{st}/I_N = 6.5$，$T_{st}/T_N = 2.4$。试求：(1) 磁极对数 p；(2) 额定转差率 s_N 和额定情况下转子频率 f_2；(3) 额定功率因数 $\cos\varphi_N$；(4) 额定转矩 T_N、起动电流 I_{st}；(5) 电源线电压为 220 V 时用 Y–△ 起动方法的起动电流 I_{st} 和起动转矩 T_{st}。

7. 有一台三相异步电动机，其输出功率 $P_0 = 30$ kW，$I_{st}/I_N = 7$，如果供电变压器的容量为 500 kV·A，问可以直接起动吗？

8. 分析图 5-51 所示三相异步电动机的"起-停"控制电路的接线正误。

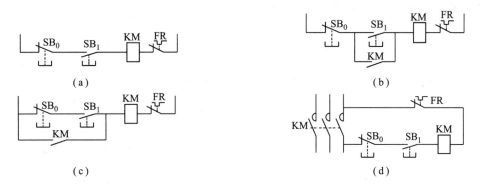

(a)　　　　　　　　　　　　(b)

(c)　　　　　　　　　　　　(d)

图 5-51　题 8 图

9. 画出笼形异步电动机既能连续运转、又能点动工作的继电器控制电路。

10. 有人用按钮和接触器等接完电动机的"起-停"控制电路。试车时，设曾遇到下列故障现象：(1) 按住起动按钮 SB_2，电动机运转；松开按钮 SB_2，电动机停转；(2) 按下停止按钮 SB_1 后电动机不能停转；(3) 按下 SB_2 后，电动机不能起动；(4) 按下 SB_2 后，电动机无法起动，发出"嗡嗡"声；(5) 合上电源隔离开关 QS 后，电动机立即起动运转。试分别就每一种故障现象，分析其原因。

11. 指出图 5-52 所示异步电动机正、反转控制电路的错误，并分析由此产生的后果。

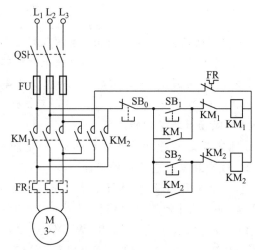

图 5-52　题 11 图

12. 图 5-53 中，要求按下起动按钮后，能自动按顺序完成下列动作：（1）运动部件 A 从 1 到 2；（2）接着运动部件 B 从 3 到 4；（3）接着 A 从 2 回到 1；（4）接着 B 从 4 回到 3，完成一次单循环后就停止。试画出控制电路。

13. 某机床主轴由一台笼形异步电动机拖动，润滑油泵由另一台笼形异步电动机拖动。要求：（1）主轴必须在油泵开动后才能开动；（2）主轴要求能实现正反转控制，并能单独停车；（3）有短路、过载和失压保护。试绘出控制电路原理图。

14. 图 5-54 所示为一个不完整的起重电动机升降点动控制电路。该电路具有短路、过载和限位保护功能，且升降到位时能自动停车并有灯光显示。请将电路填补完整，并说明 SQ 元件的功能。

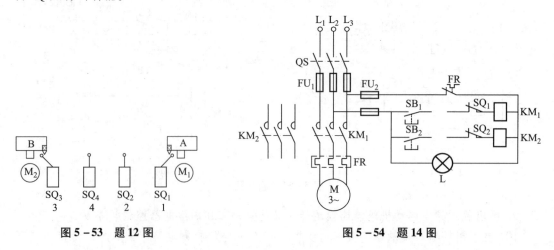

图 5-53　题 12 图

图 5-54　题 14 图

15. 控制电路原理图如图 5-55 所示，其中 KM_1 和 KM_2 分别为控制电动机 M_1 和 M_2 的控制接触器，试分析其工作原理。

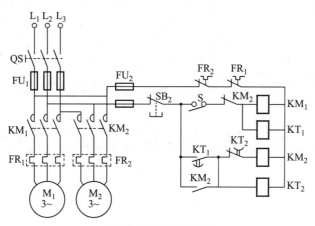

图 5 - 55　题 15 图

16. 根据要求绘出其控制图：（1）电动机 M_1 先起动后 M_2 才能起动，M_2 能单独停车。（2）M_1 先起动后，经过一定的延时后，M_2 自行起动。（3）M_1 先起动后，经过一定的延时后，M_2 自行起动，M_2 起动后 M_1 立即停车。

17. 对题 16（1）~（3）功能采用 PLC 控制，并设计梯形图程序。

项目 6 认识常用晶体管及检测

晶体三极管要实现放大功能需要满足发射结正偏、集电结反偏的外部条件。要求搭建电路测试晶体三极管电流放大作用，并填写测试参数，用描点法绘出输出特性曲线。

重点知识

（1）掌握 PN 结的形成过程及二极管的伏安特性，理解二极管单向导电性及应用电路。

（2）掌握晶体三极管的电流放大作用和输入特性曲线、输出特性曲线，理解晶体三极管处于放大状态的条件。

能力与素养

（1）具备用万用表检测二极管好坏、测量端电压的能力。

（2）能用万用表判别三极管引脚，能搭建三极管特性曲线测试电路，并使用特性图示仪测试输出特性曲线。

（3）以南昌大学团队"硅衬底高光效 GaN 基蓝色发光二极管"项目获得国家技术发明奖一等奖案例，树立奋发有为、勇于创新的理念。

知识链接 6.1 半导体基础知识

6.1.1 半导体

自然界的物质根据导电特性的不同可分为三大类：导体是指导电性能很好的物体，其电阻率 $\rho < 10^{-4}\,\Omega \cdot cm$；绝缘体通常是指电阻率 $\rho > 10^{10}\,\Omega \cdot cm$ 的物体；而半导体就是导电能力介于两者之间，如硅、锗、硒以及大多数金属氧化物，它们具有以下导电性能。

（1）如果改变某些条件，半导体的导电能力也将改变。当环境温度上升时，有些半导体（如钴、锰、镍等的氧化物）的导电能力要增强，即热敏性。利用这种特性可做成各种热敏电阻。

（2）当光照加强时，有些半导体（如镉、铅等的硫化物与硒化物）的导电能力要增强，即光敏性。利用这种特性可制成光敏电阻。

（3）当在纯净的半导体中掺入微量的杂质元素后，半导体的导电能力迅速增强，即杂敏性。利用这种特性可做成半导体二极管、晶体三极管、场效应晶体管和晶闸管等。

6.1.2 本征半导体和杂质半导体

半导体根据掺杂情况，又分为以下两类。

1. 本征半导体

本征半导体是指完全纯净的具有完整晶体结构的半导体，用得最多的本征半导体是硅和锗，都是四价元素，即每个原子核外都有四个价电子。要形成稳定的晶体结构，必须以共价键的形式存在，如图6－1所示。

共价键中的电子在常温下，由于分子的热运动，有极少数的价电子能获得一定能量去挣脱原子核对它的束缚而成为自由电子（带负电），相应地在共价键中就留下一个空位，称为空穴（带正电）。所以在本征半导体中，自由电子和空穴成对产生。在外电场的作用下，有空穴的原子可以吸引相邻原子中的价电子，填补这个空穴，同时失去了一个价电子的相邻原子的共价键中出现另一个空穴，它可以由相邻原子中的价电子来递补，而在该原子中又出现一个空穴，如图6－2所示。

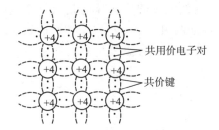

图6－1 硅晶体结构图

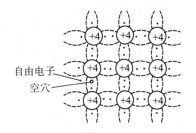

图6－2 晶体硅中掺入硼出现空穴

如此下去，就好像空穴在运动。而空穴的运动方向与价电子的运动方向相反，空穴运动相当于正电荷的运动，因此在本征半导体中参与导电的载流子（即能够参与导电的带电粒子）有两种，即自由电子和空穴，这是与金属导电原理上的本质区别。

此外，本征半导体中的自由电子和空穴总是成对出现，同时又不断地复合。在一定温度下，载流子的产生和复合达到动态平衡，于是它们的数目维持一定，保持一定的导电能力。温度愈高，载流子数目愈多，导电性能也就愈好。

2. 杂质半导体

本征半导体的导电能力很低，通常采用掺入微量杂质（通常是三价或五价的元素）的方法提高其导电能力。根据掺入杂质的不同，杂质半导体有两大类：N 型半导体和 P 型半导体。

N 型半导体：在硅或锗晶体中掺入微量的五价元素（如磷元素），磷原子参加共价键结构只需四个价电子，多余的第五个价电子很容易挣脱磷原子核的束缚而成为自由电子，于是半导体中的自由电子数目增多，而这些自由电子也成为该半导体的主要导电方式，故称它为电子（N型）半导体。其中自由电子是多数载流子，简称多子，其浓度取决于掺杂浓度；而空穴则是少数载流子，简称少子，其浓度取决于温度。

P型半导体：在硅或锗晶体中掺入微量的三价元素（如硼元素），于是在构成共价键结构时将因缺少一个电子而产生一个空位。当相邻原子中的价电子受热或温度上升而获得足够能量后就很有可能填补这个空位，而在该相邻原子中便出现一个空穴，于是，在半导体中空穴的数目增多，这种以空穴导电为主要导电方式的半导体称为空穴（P型）半导体，其中多子是空穴，其浓度取决于掺杂浓度；少子则是自由电子，其浓度取决于温度。

但应注意，不论是N型半导体还是P型半导体，虽然它们都有一种载流子占多数，但整个晶体仍然不带电，呈现电中性。

6.1.3 PN结

1. PN结的形成

图6-3所示为用专门的制造工艺在一块半导体单晶上形成P型半导体和N型半导体，则在二者的交界处将形成一个PN结。在P型和N型半导体的交界处存在着空穴和自由电子的浓度差，于是P区的空穴向N区扩散，N区的自由电子向P区扩散，如图6-3（a）所示。扩散到对方的载流子成为少数载流子，并与对方的多数载流子复合，使自由电子和空穴同时消失。这样就在它们的交界处留下不能移动的正负离子组成的空间电荷区（内建电场），也就是PN结，如图6-3（b）所示。这个内建电场的方向显然是从带正电的N区指向带负电的P区，它阻止载流子的扩散直至交界面两边的电荷不再增加，达到动态平衡，形成阻挡层，又由于空间电荷区缺少可以自由移动的载流子，所以称为耗尽层。

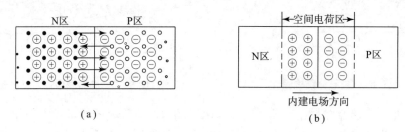

图6-3　PN结的形成
（a）载流子的扩散运动；（b）平衡状态下的PN结

PN结中除了有多数载流子的扩散运动，还有少数载流子的漂移运动。内建电场对P区和N区的少数载流子具有吸引作用，只要少数载流子靠近耗尽层，就会被内建电场拉到对方的区域中去，这就是漂移运动。当扩散和漂移这两种载流子数相等时，PN结两种运动就达到动态平衡，空间电荷区的宽度基本上稳定下来，一般宽度为数十微米，这时PN结就处于相对稳定的状态。

2. PN结的单向导电性

当给PN结加正向电压，即P区接外加电源的正极，N区接负极，如图6-4所示，外电场和内电场方向相反，内建电场被削弱，整个阻挡层就会变窄，多数载流子的扩散运动增强，形成了较大的扩散电流，空穴和电子虽然带不同极性的电荷，但由于它们的运动方向相反，则电流方向一致，这种状态称为 PN 结的导通状态，这时的电流称为正向电流。

当给 PN 结加反向电压，即 P 区接外加电源的负极，N 区接正极，如图 6-5 所示，由于外电场和内建电场方向相同，内建电场被加强，整个阻挡层变宽，多数载流子的扩散被阻挡。但加强后的内建电场增强了少数载流子和漂移运动而形成漂移电流，即反向电流，由于少数载流子数量很少，因此反向电流很小，可以忽略，这种状态称为 PN 结的截止状态。由于半导体的少数载流子浓度受环境温度影响很大，则反向电流也受温度的影响，温度越高，反向电流也越大。

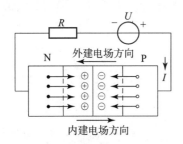

图 6-4　PN 结外加正向电压

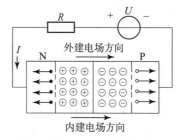

图 6-5　PN 结外加反向电压

由此可见，当 PN 结在一定的电压范围内，外加正向电压时，处于低电阻的导通状态；外加反向电压时，处于高电阻的截止状态，这种导电特性就是 PN 结的单向导电性。

【思考与练习】

6.1.1　半导体的主要特性是什么？空穴和自由电子呈什么电性？P 型半导体和 N 型半导体的多子和少子各是什么？

6.1.2　半导体导电与金属导电在机理上的区别是什么？

6.1.3　PN 结是如何形成的？什么是正向偏置、反向偏置？

6.1.4　能否用 1.5 V 的干电池，以正向接法直接加至二极管的两端？估计会出现什么问题？

知识链接6.2　二　极　管

6.2.1　二极管的结构、特性及主要参数

1. 二极管的结构

二极管

把 PN 结封装在管壳内，并引出两个金属电极，就构成一个二极管。其外形如图 6-6 所示，图形符号如图 6-7 所示，文字符号用 D 表示。P 区引出的电极叫阳极（正极），N 区引出的电极叫阴极（负极）。

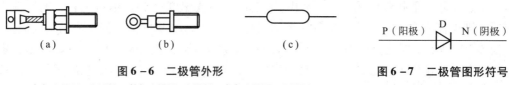

图 6 - 6　二极管外形　　　　　　　　　　　　图 6 - 7　二极管图形符号

（a）2AP11～2AP29；（b）2CP31～2CP33；（c）2CZ11～2CZ14

二极管根据结构的不同分为点接触型和面接触型两种。点接触型二极管的 PN 结面积小，通过的电流小、反向耐压较小，但高频性能较好，主要用作高频和小功率工作及数字电路中的开关元件。面接触型二极管的 PN 结面积大，能通过较大电流，但工作频率低，主要用作整流元件。

2. 二极管的特性

二极管的特性曲线用来表示二极管两端的电压和流过它的电流之间的关系，通过实验或查阅半导体器件手册，都可获得每个二极管的特性曲线。图 6 - 8 为 2CP10 硅二极管的特性曲线图，由图可见，该曲线可分为 4 个部分。

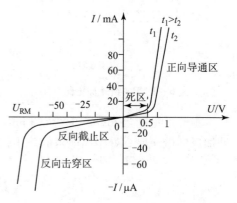

图 6 - 8　2CP10 硅二极管的特性曲线图

（1）死区。正向电压从 0～0.5 V 时，外电场还不能克服 PN 结内电场对多数载流子做扩散运动的阻力，此时的正向电流很小，几乎为零，称之为死区，电压 0.5 V 称为硅管的死区电压。而锗管的死区电压约为 0.2 V。

（2）正向导通区。正向电压大于 0.5 V 以后，电流增长很快，称为二极管导通。但导通电压几乎不变，约为 0.7 V，把 0.6～0.7 V 称为硅二极管的导通压降。锗管的导通压降为 0.2～0.3 V，而对于理想二极管，其导通压降约为 0 V。

（3）反向截止区。反向电压从 0～ -50 V 这部分的反向电流很小，几乎为零，把该区域称反向截止区，反向截止区的范围因管子不同而不同。

（4）反向击穿区。当反向电压大于 50 V 以后，由图 6 - 8 可见，反向电流突然增大，二极管失去单向导电性，称为击穿。50 V 时的反向电压称为二极管的反向击穿电压。二极管被击穿后，一般不能恢复性能，这种击穿为热击穿；而能恢复性能的击穿为电击穿。在使用二极管时，反向电压一定要小于反向击穿电压。

3. 二极管的主要参数

（1）最大整流电流 I_F。指二极管长期运行时，允许通过二极管的最大正向平均电流。使用时，管子的平均电流不得超过此值，否则很容易烧坏管子。

（2）反向工作峰值电压 U_{RM}。指二极管不被击穿而给出的反向峰值电压，一般是反向击穿电压的一半或 2/3。如 2CP10 硅二极管的最高反向工作电压为 25 V，而反向击穿电压约为 50 V。

（3）反向峰值电流 I_{RM}。指在二极管加上反向工作峰值电压时的反向电流值。反向峰

值电流 I_{RM} 越大，说明二极管的单向导电性能越差，且受温度影响越大。

（4）最高工作频率 f_M。主要由 PN 结的结电容大小决定，超过此值二极管的单向导电性能变差。

6.2.2　二极管的应用

1. 常用二极管及其应用

1）普通二极管

这类二极管型号的第二个字母一般为"P"，表示小信号管的意思，最常用的普通二极管的型号为 2AP1~2AP9 和 2CP1~2CP20 等，它适用于高频检波、鉴频限幅和小电流整流电路等。

2）整流二极管

这类二极管型号的第二个字母一般为"Z"，表示整流管的意思。如 2CZ11~2CZ27等，可实现不同功率的整流。

3）稳压管

稳压管是一种大面积结构的二极管，实质也是一个半导体二极管，与一个合适的电阻相串联，就可起到稳定电压的作用，如图 6－9（a）所示。

在电子电路中稳压管工作在特性曲线的反向击穿区，击穿电压从几伏到几十伏，在反向击穿状态下正常工作而不损坏，是其重要特点，通过实验得出其伏安特性如图 6－9（b）所示。稳压管的符号如图 6－9（c）所示，型号如 2CW1~2CW10 等，一般用于直流电路中的稳压或电子线路中钳位功能。

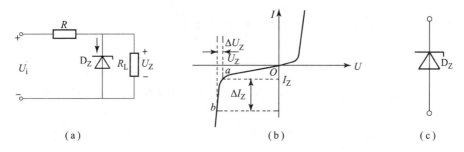

图 6－9　稳压管电路、伏安特性及符号

（a）电路；（b）伏安特性；（c）符号

稳压管的主要技术参数：稳定电压 U_Z 是指管子正常工作时两端电压；最大稳定电流 I_{Zmax}、最小稳定电流 I_{Zmin} 是指稳压管正常工作时的电流范围；动态电阻 r_Z 是指管子正常工作范围内，管子两端电压 U_Z 的变化量和管子中电流 I_Z 的变化量之比，即

$$r_Z = \frac{\Delta U_Z}{\Delta I_Z} \qquad (6-1)$$

r_Z 越小性能越好。

4）开关二极管

其型号的第二个字母为"K"，表示开关管的意思，常用型号有 2AK1~2AK4 等，用于

电子计算机、脉冲控制及开关电路中。

5）光电二极管

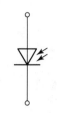

图6-10　光电二极管的图形符号

光电二极管的结构和一般二极管相似，只是它的外壳是透明的玻璃，它的符号如图6-10所示，其型号如2CU1等。光电二极管在电路中一般处于反向工作状态，在没有光照时，其反向电阻很大，管子中只有很小的电流；当有光照时，其反向电阻大大减小，反向电流也随之增加。显然电流的大小和光照强度有关，光照越强，电流也越大。光电二极管用于光电继电器、触发器及光电转换的自动测控系统中。

2. 二极管的应用电路

二极管的应用范围很广，主要是利用其单向导电的特性。利用二极管作为正向限幅器就是典型应用之一，所谓限幅就是限制输出电压的幅度。

【例6-1】　如图6-11所示，$u_i = U_m \sin\omega t$，且 $U_m > U_S$，试分析其工作原理，并作出输出电压 u_o 的波形。其中 D 为理想元件。

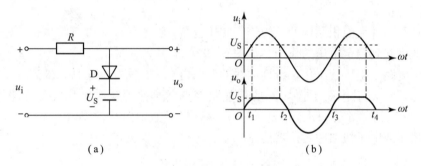

(a)　　　　　　　　　　　　　(b)

图6-11　例6-1图
(a) 电路图；(b) 波形图

解：（1）$u_i > U_S$ 时，二极管导通，D 为理想元件，管压降为零，此时 $u_o = U_S$。

（2）$u_i \leq U_S$ 时，二极管截止，该支路断路，R 中无电流通过，压降为零，此时 $u_o = u_i$。

（3）根据以上分析，可作出 u_o 的波形图，如图6-11（b）所示，可见，输出波形的正向幅度被限制在 U_S 值。

【思考与练习】

6.2.1　二极管具有什么特性？它可以用在哪些实用的电路中？

6.2.2　二极管的伏安特性曲线中可分为哪几个工作区？其中稳压二极管是工作于哪个区？

6.2.3　有3个二极管的型号分别为2CZ11、2CW10、2CU1，请指出它们各自应用在哪些方面？

知识链接6.3　晶体三极管

晶体三极管，即半导体三极管，习惯简称晶体管。晶体三极管自问世以来，由于它具有电流放大和开关作用这两个特殊本领，所以它的应用几乎涉足每一个电子领域，并广泛用于电信号的放大、振荡、脉冲技术和数字技术等电路中。

6.3.1　晶体三极管的结构

晶体三极管由两种类型的三块掺杂半导体按一定的方式构成两个 PN 结，并分别从三块掺杂半导体上引出三个电极，最后用金属或塑料封装而成。按功率不同可分为大功率三极和中小功率三极；按半导体材料可分为硅管和锗管等。图 6-12 所示为几种常见晶体三极管的外形图。

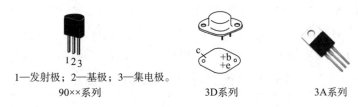

1—发射极；2—基极；3—集电极。
90×× 系列　　　　3D系列　　　　3A系列

图 6-12　几种常见晶体三极管的外形图

根据三块掺杂半导体组合方式的不同，晶体三极管可分为 NPN 型和 PNP 型两种类型。我国生产的 NPN 型 3D 系列为硅管，NPN 型 3A 系列为锗管。图 6-13 为晶体三极管的结构示意图和电路符号，其文字符号为 T。

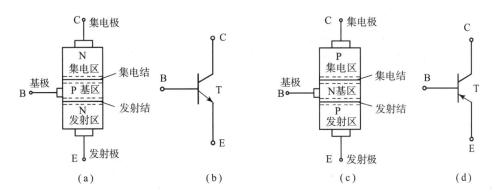

（a）　　　　　（b）　　　　　（c）　　　　　（d）

图 6-13　两类晶体三极管结构示意图及符号

（a）NPN 型管结构；（b）NPN 型管符号；（c）PNP 型管结构（d）PNP 型管符号

不论是 NPN 型管还是 PNP 型管，它们都有三个区、两个 PN 结和三个电极。

三个区：位于中间较薄的一块半导体叫基区；其中一侧的半导体专门用来发射载流子，叫发射区；另一侧专门用来收集载流子，叫集电区。其中发射区的多数载流子浓度很高，基区很薄且多数载流子的浓度很低，而集电结的面积比较大。

两个 PN 结：集电区与基区交界的 PN 结叫作集电结；发射区与基区交界的 PN 结叫作发射结。

三个电极：由集电区引出的电极叫作集电极 C（Collector）；由基区引出的电极叫作基极 B（Base）；由发射区引出的电极叫作发射极 E（Emitter）。

6.3.2　晶体三极管的电流放大作用

可通过实验来了解晶体三极管的放大原理和其中的电流分配关系。晶体三极管在满足发射结加正向电压（称正向偏置），集电结加反向电压（称反向偏置）时，具有电流放大作用。以 NPN 型管（3DG6）为例，实验电路如图6－14 示。

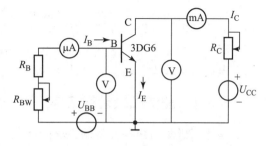

图 6－14　晶体三极管电流放大
实验电路

在电路中，把晶体三极管接成了两个回路，即由电源 U_{BB}、电阻 R_B、基极与发射极构成的回路，称为输入回路，也称为偏置电路；由电源 U_{CC}、电阻 R_C、集电极与发射极构成的回路，称为输出回路。由于发射极是公共端，这种接法称为共发射极接法。当改变 R_B 时，就可测得基极电流 I_B、集电极电流 I_C 和发射极电流 I_E 的大小变化，它们的方向如图6－14 所示。多次测量的数据，如表6－1 所示。

表6－1　晶体三极管电流放大实验测试数据

电流	实验次数					
	1	2	3	4	5	6
$I_B / \mu A$	0	10	20	30	40	50
I_C / mA	≈0	0.56	1.14	1.74	2.33	2.91
I_E / mA	≈0	0.57	1.16	1.77	2.37	2.96

由表6－1 分析可得出以下结论。

（1）基极电流 I_B 与集电极电流 I_C 之和等于发射极电流 I_E，即

$$I_E = I_C + I_B \tag{6-2}$$

（2）基极电流 I_B 比集电极电流 I_C、发射极电流 I_E 小得多，而且每组测量值中 I_C/I_B 近似为常数，可用 $\bar{\beta}$ 表示这个常数，即有 $I_C/I_B = \bar{\beta}$，$\bar{\beta}$ 称为直流放大系数。

在实验中还发现，当改变 R_B 使 I_B 有一个变化量 ΔI_B 时，相应地就会有一个 I_C 的变化量 ΔI_C，且 $\Delta I_C/\Delta I_B$ 也近似为常数，可用 β 表示这个常数，即有 $\Delta I_C/\Delta I_B \approx \beta$，$\beta$ 称为交流放大系数。

由实验还发现 $\bar{\beta} \approx \beta$，在估算时，二者就不必严格区分，$\bar{\beta}$ 和 β 可以通用，即用 β 表示晶体三极管的电流放大系数，则有 $I_C = \beta I_B$，$I_E = I_B + I_C = (1 + \beta)I_B$。

常用的小功率管的 β 值为 20 ~ 150。

6.3.3　晶体三极管的特性曲线

晶体三极管的特性曲线是用来表示该三极管各极电压和电流之间相互关系的。最常用的是共发射极电路的输入特性曲线和输出特性曲线。特性曲线可通过晶体三极管特性仪直观地显示出来或用实验电路进行绘制，仍以 NPN 型硅管为例。

1. 输入特性曲线

输入特性曲线是指当集－射极电压 U_{CE} 为常数时，输入电路中的基极电流 I_B 与基－发射极电压 U_{BE} 之间的关系曲线，如图 6－15 所示。

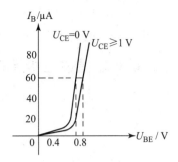

图 6－15　3DG6 晶体三极管的输入特性曲线

由图 6－15 可见，晶体三极管的输入特性曲线和二极管的伏安特性曲线相似，也有一段死区。只是在发射结外加电压大于死区电压后，晶体三极管才会产生基极电流 I_B。死区电压和二极管的基本相同，硅管为 0.5 V 左右，锗管为 0.2 V 左右。且对晶体三极管而言，当 $U_{CE} \geqslant 1$ V 后即使再加大 U_{CE}，这条输入曲线也基本上是重合的。

2. 输出特性曲线

输出特性曲线是指当基极电流 I_B 为常数时，输出回路中集电极电流 I_C 与集－射极电压 U_{CE} 之间的关系曲线。在不同的 I_B 下，可得到不同的曲线，所以晶体三极管的输出特性曲线是一族曲线。图 6－16 所示为 3DG6 管的输出特性曲线。当 I_B 增大时，相应的 I_C 也增大，曲线上移，而且 I_C 比 I_B 增加多得多，这就是前面讲述的晶体三极管的电流放大作用。

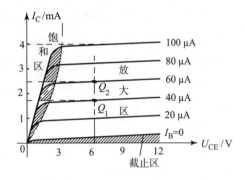

图 6－16　3DG6 晶体三极管的输出特性曲线

根据晶体三极管工作状态的不同，可把输出曲线分为 3 个区。

（1）截止区。$I_B \leqslant 0$ 曲线以下的区域称为截止区。要使晶体三极管工作可靠截止，其发射结和集电结都应该处于反向偏置。对于 NPN 型管，即 $U_{BE} < 0$，$U_{CB} > 0$。晶体三极管工作于截止区时，失去了电流的放大作用，集电极与发射极之间相当于开关的断开状态。

（2）饱和区。当 $U_{CE} < U_{BE}$ 时，发射结和集电结均处于正向偏置，对于 NPN 型管，即 $U_{BE} > 0$，$U_{CB} < 0$，晶体三极管工作于饱和状态。在饱和区，I_B 和 I_C 不成正比例，即失去电流放大作用，集电结和发射结之间的电压称为饱和压降，硅管为 0.3 V，锗管为 0.6 V。饱和时晶体三极管的集电极和发射极之间相当于开关的闭合状态。

（3）放大区。输出特性曲线近于水平部分的区域称为放大区，在放大区中有 $I_C = \beta I_B$，即 I_C 受 I_B 的控制。要使晶体三极管工作于放大区，具有电流放大作用，必须满足发射结正偏，集电结反偏的条件。对于 NPN 型管，即 $U_{BE} > 0$，$U_{CB} > 0$。

在数字电路中，用作开关元件时，晶体三极管就工作在截止区或饱和区。

对晶体三极管工作区的判断分析非常重要，当放大电路中的晶体三极管不工作在放大区时，放大信号会出现严重失真。

【例 6－2】　已知图 6－17（a）、（b）所示为放大电路中晶体三极管各引脚对地电位，试判断各晶体三极管引脚及其类型。

解：根据题意知晶体三极管处于放大工作状态，则满足放大区的工作条件：发射结正

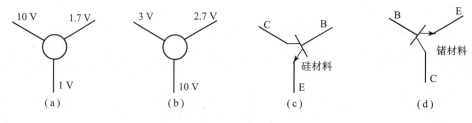

图 6 – 17　例 6 – 2 图

偏、集电结反偏。

其判断原则是根据电极的最高电位（NPN）或最低电位（PNP）先判断集电极；$U_{BE} = 0.7$ V 为硅管、$U_{BE} = 0.3$ V 为锗管，并确立发射极 E；中间值应为基极 B。所以判断结果如图 6 – 17（c）、（d）所示。

6.3.4　晶体三极管的主要参数

晶体三极管的主要参数表示其性能指标，它是选择晶体三极管的主要依据。除前面介绍过的电流放大系数外，再介绍几个常用参数。

1. 集 – 基极反向漏电电流 I_{CBO}

当发射极开路，集电结上加一反向电压时，流过集电结的反向电流称为集 – 基极反向漏电流 I_{CBO}。集 – 基极反向漏电流 I_{CBO} 越小，说明管子受温度的影响越小。室温下，小功率锗管的 I_{CBO} 约为 10 μA，小功率硅管的 I_{CBO} 则小于 1 μA。

2. 集 – 射反向截止电流 I_{CEO}

当基极开路时，流过集电极与发射极之间的反向电流称为集 – 射反向截止电流 I_{CEO}，也称为穿透电流。

由实验或理论分析，都有 $I_{CEO} = (1 + \beta)I_{CBO}$，$I_{CBO}$ 越小越好。

3. 集电极最大允许电流 I_{CM}

晶体三极管的集电极电流 I_C 如果超过一定的数值时，它的电流放大倍数 β 将显著下降。当下降到 $\frac{2}{3}\beta$ 时所对应的集电极电流的值，称为集电极最大允许电流 I_{CM} 值。

4. 集 – 射极击穿电压 $U_{(BR)CEO}$

基极开路时，允许加在集电极和发射极之间的最大电压称为集 – 射极击穿电压 $U_{(BR)CEO}$。当 U_{CE} 超过 $U_{(BR)CEO}$ 时，集电极电流大幅度上升，说明管子已被击穿。

5. 集电极最大允许耗散功率 P_{CM}

集电极最大允许耗散功率 P_{CM} 是指集电结最大允许的功率。由于晶体三极管工作时，电流经集电结而产生的热量，使结温升高，将会损坏管子，则在使用时应保证 $U_{CE}I_C < P_{CM}$，但当晶体三极管加散热片使用时，可使 P_{CM} 提高很多。

【思考与练习】

6.3.1　当晶体三极管的发射结处于正偏、集电结处于反偏或均处于正偏时分别处于哪种工作状态？

6.3.2　从图6－16所示的输出特性曲线中，可知此晶体管的β、$\bar{\beta}$各为多少？

6.3.3　今测得某电路中晶体三极管的各引脚电位分别为$V_B = 1.4$ V、$V_C = 5$ V、$V_E = 0.7$ V，由此可知晶体三极管处于什么工作状态？

知识链接6.4　绝缘栅场效应晶体管

场效应晶体管也是具有三个电极的晶体管，但它的工作原理与普通晶体三极管不同。普通晶体三极管工作时，多数载流子和少数载流子均参与导电，故又称为双极型晶体管，由于少数载流子受温度的影响，则晶体三极管的热稳定性差，同时晶体三极管是电流控制元件，具有输入电阻低（$10^2 \sim 10^4$ Ω）的特点。而场效应晶体管是电压控制元件，它的输入电阻很高（$10^9 \sim 10^{14}$ Ω）。场效应晶体管在工作时只有一种载流子导电，所以场效应晶体管又叫单极型晶体管，它具有稳定性好、噪声低、抗干扰能力强的特点。

场效应晶体管可分为两大类，一类是结型场效应晶体管，另一类是绝缘栅场效应晶体管，又叫金属－氧化物－半导体绝缘栅场效应晶体管，简称 MOS（Metal-Oxide-Semiconductor）管。MOS 管的制造工艺简单，且具有极高的输入电阻，广泛应用于集成电路中。

MOS 管按其工作原理可分为增强型 MOS 管和耗尽型 MOS 管；按其导电沟道（电流的通路）采用的半导体类型可分为 N 型沟道 MOS 管和 P 型沟道 MOS 管，即 MOS 管可分为 N 沟道增强型、N 沟道耗尽型、P 沟道增强型和 P 沟道耗尽型四种类型。这里重点介绍 N 沟道 MOS 管。

6.4.1　N 沟道增强型 MOS 管

1. N 沟道增强型 MOS 管的结构

如图 6－18 所示为 N 沟道增强型绝缘栅场效应晶体管的结构示意图及电路图符号。它是用一块掺杂浓度较低的 P 型硅片作衬底，在其上扩散两个相距很近的高掺杂 N 型半导体，然后引出两个电极，分别称为源极 S（Source）和漏极 D（Drain），在源极 S 和漏极 D 之间的 P 型硅片上生成一层二氧化硅（SiO_2）绝缘层，并沉积出金属层引出电极作为栅极 G（Gate）。

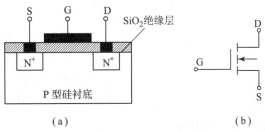

（a）　　　　　　　　　　　　（b）

图6－18　N 沟道增强型绝缘栅场效应晶体管

（a）结构示意图；（b）电路图符号

由于二氧化硅是绝缘体，所以栅极和源极、漏极及衬底之间是相互绝缘的，故称为绝缘栅场效应晶体管。

2. N 沟道增强型 MOS 管的工作原理

由图 6 - 18 可见，源极 S 和漏极 D 之间是两个反向串联的 PN 结，不论漏极、源极之间电压如何，总有一个 PN 结处于反向偏置，则漏极、源极处于高阻状态，即 $I_D \approx 0$ mA。

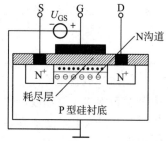

当栅极和源极之间加上电压，同时衬底与源极短接，即 U_{GS} 加到栅极与衬底之间，产生一个垂直于 P 型衬底表面的电场，此电场使 P 型硅片中的多数载流子空穴受到排斥，而少数载流子电子受到吸引，就在 P 型衬底表面形成一个电子占绝对多数的 N 型表面层，称为反型层，于是在漏区和源区之间形成了 N 型导电沟道，简称 N 沟道，如图 6 - 19 所示。当漏极、源极间加一定正向电压后，就会形成漏极电流 I_D，管子导通。

图 6 - 19　MOS 管 N
沟道的形成

通常，把开始出现反型层时的电压 U_{GS} 值称为开启电压，用 $U_{GS(th)}$ 表示。显然 U_{GS} 越高，其导电沟道就越宽，I_D 也就会越大，即 I_D 的大小受 U_{GS} 的控制，可见它是由电压控制电流的半导体器件。

绝缘栅场效应晶体管的主要参数是跨导，即当漏 - 源电压 U_{DS} 一定时，漏极电流的增量 ΔI_D 与栅 - 源电压的增量 ΔU_{GS} 的比值，即

$$g_m = \frac{\Delta I_D}{\Delta U_{GS}} \tag{6-3}$$

式中，g_m 的单位是 μA/V 或 mA/V，它是衡量绝缘栅场效应晶体管栅 - 源电压对漏极电流控制能力的一个重要参数。

3. 特性曲线

转移特性是指在一定的 U_{DS} 条件下，输入电压对输出电流的控制特性。在不同的 U_{DS} 电压下的转移特性曲线几乎是重合的，如图 6 - 20 所示。由特性曲线可以更清楚地看出栅 - 源电压对漏极电流的控制作用，所以说绝缘栅场效应晶体管是电压控制器件。

也可用关系式表示，即

$$I_D = I_{D0} \left(\frac{U_{GS}}{U_{GS(th)}} - 1 \right)^2 \tag{6-4}$$

式中，I_{D0} 为 $U_{GS} = 2U_{GS(th)}$ 时的对应值。

输出特性曲线是指在栅 - 源电压 U_{GS} 一定的情况下，漏极电流 I_D 与漏 - 源极间电压 U_{DS} 之间的关系曲线，如图 6 - 21 所示。输出特性曲线是一族曲线，可以分成可变电阻区、放大区、击穿区。场效应晶体管应用于放大电路时就工作在放大区，此时 I_D 几乎与 U_{DS} 无关，而由 U_{GS} 控制，即用一个小电压去控制一个大电流，这是 MOS 管的最大特点。

6.4.2　N 沟道耗尽型 MOS 管

1. N 沟道耗尽型 MOS 管的结构

N 沟道耗尽型 MOS 管在结构上和 N 沟道增强型 MOS 管有一点区别，它在二氧化硅绝

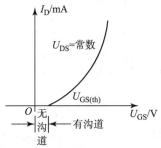

图 6 – 20　N 沟道增强型 MOS 管转移特性曲线

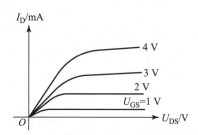

图 6 – 21　N 沟道增强型 MOS 管输出特性曲线

缘层中预先掺入大量碱金属正离子（如 Na^+ 或 K^+），则在 $U_{GS} = 0$ V 时，便在 P 型硅衬底表面形成 N 型反型层，称为原始导电沟道，如图 6 – 22 所示。

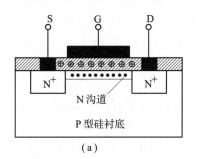

图 6 – 22　N 沟道耗尽型 MOS 管

（a）结构示意图；（b）符号

2. N 沟道耗尽型 MOS 管的工作原理

N 沟道耗尽型 MOS 管的转移特性可近似表示为

$$I_D = I_{DSS} \left(1 - \frac{U_{GS}}{U_{GS(off)}} \right)^2 \qquad (6-5)$$

式中，I_{DSS} 为 $U_{GS} = 0$ V 时的漏极电流 I_D。

由于 $U_{GS} = 0$ V 时就有导电沟道，只要 $U_{DS} > 0$ V 就会有漏极电流，即管子导通。当 $U_{GS} > 0$ V 时，其自建电场被加强，吸引了更多的电子，使沟道变宽，则 I_D 随 U_{GS} 的增大而增大。当 $U_{GS} < 0$ V 时，电场减弱，使沟道变窄，漏极电流减小。当 U_{GS} 小到某一值时，原始沟道消失，漏极电流趋于零，管子截止。该负电压称为夹断电压，用 $U_{GS(off)}$ 表示，可见，N 沟道耗尽型 MOS 管的 U_{GS} 不论是正是负，都能控制漏极电流 I_D。

以上介绍了 N 沟道的增强型和耗尽型 MOS 管，P沟道 MOS 管和它相似，也有增强型和耗尽型 MOS 管，在这里不再介绍其结构和工作原理。图 6 – 23（a）为P 沟道增强型 MOS 管的电路符号，图 6 – 23（b）为 P沟道耗尽型 MOS 管的电路符号。场效应晶体管因具有

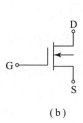

图 6 – 23　P 沟道 MOS 管的图形符号

制造工艺简单，功耗低，抗干扰能力强等优点，被广泛应用于大规模集成电路中。

【思考与练习】

6.4.1　晶体三极管的导电机理与MOS管的导电机理有什么差别？

6.4.2　比较晶体三极管与MOS管的引脚有什么相同之处？

知识链接6.5　晶　闸　管

晶体闸流管简称晶闸管，它是一种可控整流器件，又称为可控硅；同时它又是一种大功率半导体器件，具有体积小，质量轻、效率高、使用和维护方便等优点；它既具有单向导电的整流作用，又具有以弱电控制强电的开关作用。也就是说，晶闸管的出现，使半导体器件的应用进入了强电领域，应用于整流、逆变、调压和开关等方面。应用最多的是整流，但过载能力和抗干扰能力较差，控制电流复杂。

6.5.1　晶闸管的结构

晶闸管是用硅材料制成的半导体器件，由四层半导体（$P_1N_1P_2N_2$）构成。有三个PN结：J_1、J_2和J_3；P_1引出脚作阳极A，N_2引出脚作阴极K，P_2引出脚作控制极G。其结构示意图和图形符号如图6-24所示。普通晶闸管的外形如图6-25所示，螺栓一端为阳极A，可用它固定散热片；另一端粗的引线是阴极K，细的一条是控制极G。

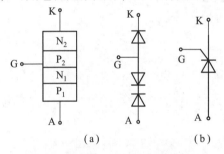

图6-24　晶闸管

（a）结构示意图；（b）图形符号

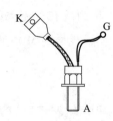

图6-25　晶闸管的外形

6.5.2　晶闸管的工作原理

1. 晶闸管的导电特点

晶闸管的导电特性，可由图6-26所示电路进行实验分析。

（1）当开关S未合上时，灯泡不亮，表明晶闸管不导通。说明晶闸管具有"正向阻断"能力。

（2）当合上开关S时，往控制极里送入适当的控制电流（通常叫触发），灯泡就亮了，表明晶闸管已导通，称之为触发导通。此时阳极和阴极之间的管压降只有1 V左右。

（3）晶闸管导通后，再断开开关S，灯泡仍然亮着，说明晶闸管触发导通后，可以自行维持导通状态，称之为维持导通。

（4）降低电源电压 U_{AK}，晶闸管电流 I_A 逐渐减小，灯泡的亮度逐渐变暗，当电流减小到一定值时，灯泡突然熄灭，表明晶闸管被阻断，这个最小电流叫作维持电流 I_H。说明晶闸管导通后，当流过晶闸管的电流小于维持电流时，晶闸管阻断。

（5）如果 U_{AK} 仍保持原电压，但极性反接，即晶闸管加反向电压，U_{GK} 接法不变，这时不论开关 S 闭合还是断开，灯泡熄灭不亮，晶闸管阻断。表明晶闸管具有反向阻断能力。

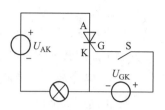

图 6－26　晶闸管的实验电路

2. 晶闸管的工作原理

晶闸管可看成是一个 PNP 型晶体管与一个 NPN 型晶体管连接在一起的晶体管组，如图 6－27（a）所示。

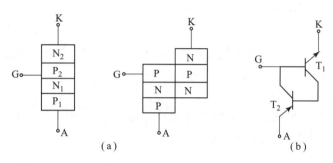

图 6－27　晶闸管的等效电路

（a）结构等效图；（b）电路等效图

由图 6－27（b）所示的晶闸管等效电路可见，要使晶闸管导通，即让 T_1、T_2 导通，必须先给 T_1 提供一个基极电流（触发电流），T_1 在阳极电压作用下饱和导通，相应地就为 T_2 提供一个基极电流，T_2 也饱和导通，导通电压为 0.7 V＋0.3 V＝1 V 左右。

当晶闸管导通后，即使控制极电流为零，因 T_2 的集电极电流变成 T_1 的基极电流，使 T_1 导通，则 T_2 也导通，则晶闸管就会继续导通。

若 U_{AK} 电压为负值，则 T_1、T_2 的发射结均反向偏置，即使 U_{GK} 提供触发电流，则 T_1、T_2 均不能导通，晶闸管具有反向阻断能力。

6.5.3　晶闸管的伏安特性及主要参数

1. 晶闸管的伏安特性

晶闸管的伏安特性是指晶闸管阳极电压 U_{AK} 和阳极电流 I_A 之间的关系。由实验可获得如图 6－28 所示在不同触发电流 I_G 下的晶闸管的伏安特性曲线。

把 $I_G＝0$ 时的特性曲线称为晶闸管的基本伏安特性曲线。它有正向阻断、正向导通、反向阻断和反向击穿四个部分。反向特性曲线和二极管的相似。正向特性中，U_{BO} 为正向转折电压，当 $U_{AK}＞U_{BO}$ 时，晶闸

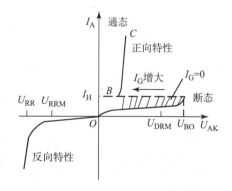

图 6－28　晶闸管的伏安特性曲线

管由正向阻断转变为导通，I_H 为维持导通电流，可见，当阳极电流 $I_A＜I_H$ 时晶闸管阻断。

由图 6-28 可见，当 $I_G > 0$ 时，发生转折部分的曲线左移。说明晶闸管可在较低的正向阳极电压下从阻断转变为导通。I_G 越大，晶闸管导管所需的阳极电压越低，由 I_G 的大小控制了晶闸管的转折电压。

2. 晶闸管的主要参数

要正确地选择晶闸管，就必须了解以下几个参数。

1）正向重复峰值电压 U_{DRM}

指在控制极开路和正向阻断条件下，可以重复加在晶闸管上的正向峰值电压，此电压规定为正向转折电压的 80%。

2）反向重复峰值电压 U_{RRM}

指在控制极开路和额定结温下，可以重复加在晶闸管上的反向峰值电压，此电压规定为最高反向转折电压的 80%。

3）维持电流 I_H

指在控制极开路，规定的环境温度和元件导通的条件下，保持晶闸管处于导通状态所需的最小正向电流。

4）额定正向平均电流 I_F

指在环境温度为 +40 ℃、标准散热及元件导通的条件下，元件可连续通过的工频正弦半波（导通角 >170°）电流的平均值。

【思考与练习】

6.5.1　晶闸管是如何工作的？

6.5.2　晶闸管的单向导电性和二极管的单向导电性有什么不同？

项目实施

（1）参考图 6-14 晶体三极管电流放大实验电路，根据以下数据选用元器件：NPN 型三极管 1008、$R_B = 10$ kΩ、$R_{BW} = 100$ kΩ、$R_C = 2$ kΩ、$U_{BB} = 5$ V、$U_{CC} = 12$ V。

（2）参照原理图搭建电路，要特别注意三极管引脚须正确，电流表连接正确。

（3）调节 U_{BB} 电源使 $U_{BE} \approx 0.65$ V，调节 U_{CC} 使 $U_{CE} \approx 3$ V，满足放大条件为＿＿＿＿＿＿＿＿
＿＿＿。

（4）调节电位器 R_{BW} 通过电流 I_B 去测试 I_C 的大小，多次测试，并将测试数据填入表 6-2 中。

表 6-2　多次测试电流记录表

电流	第 1 次	第 2 次	第 3 次	第 4 次	第 5 次	第 6 次
I_B/μA	0	10	20	30	40	50
I_C/mA						
I_E/mA						

（5）验证公式 $I_E = I_B + I_C$。

（6）根据公式 $\beta = \dfrac{\Delta I_C}{\Delta I_B}$ 计算此三极管的电流放大倍数是_____。

（7）断开电源，拆除电路，整理物品，清扫环境卫生。

项目评价

评价项目	评价内容	评价等级	星级
职业素养	按电工职业标准检测管子，防静电、安全保护意识强	★★★★★	
	有孜孜不倦、矢志不渝的姿态，树立奋发有为、勇于创新的理念	★★★★★	
专业能力	掌握晶体三极管的导电原理、特性曲线和三种状态	★★★★★	
	学会使用万用表判别引脚，能分析、搭建具体应用电路	★★★★★	

习　题

1. 判断如图 6-29 所示电路中二极管 D_1、D_2 的工作状态。

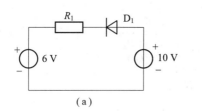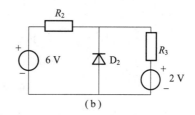

（a）　　　　　　　　　　　　（b）

图 6-29　题 1 图

2. 已知在图 6-30 中，$u_i = 12\sin\omega t$ V，$R_L = 6\ \Omega$，试对应地画出流过二极管的电流 i_D 及输出电压 u_o 的波形，并在波形图上标出幅值。（设二极管的正向压降和反向电流可以忽略）

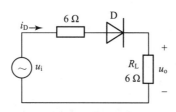

图 6-30　题 2 图

3. 在图 6-31（a）所示的电路中，若在输入端加入如图 6-31（b）所示的脉冲信号，在忽略二极管管压降情况下，分别画出二极管端电压 u_D、输出电压 u_o 的波形图。

4. 若图 6-31（a）中的二极管 D 反接（即左端为阴极、右端为阳极），在输入端加

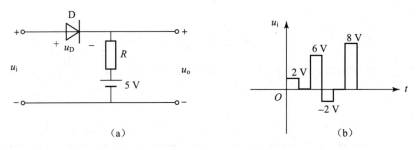

（a）   （b）

图 6 - 31　题 3 图

入 $u_i = 12\sin\omega t$ V 的电压，二极管的管压降忽略不计，试画出 u_o 的波形。

5. 设有两个相同型号的稳压管，稳压值均为 6 V，当工作在正向时管压降均为 0.7 V，如果将它们用不同的方法串联后接入电路，可能得到几种不同的稳压值？试画出各种不同的串联方法。

6. 测得某电路中几个晶体三极管的各极电位如图 6 - 32 所示，试判断各晶体三极管分别工作在截止区、放大区还是饱和区？

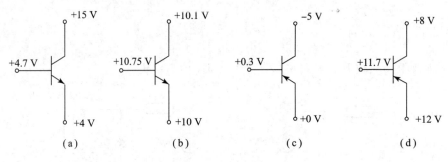

（a）　　　　　　　　（b）　　　　　　　　（c）　　　　　　　　（d）

图 6 - 32　题 6 图

7. 分别测得两个放大电路中晶体三极管的各极电位如图 6 - 33 所示，试识别它们的引脚，分别标上 E、B、C，并判断这两个晶体三极管是 NPN 型管还是 PNP 型管？是锗管还是硅管？

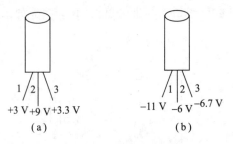

（a）　　　　　　　　　　（b）

图 6 - 33　题 7 图

8. 已知某晶体三极管的 $P_{CM} = 100$ mW，$I_{CM} = 20$ mA，$U_{(BR)CEO} = 15$ V，试问在下列情况下，哪种是正常工作状态？（1）$U_{CE} = 6$ V，$I_C = 10$ mA；（2）$U_{CE} = 3$ V，$I_C = 25$ mA；（3）$U_{CE} = 12$ V，$I_C = 10$ mA。

项目7   基本放大电路搭建与测试

项目描述

在搭建好的分压式偏置放大电路中，将信号发生器产生的低频小信号加入输入端，经放大电路后，利用示波器测试输出端信号的幅度、相位，并计算此放大电路的放大倍数。

重点知识

（1）掌握基本放大电路静态工作分析的图解法、估算法，动态分析的图解法、微变等效分析法，放大电路中容易出现的失真及消除办法，射极输出器的特点、应用及计算。

（2）理解放大电路设置静态工作点的必要性、分压式偏置电路稳定静态工作点的设计要求、互补对称功放电路工作原理。

能力与素养

（1）能搭建分压式偏置放大电路并调节偏置电阻使之工作在放大状态；正确测试静态工作点。

（2）能在输入端加入低频小信号至放大电路，利用示波器测试输出端信号波形并估算电路放大倍数。

（3）培养抓住主要矛盾分析、解决问题的能力；树立团结协作意识、荣辱与共的忧患意识。

知识链接7.1   基本交流电压放大电路

7.1.1   基本交流电压放大电路的组成

放大电路的应用十分广泛，是电子设备中最普通的一种基本单元。例如日常使用的收音机、扩音器，或者精密的测量仪器和复杂的自动控制系统等一般都有放大电路。

单管共发射极放大电路如图7-1所示。输入端接交流信号源，输入电压为 u_i，输出

端接负载电阻 R_L，输出电压为 u_o。在电子电路中常把公共端接地（用符号"⊥"表示），说明电路中各点的电位都以它为参考。

电路各个组成元件分别起如下作用。

晶体三极管 T：是电路中的放大元件，利用它的电流放大作用在集电极电路获得放大了的电流，电流受输入信号的控制。如果从能量的观点来看，输入信号的能量小而输出的能量大，这不是说放大电路把输入的能量放大了，而是输出的较大能量来自直流电源 U_{CC}。也就是说，能量较小的输入信号通过晶体三极管的控制作用，去控制电源 U_{CC} 所供给的能量，以在输出端获得一个能量较大的信号，这就是放大电路的实质。

直流电源 U_{CC}：电源 U_{CC} 除了为输出信号提供能量外，它还保证集电结处于反向偏置，以使晶体三极管起到放大作用。

基极偏置电阻 R_B：与 U_{CC} 配合作用使发射结处于正向偏置，并提供大小合适的基极电流 I_B，以使放大电路获得合适的静态工作点。

集电极负载电阻 R_C：集电极负载电阻主要是将集电极电流的变化变换为电压的变化，以实现放大电路的电压放大。

耦合电容 C_1、C_2：它们一方面起到隔断直流作用，C_1 用来隔断放大电路与信号源之间的直流通路，而 C_2 则用来隔断放大电路与负载之间的直流通路，使三者之间无直流联系，互不影响。另一方面又起到交流耦合作用，保证交流信号畅通无阻地经过放大电路，沟通信号源、放大电路和负载三者之间的交流通路。

7.1.2 静态分析

对一个放大电路进行定量分析，首先要进行静态分析，即分析未加输入信号（$u_i = 0$）时的工作状态，估算电路中各处的直流电压和直流电流，如 U_{BE}、U_{CE}、I_B、I_C、I_E，这些值称为静态值，也称为 Q 值。

静态分析的分析对象是直流成分，进行直流等效的原则是电容对直流信号的阻抗是无穷大，故直流信号通不过，视为开路；电感对直流信号的阻抗为零，相当于短路；对理想电压源如 U_{CC} 而言，保持原有结构不变。现以图 7-1 所示的单管共发射极放大电路为例，画出其直流通路如图 7-2 所示。

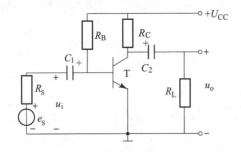

图 7-1　单管共发射极放大电路

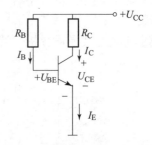

图 7-2　单管共发射极放大电路的直流电路

1. 图解分析法

晶体三极管是组成放大电路的主要器件，而它的特性曲线是非线性的，因此对它进行定量分析时，主要的矛盾在于如何处理放大器件的非线性问题。为此解决的一个途径是用图解法，就是在承认放大器件特性曲线为非线性的前提下，即已知输入特性和输出特性曲线，在放大管的特性曲线上用作图的方法求解。

图解法分析静态工作的任务是用作图的方法确定放大电路的静态工作点，求出 I_B、I_C、I_E、U_{BE} 和 U_{CE}。

在放大电路的输入回路中，I_B 与 U_{BE} 之间的关系既要符合输入特性（即为特性曲线上的一点），又要满足电路的基本电压方程，即

$$U_{BE} = U_{CC} - I_B R_B \tag{7-1}$$

这是一条以 I_B 为自变量的直线方程，在输入特性坐标平面内作这条直线，与输入特性曲线交于 Q 点，如图 7-3（a）所示，由 Q 点对应的坐标值可得到电路的 U_{BE} 和 I_B。如图 7-3（b）所示，通过 Q 点可知对应的 $U_{BE} = 0.7$ V，$I_B = 50$ μA。

同理在输出回路中，I_C 与 U_{CE} 间的关系应符合上面求出 I_B 的这条输出特性曲线，又应满足电路基本电压方程，即

$$U_{CE} = U_{CC} - I_C R_C \tag{7-2}$$

这是一条以 I_C 为自变量的直线方程，其斜率为 $-1/R_C$，仅与集电极电阻 R_C 有关，集电极负载电阻 R_C 越大，则直线负载线就越平坦，称它为放大电路的直流负载线。在输出特性坐标平面内作这条直线 MN，与输出特性曲线交于 Q 点，如图 7-4 所示，由 Q 点对应的坐标值可得到电路的 I_C、U_{CE} 和 I_B，统称为静态值。

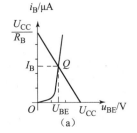
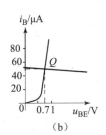

图 7-3　U_{BE}、I_B 的确定

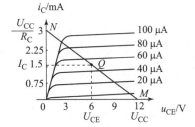

图 7-4　I_C、I_B 及 U_{CE} 的确定

用图解法可以比较清楚地看到 Q 点在输出特性坐标平面内的位置，从而对电路是否会产生失真能够比较直观地进行分析。

2. 估算分析法

估算分析法是利用电路的直流通路分别计算静态工作点参数 I_B、I_C、I_E、U_{BE} 和 U_{CE}，它的前提条件是电路的各元件参数是已知的。根据图 7-2 求得单管共发射极放大电路的静态基极电流为

$$I_B = \frac{U_{CC} - U_{BE}}{R_B} \approx \frac{U_{CC}}{R_B} \tag{7-3}$$

由晶体三极管的输入特性可知 U_{BE} 的变化范围很小，可近似认为硅管 $U_{BE} = (0.6 \sim 0.7)$ V、锗管 $U_{BE} = (0.2 \sim 0.3)$ V 来进行计算，若给出了 U_{CC} 和 R_B 的值即可估算 I_B。估算时由于 $U_{CC} \gg U_{BE}$，因此常把 U_{BE} 忽略不计。

已知晶体三极管处于放大区时可近似认为它的电流放大系数 $\bar{\beta}$ 是不变的，故

$$I_C \approx \bar{\beta} I_B \tag{7-4}$$

输出回路中晶体三极管的管压降

$$U_{CE} = U_{CC} - I_C R_C$$

至此，静态工作点的有关电流、电压均已估算到了。

【例 7 - 1】 设图 7 - 1 的单管共发射极放大电路中，$U_{CC} = 12$ V，$R_C = 4$ kΩ，$R_B = 260$ kΩ，输入输出特性曲线如图 7 - 3（a）、图 7 - 4 所示，用图解法求静态工作点。

解： 当 $I_B = 0$ μA 时，得 $U_{BE} = U_{CC} = 12$ V，在图中横轴上可得点（12，0）；当 $U_{BE} = 0$ V 时，得 $I_B = U_{CC}/R_B = 12/260 \approx 46$ μA，在图中纵轴上可得点（0，46）。

连接点（12，0）和点（0，46）的直线与对应的输入特性曲线交于 Q 点，如图 7 - 3（b）所示，得 $I_B \approx 46$ μA，$U_{BE} = 0.7$ V。

同理，由 $I_C = 0$ mA、$U_{CE} = U_{CC} = 12$ V 得出点 M（12，0）；由 $U_{CE} = 0$ V，得 $I_C = U_{CC}/R_C = 3$ mA，则得出点 N（0，3）。

连接 MN 的直线与对应于 $I_B = 46$ μA 的这条输出特性曲线交于 Q 点，如图 7 - 4 所示，得静态值：$I_C = 1.5$ mA，$U_{CE} = 6$ V。

【例 7 - 2】 例 7 - 1 中 NPN 型硅管的 $\beta = 33$，用估算分析法求静态工作点。

解： 设 NPN 型硅管的 $U_{BE} = 0.7$ V，则

$$I_B = \frac{U_{CC} - U_{BE}}{R_B} = \frac{12 - 0.7}{260 \times 10^3} = 44 \ (\mu A)$$

$$I_C = \beta I_B = 33 \times 44 \times 10^{-3} = 1.5 \ (mA)$$

$$U_{CE} = U_{CC} - I_C R_C = 12 - 1.5 \times 4 = 6 \ (V)$$

显然用估算分析法计算比较简单，且误差也不大。

7.1.3 动态分析

动态分析指加上交流输入信号时的工作状态，估算放大电路的各项动态技术指标，如电压放大倍数、输入电阻、输出电阻等，采用的方法有图解法和微变等效电路法。

在动态分析中，利用电路的交流通路进行分析，画交流通路的原则是将电容元件视为短路；电感元件视为断路；电压恒定不变，即电压的变化量为零，故在交流通路中相当于短路。而对理想电流源而言，由于其电流恒定不变，即电流的变化量为零，故在交流通路中相当于开路。现以图 7 - 1 所示的单管共发射极放大电路为例，画出其交流通路如图 7 - 5 所示。

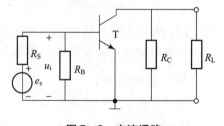

图 7 - 5 交流通路

在放大电路的输入端加入正弦输入信号后，电路中的各电压或电流都会在原来静态值的基础上叠加一个交流量。一般规定用大写字母表示直流量，如 I_B、U_{CE} 等；用小写字母表示交流量，如 i_b、u_{ce} 等；而叠加量用小写字母带大写字母脚标，如 i_B、u_{CE} 等。

1. 图解分析法

图解分析法就是在晶体三极管的输入、输出特性曲线上，直接用作图的方法定量分析放大电路的工作性能。下面根据放大电路的交流通路，来分析它的动态工作情况。

交流通路外电路的伏安特性称为交流负载线。由图 7 - 5 可见，交流通路的外电路包括两个电阻（R_C 和 R_L）的并联（以下用 $R'_L = R_C /\!/ R_L$ 来表示），因此交流负载线的斜率将与直流负载线的不同，即为 $-1/R'_L$。由于 R'_L 小于 R_C，因此通常交流负载线要比直流负载线更陡。

通过分析还可知道交流负载线一定通过静态工作点 Q。因为当外加输入电压 u_i 的瞬时值为零时，如果不考虑电容 C_1 和 C_2 的作用，可认为放大电路相当于静态时的情况，则此时放大电路的工作点既要在交流负载线上，又要在静态工作点 Q 上，即交流负载线必须经过 Q 点。因此只要通过 Q 点作一条斜率为 $-1/R'_L$ 的直线就可得到交流负载线，如图 7 - 6（b）所示。

现假设在放大电路的输入端加上一个正弦交流电压 u_i，则在线性范围内，晶体三极管的 u_{BE}、i_B、i_C 和 u_{CE} 都将围绕各自的静态值按正弦规律变化。放大电路基极回路和集电极回路的动态工作情况分别如图 7 - 6 所示。

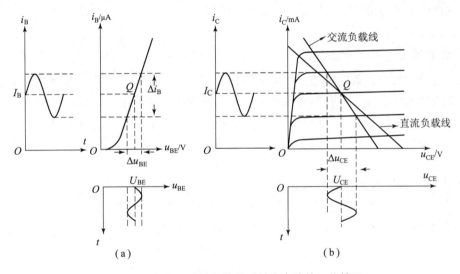

图 7 - 6　加入正弦输入信号时放大电路的工作情况

(a) 输入回路工作情况；(b) 输出回路工作情况

由图 7 - 6 可得到以下结论。

（1）当输入一个正弦电压 u_i 时，放大电路中晶体三极管的各极电压和电流都围绕各自的静态值也按正弦规律变化。即 u_{BE}、i_B、i_C 和 u_{CE} 的波形均为在原来的静态直流量的基础上再叠加一个正弦交流成分，成为交直流并存的状态。

（2）当输入电压有一个微小的变化量时，通过放大电路在输出端可得到一个比较大的电压变化量，可见单管共发射极放大电路能够实现电压放大作用。

（3）当 u_i 的瞬时值增大时，u_{BE}、i_B 和 i_C 的瞬时值也随之增大，但因 i_C 在 R_C 上的压降增大，故 u_{CE} 和 u_o 的瞬时值将减小。换句话说就是当输入一个正弦电压 u_i 时，输出端的正弦电压信号 u_o 的相位与 u_i 相反，通常称之为单管共发射极放大电路的倒相作用。

利用图解分析法，除了可以分析一般放大电路的静态和动态工作外，在实际工作中还有一些重要的应用。如用来分析放大电路的输出波形的非线性失真问题。只有静态工作点设得适当，输出来的信号波形才正常。

如果静态工作点设得过低，则在输入信号的负半周工作点就进入截止区，使 i_B、i_C 等于零，从而引起 i_C 的波形产生失真，如图 7 - 7（a）所示，这种失真称为截止失真。输出电压 u_{CE} 的波形出现顶部失真，如图 7 - 7（c）所示，这种失真产生的原因是 i_B 太小，可通过减小基极偏置电阻 R_B 来消除。

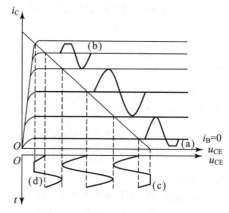

图 7 - 7　静态工作点对非线性失真的影响

如果静态工作点设得过高，则在输入信号的正半周工作点就进入饱和区，此时当 i_B 增大时，i_C 不再随之增大，因此也将引起 i_C 的波形产生失真，如图 7 - 7（b）所示，这种失真称为饱和失真。输出电压 u_{CE} 的波形出现底部失真，如图 7 - 7（d）所示，这种失真产生的原因是 i_B 太大，可通过增大基极偏置电阻 R_B 来消除。

2. 微变等效电路分析法

放大电路的微变等效电路法是指把非线性元件晶体三极管线性化，等效为一个线性元件，把非线性元件晶体三极管组成的放大电路等效为一个线性电路。这样，可用求解线性电路的方法来分析计算晶体三极管工作在特性曲线上的一个小范围，此时静态工作点附近小范围内的曲线可近似为直线，可用线性电路元件来等效代替晶体三极管这个非线性元件。

1）晶体三极管输入端的等效

如图 7 - 8（a）所示的晶体三极管的输入特性曲线是非线性的。当输入信号幅度很小时，在静态工作点 Q 附近的曲线可视为直线。当 U_{CE} 为常数时，ΔU_{BE} 与 ΔI_B 的比值为

$$r_{be} = \frac{\Delta U_{BE}}{\Delta I_B} = \frac{u_{be}}{i_b} \tag{7 - 5}$$

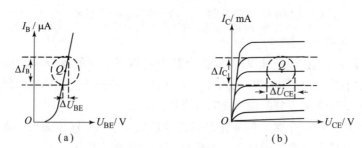

图 7 - 8　从晶体三极管的特性曲线来求 r_{be} 和 r_{ce}

（a）求输入电阻 r_{be}；（b）求输出电阻 r_{ce}

r_{be} 称为晶体三极管的输入电阻，它表示了晶体三极管的交流输入特性。在小信号情况下，r_{be} 是常数，它表示晶体三极管输入端 u_{be} 与 i_b 之间的线性关系。因此，晶体三极管的输入电阻可用 r_{be} 等效代替。

低频小功率晶体三极管的输入电阻可用下式估算，即

$$r_{\mathrm{be}} = 300\ \Omega + (1+\beta)\frac{26\ \mathrm{mV}}{I_{\mathrm{E}}\ \mathrm{mA}} \tag{7-6}$$

式中，I_{E} 为发射极电流的静态值，单位为 mA；r_{be} 为晶体三极管的输入电阻，一般为几百欧到几千欧，它是对交流而言的动态电阻。

2）晶体三极管输出端的等效

如图 7-8（b）所示为晶体三极管的输出特性曲线，当晶体三极管工作在线性放大区时，其输出特性曲线近似为一组与横轴平行的直线。当 U_{CE} 为常数时，ΔI_{C} 与 ΔI_{B} 的比值 $\beta = \dfrac{\Delta I_{\mathrm{C}}}{\Delta I_{\mathrm{B}}} = \dfrac{i_{\mathrm{c}}}{i_{\mathrm{b}}}$，$\beta$ 称为晶体三极管的电流放大系数，在小信号条件下，β 为一个常数，在手册中常用 h_{fe} 表示。因此晶体三极管的输出电路可用一个恒流源 $i_{\mathrm{c}} = \beta i_{\mathrm{b}}$ 代替，以表示晶体三极管 i_{c} 受 i_{b} 控制的电流控制关系。

由以上分析可得晶体三极管的微变等效电路，如图 7-9 所示。图中 $r_{\mathrm{ce}} = \Delta u_{\mathrm{ce}}/\Delta i_{\mathrm{c}}$ 很大，通常视为断开。

3）放大电路的微变等效电路

放大电路的微变等效电路是在交流通路的基础上再对晶体三极管进行等效而得出的电路。如图 7-5 所示的放大电路的交流通路，根据晶体三极管的微变等效电路画出该放大电路的微变等效电路如图 7-10 所示。

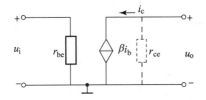

图 7-9 晶体三极管的微变等效电路

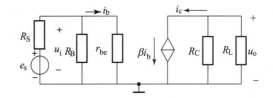

图 7-10 放大电路的微变等效电路

4）放大电路有关参数的计算

（1）电压放大倍数的计算。

如图 7-10 所示，输入的信号为 $u_{\mathrm{i}} = \sqrt{2}\,U_{\mathrm{i}}\sin\omega t$，电压和电流均用相量表示，则有

$\dot{U}_{\mathrm{i}} = \dot{I}_{\mathrm{b}} r_{\mathrm{be}}$，$\dot{U}_{\mathrm{o}} = -R'_{\mathrm{L}}\dot{I}_{\mathrm{c}} = -R'_{\mathrm{L}}\beta\dot{I}_{\mathrm{b}}$（其中 $R'_{\mathrm{L}} = R_{\mathrm{C}}/\!/R_{\mathrm{L}}$），故电压放大倍数为

$$A_u = \frac{\dot{U}_{\mathrm{o}}}{\dot{U}_{\mathrm{i}}} = -\beta\frac{R'_{\mathrm{L}}}{r_{\mathrm{be}}} \tag{7-7}$$

放大倍数为负值表示输出电压与输入电压相位相反。

（2）输入电阻的计算。

输入电阻即从输入端看进去的交流等效电阻，即

$$r_{\mathrm{i}} = \frac{\dot{U}_{\mathrm{i}}}{\dot{I}_{\mathrm{i}}} = R_{\mathrm{B}}/\!/r_{\mathrm{be}} \approx r_{\mathrm{be}} \tag{7-8}$$

输入电阻 r_{i} 的大小决定了放大电路从信号源吸取电流（输入电流）的大小。较大的输入

电阻 r_i 可以降低信号源内阻 R_S 的影响，使放大电路获得较高的输入电压。为了减轻信号源的负担，因此总希望 r_i 越大越好。

（3）输出电阻的计算。

输出电阻即从晶体三极管的输出端看进去的等效电阻。输出电阻 r_o 的计算方法是：将信号源 e_S 短路，断开负载 R_L，在输出端加电压 $\dot{U}$，求出由 $\dot{U}$ 产生的电流 $\dot{I}$，则输出电阻为

$$r_o = \frac{\dot{U}}{\dot{I}} = R_C \tag{7-9}$$

对于负载而言，放大器的输出电阻 r_o 越小，负载电阻 R_L 的变化对输出电压的影响就越小，表明放大器带负载的能力越强，因此总希望 r_o 越小越好。

单管放大电路

【例 7-3】 电路如图 7-1 所示，已知 $U_{CC} = 12$ V，$R_B = 300$ kΩ，$R_C = 3$ kΩ，$R_L = 3$ kΩ，$R_S = 3$ kΩ，$\beta = 50$，试求：（1）R_L 接入和断开两种情况下电路的电压放大倍数 A_u；（2）输入电阻 r_i 和输出电阻 r_o；（3）输出端开路时的电源电压放大倍数 $A_{uS} = \dfrac{\dot{U}_o}{\dot{E}_S}$。

解： 利用估算分析法可求

$$I_B = \frac{U_{CC} - U_{BE}}{R_B} \approx \frac{U_{CC}}{R_B} = \frac{12}{300} = 40 \ (\mu A)$$

$$I_C = \beta I_B = 50 \times 0.04 = 2 \ (mA) \ \approx I_E$$

$$U_{CE} = U_{CC} - I_C R_C = 12 - 2 \times 3 = 6 \ (V)$$

利用式（7-6）可求得

$$r_{be} = 300 + (1 + \beta)\frac{26}{I_E} = 300 + (1 + 50)\frac{26}{2} = 963 \ (\Omega) \ \approx 0.963 \ (k\Omega)$$

（1）R_L 接入时的电压放大倍数 A_u 为

$$A_u = \frac{\dot{U}_o}{\dot{U}_i} = -\beta \frac{R'_L}{r_{be}} = -\frac{50 \times \dfrac{3 \times 3}{3 + 3}}{0.963} = -78$$

R_L 断开时的电压放大倍数 A_u 为

$$A_u = \frac{\dot{U}_o}{\dot{U}_i} = -\frac{\beta R_C}{r_{be}} = -\frac{50 \times 3}{0.963} = -156$$

（2）输入电阻 r_i 为

$$r_i = \frac{\dot{U}_i}{\dot{I}_i} = R_B /\!/ r_{be} = 300 /\!/ 0.963 \approx 0.96 \ (k\Omega)$$

输出电阻 r_o 为

$$r_o = \frac{\dot{U}}{\dot{I}} = R_C = 3 \ (\text{k}\Omega)$$

（3）电源电压放大倍数：

$$A_{uS} = \frac{\dot{U}_o}{\dot{E}_S} = \frac{\dot{U}_i}{\dot{E}_S} \times \frac{\dot{U}_o}{\dot{U}_i} = \frac{r_i}{R_S + r_i} A_u = \frac{0.96}{3 + 0.96} \times (-156) = -38$$

【思考与练习】

7.1.1 单管共发射极放大电路主要由哪几部分组成？电路中的电容选用无极性电容能否满足放大要求？

7.1.2 放大电路的静态工作点分别是指哪些数值？如基极电流 i_b、i_B、I_B、I_b 中哪个表示静态值？

7.1.3 在输入端加一个正弦信号，输出端波形如图7-11所示，分别指出波形图中属于哪种失真？应如何消除？

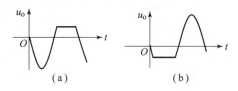

图7-11　思考与练习7.1.3图

7.1.4 在什么情况下放大电路可以采用微变等效电路法进行分析？晶体三极管的放大倍数 β 与放大电路的放大倍数 A_u 是一回事吗？

7.1.5 能否通过增大 R_C 来提高放大电路的电压放大倍数？当 R_C 过大时对放大电路的工作有什么影响（设 I_B 不变）？

知识链接7.2　分压式偏置电路

放大电路的多项重要技术指标均与静态工作点的位置密切相关。如果静态工作点不稳定，则放大电路的某些性能也将发生变动。因此，如何使静态工作点保持稳定，是一个十分重要的问题。

有时很多电子设备在常温下能够正常工作，但当温度升高时，性能就可能不稳定，甚至不能正常工作。产生这种现象的主要原因是电子器件的参数受温度的影响而发生变化。温度变化对晶体三极管参数的影响主要表现在：当温度升高时，晶体三极管的反向饱和电流 I_{CBO} 将急剧增加；晶体三极管的 β 值也将增加。从输入特性来看，当温度升高时，特性曲线左移，U_{BE} 减小而 I_B 将增大。

温度升高对晶体三极管的各种参数的影响，最终将导致集电极电流 I_C 增大。也就是说这会使静态工作点移近饱和区，使输出的波形产生严重的饱和失真。为了克服基本放大电路的这些缺点，从电路自身的结构来解决，常采用的是基极分压式偏置电路。

如图7-12所示为分压式偏置放大电路。

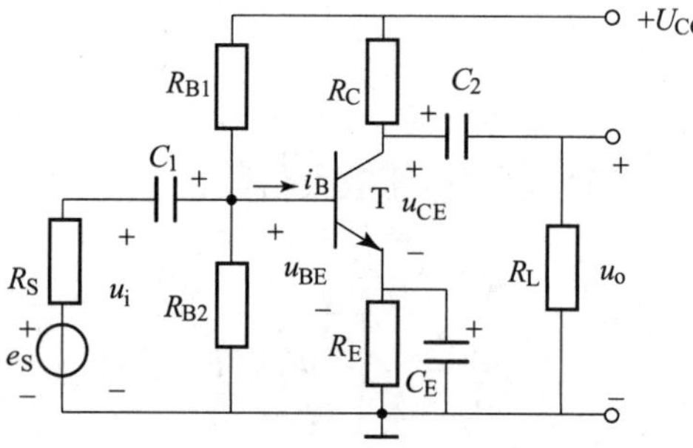

7.2.1 稳定静态工作点原理

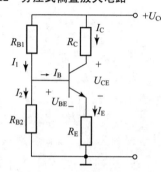

图7-12 分压式偏置放大电路

由于温度上升集中表现在晶体三极管集电极电流 I_C 的增大，引起不稳定。稳定静态工作点电路就是使 V_B 保持不变，让 V_E 随温度升高而增大，在电路的输入回路中 $U_{BE} = V_B - V_E$，当温度升高时 U_{BE} 反而下降，导致 I_B 下降，达到稳定 I_C 的目的。如图7-13所示为其直流通路。

（1）电路设计上必须满足：

① $I_1 \approx I_2 \gg I_B$；

② $V_B \gg U_{BE}\left(V_B = \dfrac{R_{B2}}{R_{B1}+R_{B2}}U_{CC}\right)$。

就可以近似认为 $I_C \approx I_E \approx \dfrac{V_B}{R_E}$。当满足条件时，与温度基本上无关。

图7-13 直流通路

（2）当环境温度变化时，电路可以完成如下的自动调节过程：

温度 $t\uparrow \to I_C\uparrow \to I_E\uparrow \to V_E(I_E R_E)\uparrow \to U_{BE}(V_B - V_E)\downarrow \to I_B\downarrow \to I_C\downarrow$，以达到稳定静态工作点的目的。

7.2.2 分压式偏置电路的计算

分压式偏置电路的计算可采用7.1节基本放大电路的计算方法：由直流通路估算其静态工作点，由微变等效电路分析动态参数。

【例7-4】 在图7-12所示电路中，$U_{CC}=12$ V，$R_{B1}=20$ kΩ，$R_{B2}=10$ kΩ，$R_C=3$ kΩ，$R_E=2$ kΩ，$R_L=3$ kΩ，$\beta=50$。（1）试估算静态工作点；（2）求电压放大倍数 A_u、输入电阻 r_i、输出电阻 r_o。

解：（1）根据图7-13所示的直流通路，可知

$$V_B = \frac{R_{B2}}{R_{B1}+R_{B2}}U_{CC} = \frac{10}{20+10}\times 12 = 4 \text{（V）}$$

$$I_C \approx I_E = \frac{V_B - U_{BE}}{R_E} = \frac{4-0.7}{2} = 1.65 \text{（mA）}$$

$$I_B = \frac{I_C}{\beta} = \frac{1.65}{50} \text{（mA）} = 33 \text{（μA）}$$

$$U_{CE} = U_{CC} - I_C(R_C + R_E) = 12 - 1.65\times(3+2) = 3.75 \text{（V）}$$

（2）该分压式偏置电路的交流通路、微变等效电路如图7-14所示。

$$r_{be} = 300 + (1+\beta)\frac{26}{I_E} = 300 + (1+50)\times\frac{26}{1.65} = 1\,104 \text{（Ω）} \approx 1.1 \text{（kΩ）}$$

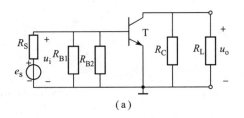 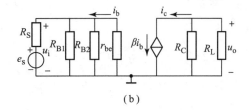

图 7 - 14 分压式偏置电路的交流通路及其微变等效电路

（a）交流通路；（b）微变等效电路

忽略信号源内阻 R_S 时，电压放大倍数为 $A_u = -\dfrac{\beta R'_L}{r_{be}} = -\dfrac{50 \times \dfrac{3 \times 3}{3 + 3}}{1.1} = -68$

输入电阻 r_i 为 $r_i = R_{B1} /\!/ R_{B2} /\!/ r_{be} = 20 /\!/ 10 /\!/ 1.1 = 0.944$（$k\Omega$）

输出电阻 r_o 为 $r_o = R_C = 3$（$k\Omega$）

【思考与练习】

7.2.1 为了达到稳定静态工作点的目的，电路在设计上必须满足什么要求？

7.2.2 负载 R_L 接入电路中与从电路中断开两种情况下对电路中的电压放大倍数 A_u 有什么影响？

知识链接 7.3 射极输出器

该电路是另一种常用基本放大电路，交流信号由发射极经耦合电容 C_2 输出，故称为射极输出器。射极输出器如图 7 - 15 所示，它是共集电极的放大电路。

7.3.1 静态分析

根据直流等效原则，得其直流通路如图 7 - 16 所示，由此确定其静态值。

$$I_B = \frac{U_{CC} - U_{BE}}{R_B + (1 + \beta) R_E} \tag{7 - 10}$$

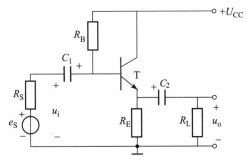 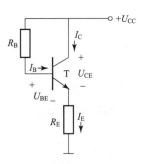

图 7 - 15 射极输出器   图 7 - 16 射极输出器的直流通路

由 I_B 可求出
$$I_E = (1 + \beta) I_B \approx I_C \qquad (7-11)$$

从而得出
$$U_{CE} = U_{CC} - I_E R_E \qquad (7-12)$$

7.3.2 动态分析

根据交流通路等效原则，得其交流通路如图 7-17（a）所示，得到其微变等效电路如图 7-17（b）所示。

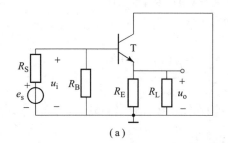
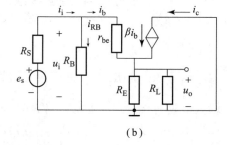

（a）　　　　　　　　　　　　　　　　（b）

图 7-17　射极输出器动态分析

（a）交流通路；（b）微变等效电路

1）电压放大倍数 A_u

由微变等效电路得 $\dot{U}_o = \dot{I}_e R'_L = (1 + \beta) \dot{I}_b R'_L$（式中 $R'_L = R_E /\!/ R_L$），$\dot{U}_i = \dot{I}_b r_{be} +$ $(1 + \beta) \dot{I}_b R'_L$，所以

$$A_u = \frac{\dot{U}_o}{\dot{U}_i} = \frac{(1 + \beta) \dot{I}_b R'_L}{\dot{I}_b r_{be} + (1 + \beta) \dot{I}_b R'_L} = \frac{(1 + \beta) R'_L}{r_{be} + (1 + \beta) R'_L} \qquad (7-13)$$

可见，电压放大倍数小于 1，但约等于 1；$\dot{U}_o$ 与 $\dot{U}_i$ 同相位，即电压跟随，所以它又称为电压跟随器。

2）输入电阻 r_i

由微变等效电路知 $\dot{U}_i = \dot{I}_b r_{be} + (1 + \beta) \dot{I}_b R'_L$，则 $\dot{I}_i = \dot{I}_{RB} + \dot{I}_b$，所以

$$r_i = \frac{\dot{U}_i}{\dot{I}_i} = \frac{\dot{U}_i}{\dfrac{\dot{U}_i}{R_B} + \dfrac{\dot{U}_i}{r_{be} + (1 + \beta) R'_L}} = R_B /\!/ [r_{be} + (1 + \beta) R'_L] \qquad (7-14)$$

射极输出器的输入电阻较共发射极电路高，一般为几十千欧到几百千欧。

3）输出电阻 r_o

输出电阻 r_o 的求法可采用"加压求流"法，具体此书不详述及。

$$r_o = \frac{\dot{U}_o}{\dot{I}_o} = R_E /\!/ \frac{r_{be} + R_S}{1 + \beta} \approx \frac{r_{be}}{\beta} \qquad (7-15)$$

射极输出器的输出电阻较共发射极电路低，一般为几十欧到几百欧。

7.3.3   电路的应用

射极输出器常用作多级放大器的第一级或最后一级，也可用于中间隔离级。

用作输入级时，其较高的输入电阻可以减轻信号源的负担，提高放大器的输入电压。

用作输出级时，其较低的输出电阻可以减小负载变化对输出电压的影响，并易于与低阻抗负载匹配，向负载传送尽可能大的功率。

当两级放大电路中前级输出电阻较高，而后级输入电阻又较小时，直接耦合起来时交流信号传送效率不高，但采用射极输出器作中间级可解决这个矛盾。

【例 7 - 5】   如图 7 - 15 所示电路，已知 $U_{CC} = 12$ V，$R_B = 200$ kΩ，$R_E = 2$ kΩ，$R_L = 3$ kΩ，$R_S = 100$ Ω，晶体三极管为硅材，$\beta = 50$。试估算静态工作点，并求电压放大倍数 A_u、输入电阻 r_i、输出电阻 r_o。

解：由图 7 - 16 所示的直流通路得

$$I_B = \frac{U_{CC} - U_{BE}}{R_B + (1+\beta)R_E} = \frac{12 - 0.7}{200 + (1+50) \times 2} = 0.037\,4 \text{（mA）} = 37.4 \text{（μA）}$$

$$I_C = \beta I_B \approx I_E = 50 \times 0.037\,4 = 1.87 \text{（mA）}$$

$$U_{CE} \approx U_{CC} - I_E R_E = 12 - 1.87 \times 2 = 8.26 \text{（V）}$$

又根据图 7 - 17（b）所示的微变等效电路，得

$$r_{be} = 300 + (1+\beta)\frac{26}{I_E} = 300 + (1+50)\frac{26}{1.87} = 1\,009 \text{（Ω）} \approx 1 \text{（kΩ）}$$

$$A_u = \frac{\dot{U}_o}{\dot{U}_i} = \frac{(1+\beta)R'_L}{r_{be} + (1+\beta)R'_L} = \frac{(1+50) \times 1.2}{1 + (1+50) \times 1.2} = 0.98 \text{（其中 } R'_L = R_E /\!/ R_L = 2 /\!/ 3 = 1.2 \text{ kΩ）}$$

$$r_i = R_B /\!/ [r_{be} + (1+\beta)(R_E /\!/ R_L)] = 200 /\!/ [1 + (1+50) \times 1.2] = 47.4 \text{（kΩ）}$$

若考虑信号源 e_S 含有内阻 R_S，则输出电阻为

$$r_o \approx \frac{r_{be} + R'_S}{\beta} \approx \frac{1\,000 + 100}{50} = 22 \text{（Ω）} \text{（其中 } R'_S = R_B /\!/ R_S\text{）}$$

【思考与练习】

7.3.1   射极输出器的主要特点有哪些？主要用途是什么？

7.3.2   在共发射极放大电路和共集电极放大电路中分别加入如图 7 - 18（a）所示的正弦波形图，试定性画出输出波形的形状。

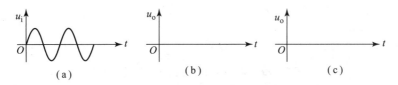

（a）   （b）   （c）

图 7 - 18   思考与练习 7.3.2 图

知识链接 7.4 互补对称功率放大电路

在多级放大电路中，一般末级或末前级都是功率放大电路，在不失真或少量失真前提下输出足够大的功率，因此下面讨论的主要问题是失真、效率和输出功率等问题。

7.4.1 对功率放大电路的基本要求

对功率放大电路的基本要求如下。

（1）在不失真或少量失真的前提下输出尽可能大的功率。

为了获得较大的输出功率，往往让功率管工作在极限状态，这时要考虑到功率管的极限参数 P_{CM}、I_{CM}、$U_{(BR)CEO}$ 和散热问题；同时，由于输入信号较大，功率放大电路工作的动态范围也大，所以也要考虑到失真问题。

（2）尽可能提高放大电路的效率。

由于输出功率较大，效率问题尤为突出，效率不高，不仅造成能量的浪费，而且消耗在放大电路内部的电能将转化成热能，造成电路本身的不稳定。

7.4.2 功率放大电路的三种工作状态

放大电路的三种工作状态是甲类、甲乙类和乙类，如图 7 – 19 所示。在图 7 – 19（a）中，静态工作点 Q 大致落在交流负载线的中点，这种情况叫作甲类工作状态。此时不论有无输入信号，电源供给的功率 $P_E = U_{CC}I_C$ 总是不变的。在理想情况下甲类功率放大电路的最高效率也只能达到 50%。

为了减小电路静态时所消耗的功率来提高效率，在 U_{CC} 一定的条件下使静态电流 I_C 减小，即静态工作点 Q 沿负载线下移，如图 7 – 19（b）所示，这种状态称为甲乙类工作状态。

若将静态工作点 Q 下移到 $I_C \approx 0$ mA 处，则功率管的管耗更小，如图 7 – 19（c）所示，这时的工作状态称为乙类工作状态。此时将产生严重的失真。下面介绍工作于甲乙类或乙类状态的互补对称放大电路，此电路既能提高效率，又能减小信号波形的失真。

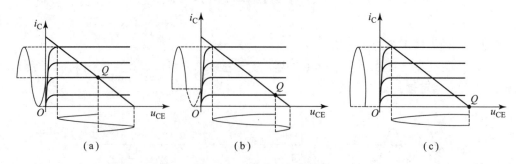

图 7 – 19 功率放大电路的三种工作状态

（a）甲类功放电路 Q 点；（b）甲乙类功放电路 Q 点；（c）乙类功放电路 Q 点

7.4.3　互补对称功率放大电路

1. 无输出变压器（OTL）的单电源互补对称放大电路

图 7 - 20（a）所示为无输出变压器（OTL）的单电源互补对称放大电路的原理图，T_1 和 T_2 是两个不同类型的晶体三极管，它们的特性基本上相同。

在静态时，A 点的电位为 $\frac{1}{2}U_{CC}$，输出耦合电容 C_L 上的电压为 A 点和"地"之间的电位差，也等于 $\frac{1}{2}U_{CC}$。此时输入端的直流电位也调至 $\frac{1}{2}U_{CC}$，所以 T_1 和 T_2 均工作于乙类，处于截止状态。

当有信号输入时，对交流信号而言，输出耦合电容 C_L 的容抗及电源内阻均很小，可忽略不计，它的交流通路如图 7 - 20（b）所示。在输入信号 u_i 的正半周，T_1 和 T_2 的基极电位均大于 $\frac{1}{2}U_{CC}$，T_1 的发射结处于正向偏置，T_2 的发射结处于反向偏置，故 T_1 导通，T_2 截止，流过负载 R_L 的电流等于 T_1 集电极电流 i_{c1}，如图 7 - 20（b）虚线所示。同理，在输入信号 u_i 的负半周，T_1 截止，T_2 导通，流过负载 R_L 的电流等于 T_2 集电极电流 i_{c2}，如图7 - 20（b）实线所示。

在输入信号一个周期内，T_1 和 T_2 交替导通，它们互相补足，故称为互补对称放大电路，电流 i_{c1} 和电流 i_{c2} 以正反不同的方向交替流过负载电阻 R_L，所以在 R_L 上合成而得到一个交变的输出电压信号 u_o。并由图 7 - 20（a）可看出，互补对称放大电路实际上是由两个射极输出器组成的，所以，它还具有使射极电阻 R_{E1}、R_{E2} 起限流保护的作用。为了不使 C_L 在放电过程中（T_1 截止，T_2 导通时）电压下降过多，C_L 的电容量必须足够大，且连接时应注意它的极性。

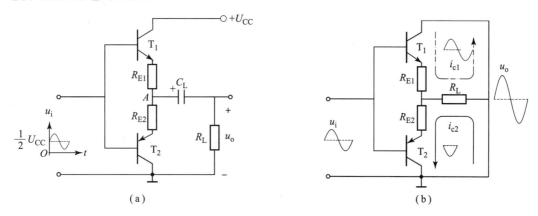

图 7 - 20　OTL 互补对称功放电路

（a）互补对称放大器原理图；（b）交流通路示意图

从图 7 - 20（a）可看出，该放大电路工作于乙类状态，因为晶体三极管的输入特性曲线上有一段死区电压，当输入电压很小，不足以克服死区电压时，晶体三极管就截止，所以在死区电压这段区域内（即输入信号为零时）输出电压为零，将产生失真，这种失真叫作交越失真，如图 7 - 21 所示为基极电流 i_B 的交越失真波形。为了避免交越失真，可使静态工作点稍高于截止点，即避开死区段，也就是使放大电路工作在甲乙类状态。

2. 无输出电容（OCL）的双电源互补对称放大电路

OTL 互补对称放大电路，是采用大容量电容 C_L 与负载耦合，所以影响了放大电路的低频性能，且难以实现集成化。为了解决这一问题，可把 C_L 除去而采用正负两个电源，如图 7 - 22 所示。由于这种电路没有输出电容，所以把它叫作无输出电容（OCL）的双电源互补对称放大电路。

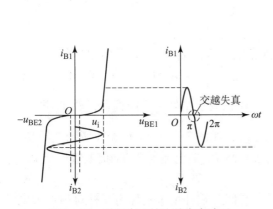

图 7 - 21　基极电流的交越失真波形

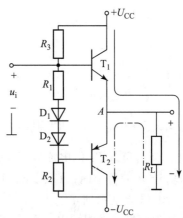

图 7 - 22　OCL 互补对称功率放大电路

从图 7 - 22 所示电路中可看出，R_1、D_1 和 D_2 能使电路工作于甲乙类状态，以免产生交越失真。由于电路对称，静态时两功率管 T_1 和 T_2 的电流相等，所以负载电阻 R_L 中无电流通过，两管的发射极电位 $V_A = 0$ V。它的工作原理与无输出变压器（OTL）的单电源互补对称放大电路相似。在理想情况，可以证明，无输出电容（OCL）的双电源互补对称放大电路的效率也等于 78.5%。

7.4.4　集成功率放大器

我国已成批生产各种系列的单片集成放大器，它是低频功率放大器的发展方向。下面列举广泛使用的 DG4100 系列单片集成功放电路。该功放电源电压 $U_{CC} = 9$ V，$R_L = 4$ Ω（扬声器），输出功率大于 1 W。

DG4100 单片集成功放共有 14 个引脚，外部的典型接线如图 7 - 23 所示。

（1）14 脚接电源 U_{CC} 正极，电源两端接有滤波电容 C_6。

（2）2、3 脚接电源负极，也是整个电路的公共端。

（3）9 脚经输入耦合电容 C_1 与输入信号相接。

（4）1 脚为输出端，经输出耦合电容 C_9 和负载相接。

（5）4、5 脚接 C_4 和 C_5 消振电容，消除寄生振荡。

（6）6 脚外接反馈网络，调节 R_f 可以调节交流负反馈深度。

（7）12 脚接电源滤波电容 C_3。

（8）13 脚接电容 C_7、C_8，通过 C_7、C_8、C_9 与输出端负载 R_L 并接，消除高频分量，改善音质。C_8 电容跨接在 1 脚和 13 脚之间，通过 C_8 可以把输出端的信号电位（非静态

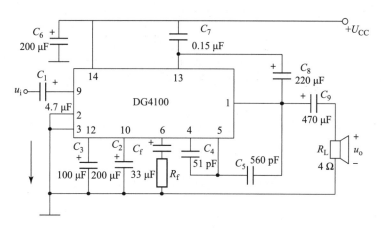

图 7 – 23　DG4100 外部典型接线图

电位）耦合到 13 脚，使 T_7 放大管集电极供电电位自动地跟随输出端信号电位的变化而改变。如输出幅度增加，则 T_7 管的线性动态范围也随之增大，也就进一步提高了功放的输出幅度，故常称电容 C_8 为"自举电容"，此处 T_1、T_7 为内部电路，可查相关资料。

（9）10 脚接去耦电容 C_2，以保证 T_1 管偏置电流稳定。

【思考与练习】

7.4.1　放大电路的甲类、乙类和甲乙类三种工作状态各有什么优缺点？

7.4.2　什么是交越失真？如何克服交越失真，试举例说明。

7.4.3　在 OTL 电路中，为什么 C_L 的电容量必须足够大？

知识链接7.5　多级放大电路

小信号放大电路的输入信号一般为毫伏量级，功率在 1 mW 以下，而由一个放大器组成的单管共发射极放大电路，其电压放大倍数一般也只能达到几十倍，其他技术指标也难以达到实用的要求，因此在实际工作中，常常把若干个单管共发射极放大电路连接起来，组成所谓的多级放大电路。常用的耦合方式主要有三种：阻容耦合、直接耦合和变压器耦合。除此之外，还有光电耦合方式。

7.5.1　阻容耦合多级放大电路

如图 7 – 24 所示为阻容耦合多级放大电路，该电路通过耦合电容与下级输入电阻连接。各级静态工作点互不影响，可以单独调整到合适的位置，且不存在零点漂移问题。但不能放大变化缓慢的信号和直流分量变化的信号，且由于需要大容量的耦合电容，因此不能在集成电路中采用。

1. 静态工作点分析

应用前面的分析方法对各级进行单独计算。

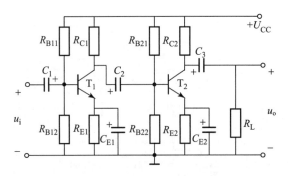

图 7-24　阻容耦合多级放大电路

2. 动态分析

（1）电压放大倍数等于各级电压放大倍数的乘积，即

$$A_u = \frac{\dot{U}_o}{\dot{U}_i} = \frac{\dot{U}_{o1}}{\dot{U}_i} \times \frac{\dot{U}_o}{\dot{U}_{o1}} = A_{u1} \times A_{u2} \tag{7-16}$$

注：计算前级的电压放大倍数时必须把后级的输入电阻考虑到前级的负载电阻之中。如计算第一级的电压放大倍数时，其负载电阻就是第二级的输入电阻。

（2）输入电阻就是第一级的输入电阻。

（3）输出电阻就是最后一级的输出电阻。

7.5.2　直接耦合多级放大电路

如图 7-25 所示为直接耦合多级放大电路，它能放大变化很缓慢的信号和直流分量变化的信号，且由于没有耦合电容，故非常适宜于大规模集成。

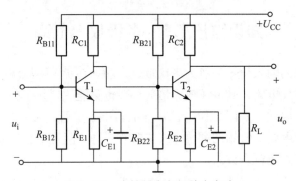

图 7-25　直接耦合多级放大电路

值得注意的是各级静态工作点互相影响，且由于温度影响等因素，放大电路在无输入信号的情况下，输出电压 u_o 出现缓慢、不规则波动的现象，将这种现象称作零点漂移。抑制零点漂移的方法有很多种，如采用温度补偿电路、稳压电源以及精选电路元件等方法。但最广泛的是输入级采用差动放大电路。

7.5.3　变压器耦合多级放大电路

变压器耦合是用变压器将前级的输出端与后级的输入端连接起来的方式，如图 7-26

所示。T_1 输出的信号通过变压器 TR_1 加到 T_2 基极和发射极之间。T_2 输出的信号通过变压器 TR_2 耦合到负载 R_L 上。R_{B11}、R_{B12}、R_{E1} 和 R_{B21}、R_{B22}、R_{E2} 分别确定 T_1 和 T_2 的静态工作点。

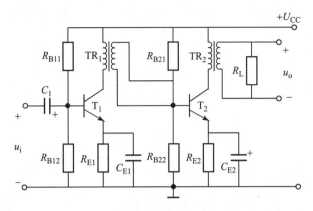

图 7 – 26   变压器耦合多级放大电路

变压器耦合的优点有：各级直流通路相互独立，变压器通过磁路把初级线圈的交流信号传到次级线圈，直流电压或电流无法通过变压器传给次级。变压器传递信号的同时，还能实现阻抗变换。缺点是体积大、质量重、价格高。

变压器耦合的缺点有：体积大，不能实现集成化。此外，由于频率特性比较差，一般只应用于低频功率放大和中频调谐放大电路中。

【思考与练习】

7.5.1   多级放大电路的主要耦合方式是什么？各种耦合方式各有什么优缺点？主要应用在什么场合？

7.5.2   （1）多级放大电路的总电压放大倍数为各晶体三极管的放大倍数之和，对吗？

（2）多级放大电路的总电压放大倍数为各晶体三极管的放大倍数之积，对吗？

（3）多级放大电路的总电压放大倍数为各级放大电路的放大倍数之和，对吗？

（4）多级放大电路的总电压放大倍数为各级放大电路的放大倍数之积，对吗？

项目实施

（1）参照图 7 – 12 分压式偏置电路，元件参数如下：$U_{CC} = 12$ V、$R_{B1} = 20$ kΩ、$R_{B2} = 10$ kΩ、$R_C = 3$ kΩ、$R_E = 2$ kΩ、$R_L = 3$ kΩ、$\beta = 50$。

（2）连接分压式偏置电路，注意接地线必须接地。

（3）用万用表测量得 $U_{BE} \approx 0.65$ V、$U_{CE} = 3.75$ V，使三极管处于发射结正偏、集电结反偏的放大状态。

（4）用低频信号发生器产生 $f = 30$ Hz、幅值为 50 mV 的信号，并使用示波器进行调整、校验。

（5）将信号接入输入回路 C_1 负极；将示波器探笔接入 C_2 负极。

（6）调试示波器使屏幕可正确观测输出信号幅值及相位，仔细调节输入信号，直至输出电压信号能较好呈现。

（7）记录此时对应信号参数，$U_i =$ _____ mV、$U_o =$ _____ V，据此推算此放大电路的电压放大倍数 $A_u =$ _____。

（8）利用双踪示波器，一踪接输入信号 u_i，另一踪接输出信号 u_o，观察 u_i、u_o 的相位状态呈现_____。

（9）拆除电路连接导线，将物品归类，清扫环境卫生。

项目评价

评价项目	评价内容	评价等级	星级
职业素养	能布局测试模块空间、安全使用仪器仪表	★★★★★	
	引导正确对待内外因关系，辩证看待机遇的思维	★★★★★	
专业能力	能读懂工艺文件、备齐器件、搭建电路和测试参数	★★★★★	
	能使用 Multisim 软件搭建模拟放大电路并测试参数	★★★★★	
	能使用电路板、示波器、低频信号发生器等搭建电路并测试参数	★★★★★	

习　　题

1. 试判断图 7 – 27 所示电路是否具有放大作用？为什么？若不能，应如何纠正？

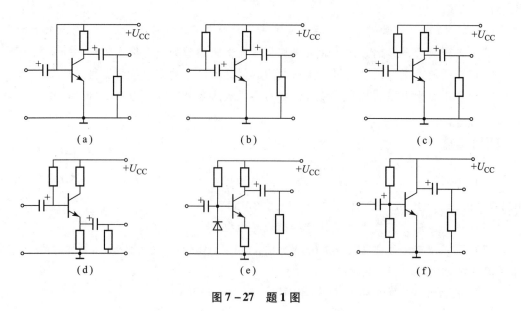

图 7 – 27　题 1 图

2. 已知图 7 – 1 中，$U_{CC} = 10$ V，$R_C = 5$ kΩ，$R_B = 510$ kΩ，$R_L = 0.5$ kΩ，$U_{BE} = 0.7$ V，晶体三极管的输出特性曲线如图 7 – 28 所示。

（1）试用图解法求出电路的静态工作点，并分析这个工作点选得是否合适。

（2）在 U_{CC} 和晶体三极管不变的情况下，为了把晶体三极管的静态集电极电压 U_{CE} 提高到 6 V 左右，可以改变哪些参数？如何改？

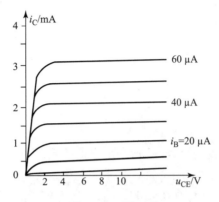

图 7 – 28　题 2 图

（3）在 U_{CC} 和晶体三极管不变的情况下，为了使 $I_C = 2$ mA，$U_{CE} = 2$ V，应改变哪些参数？改成什么数值？

3. 设图 7 – 1 电路中晶体三极管的 $\beta = 60$，$U_{CC} = 6$ V，$R_C = 5$ kΩ，$R_B = 530$ kΩ，$R_L = 5$ kΩ，$U_{BE} = 0.7$ V。试：

（1）估算静态工作点；

（2）求 r_{be} 值；

（3）画出放大电路的微变等效电路；

（4）求电压放大倍数 A_u、输入电阻 r_i 和输出电阻 r_o。

4. 在图 7 – 1 所示电路中，晶体三极管 3DG6A 的 $\beta = 100$，负载电阻 $R_L = 2$ kΩ，试用微变等效电路法求解下列问题。

（1）不接负载电阻时的电压放大倍数；

（2）接负载电阻 $R_L = 2$ kΩ 时的电压放大倍数；

（3）电路的输入电阻和输出电阻；

（4）信号源内阻 $R_S = 500$ Ω 时的源电压放大倍数。

5. 在图 7 – 29 所示电路中，$U_{CC} = 12$ V，$R_C = 3$ kΩ，$R_B = 400$ kΩ，$\beta = 80$，T 为锗材料晶体三极管。

（1）估算放大电路的静态工作点，并标出电压、电流的极性和方向；

（2）应选用多大的 R_B 才能使管压降 $U_{CE} = -2.4$ V；

（3）若使集电极电流调整到 $I_C = 1.6$ mA，问 R_B 选多大？

6. 设图 7 – 30 电路中的晶体三极管的 $\beta = 100$，$U_{CC} = 12$ V，$U_{BE} = 0.7$ V，$R_B = 120$ kΩ，$R_C = 3$ kΩ。求静态工作点的 I_B、I_C 和 U_{CE} 值。

7. 在图 7 – 12 所示的分压式偏置电路中，已知 $U_{CC} = 12$ V，$R_C = 2$ kΩ，$R_E = 1$ kΩ，$R_{B1} = 30$ kΩ，$R_{B2} = 10$ kΩ，$R_L = 8$ kΩ，晶体三极管为硅管，$\beta = 40$。

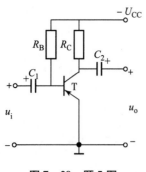

图 7 - 29　题 5 图

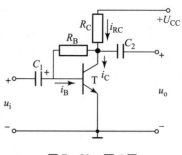

图 7 - 30　题 6 图

（1）估算静态工作点；

（2）画出微变等效电路；

（3）求电压放大倍数 $\dot{A}_u$、输入电阻 r_i 和输出电阻 r_o；

（4）当 R_E 两端未接旁路电容 C_E 时，作出微变等效电路。

8. 设图 7 - 31 中晶体三极管的 $\beta = 100$，$U_{BE} = 0.7\ \text{V}$，$r_{be} = 100\ \Omega$，$U_{CC} = 10\ \text{V}$，$R_C = 3\ \text{k}\Omega$，$R_{E1} = 1.8\ \text{k}\Omega$，$R_{E2} = 200\ \Omega$，$R_{B1} = 33\ \text{k}\Omega$，$R_{B2} = 100\ \text{k}\Omega$，$R_L = 3\ \text{k}\Omega$，$R_S = 4\ \text{k}\Omega$。

（1）求静态工作点；

（2）画出放大电路的微变等效电路；

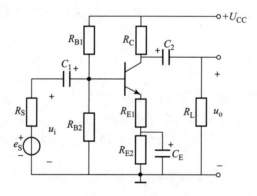

图 7 - 31　题 8 图

（3）求电压放大倍数 A_u、A_{uS}、输入电阻 r_i 和输出电阻 r_o。

9. 在图 7 - 15 所示的射极输出器电路中，设晶体三极管的 $\beta = 100$，$U_{CC} = 12\ \text{V}$，$R_B = 560\ \text{k}\Omega$，$R_E = 5.6\ \text{k}\Omega$，$U_{BE} = 0.7\ \text{V}$。

（1）求静态工作点；

（2）画出放大电路的微变等效电路；

（3）求输出电阻 r_o。

（4）分别求出当 $R_L = \infty$ 和 $R_L = 1.2\ \text{k}\Omega$ 时的电压放大倍数 A_u；

（5）分别求出当 $R_L = \infty$ 和 $R_L = 1.2\ \text{k}\Omega$ 时的输入电阻 r_i。

10. 在图 7 - 22 所示的甲乙类互补对称的功率放大电路中，若出现 D_1、D_2 虚焊，将出现什么后果？简述理由。

11. 两级放大电路如图 7 – 32 所示，设 $\beta_1 = \beta_2 = 50$，$U_{CC} = +12$ V，$R_{B11} = 30$ kΩ，$R_{B12} = 20$ kΩ，$R_{C1} = 4$ kΩ，$R_{B2} = 130$ kΩ，$R_{E1} = 4$ kΩ，$R_{E2} = 3$ kΩ，$R_L = 1.5$ kΩ，$U_{BE} = 0.7$ V。

（1）求静态值 I_{C1}、U_{CE1}、I_{C2}、U_{CE2}；

（2）画出微变等效电路；

（3）求整个放大电路的 A_u、r_i 和 r_o。

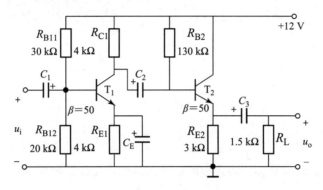

图 7 – 32　题 11 图

项目 8　集成运放应用电路搭建与测试

利用集成运算放大器芯片搭建输入阻抗 $R_2 = 10\ \text{k}\Omega$、闭环电压放大倍数 $A_{uF} = 10$ 的反相比例运算电路；搭建反相加法运算电路，并测试电路相应的电压放大倍数。

（1）掌握集成运算放大器的四个理想化参数，以及符号、组成和传输特性。

（2）掌握集成运算放大器的线性应用，分析由其构成的比例运算电路、加减法电路，以及反馈类型的判别。

（3）掌握集成运算放大器的非线性应用，分析比较器及滞回比较器的波形。

（1）能搭建运算放大器线性应用电路，并测试、计算电压放大倍数。'

（2）能分析电压比较器应用电路。

（3）养成具有数字仿真、验证的职业习惯；培养一丝不苟、精雕细琢的工匠精神；树立专注担责、勇于创新理念。

知识链接 8.1　集成运算放大器概述

集成运算放大器是具有高开环放大倍数并带有深度负反馈的多级直接耦合放大电路，最初被应用于模拟电子计算机，用于实现加、减、乘、除、比例、积分、微分等运算，用途十分广泛，并因此而得名。随着技术的发展，集成运算放大器在自动控制系统和测量装置中也有广泛的应用。

8.1.1　直接耦合存在问题——零漂及其抑制办法

1. 直接耦合存在的问题

因为电容和变压器都不能传递变化缓慢的直流信号，故为了放大变化缓慢的非周期性信号，只能采用前后两级直接耦合方式。但是直接耦合存在许多问题：前级与后级静态工作点相互影响、电平移动、零点漂移等。以下主要分析零点漂移问题。

将一个多级直接耦合放大器的输入端对地短路（$u_i = 0$），测其输出电压不为 0（$u_o \neq 0$），且输出电压会缓慢地、无规则地变化的现象称为零点漂移，简称零漂。零点漂移所产生的漂移电压实际上是一个虚假信号，它与真实信号共存于电路中，因而真假混淆，使放大器无法正常工作。特别是如果放大器第一级产生比较严重的漂移，它与输入的真实信号以同样的放大倍数转递到输出端，其漂移量完全掩盖了真实信号。

引起零点漂移的原因很多，如电源电压波动、电路元件参数、晶体三极管特性变化、温度变化等，其中温度变化影响最为严重。在多级直接耦合放大器中，输出级的零点漂移主要由输入级的零点漂移决定，放大器的总电压放大倍数越高，输出电压的漂移就越严重。通常零点漂移都是折合到输入端来衡量的，即

$$u_{id} = \frac{u_{od}}{A_u} \tag{8-1}$$

式中　u_{id}——等效至输入端的漂移电压；

　　　A_u——放大器的电压放大倍数；

　　　u_{od}——输出端的漂移电压。

2. 抑制办法

为了抑制放大器的零点漂移，广泛采用差动放大电路来抑制零漂，其基本思想是用特性相同的两个管子来提供输出，使它们的零点漂移互相抵消。

8.1.2　集成运算放大器的基本组成及符号

不管是什么型号的组件，集成运算放大器基本上都由输入级、中间级、输出级和偏置电路四部分组成，如图 8-1 所示。

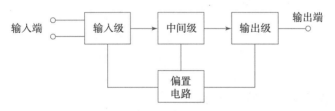

图 8-1　运算放大器的基本组成

（1）偏置电路的作用是向各放大级提供合适的偏置电流，确定各级静态工作点。

（2）输入级是运算放大器的关键部分，一般由差动放大电路组成。它具有输入电阻很高、能有效地放大有用（两个输入信号之差，即差模）信号、抑制干扰（两个输入信号平均值，即共模）信号的特点，差动电路及抑制温漂过程如图 8-2 所示。

电路的特点是由左右两个结构、参数完全相同的单管共发射极放大电路并接而成；有

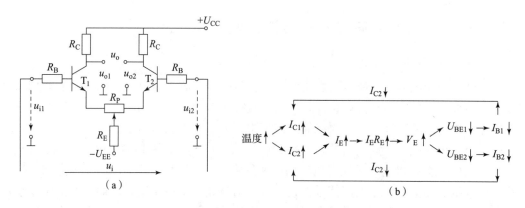

图 8 - 2　典型差动放大电路

（a）电路结构；（b）抑制温漂过程

两个输入端 u_{i1}、u_{i2}；两个直流电源供电。此电路是完全对称的结构，由于温度变化引起两管集电极电位偏移量相同，故输出 u_o 为零，其动态过程如图 8 - 2（b）所示。

（3）中间级一般由共发射极放大电路构成，主要任务是提供足够大的电压放大倍数。

（4）输出级一般采用射极输出器或互补对称电路，以减小输出电阻，能输出较大的功率推动负载。此外，输出级应有过载保护措施，以防输出端意外短路或负载电流过大而烧毁功率管。

作为集成电路，重要的是掌握它的引脚定义、性能参数和应用方法，我们在介绍时也侧重于这些方面。

运算放大器的符号如图 8 - 3 所示，其中反相输入端和同相输入端分别用符号 "—" 和 "＋" 标明。所谓反相输入，是指在此端输入信号后，集成运算放大器将输出一个与输入信号反相且放大 A 倍的信号；而所谓同相输入，是指在此端输入信号后，集成运算放大器将输出一个与输入信号同相且放大 A 倍的信号。

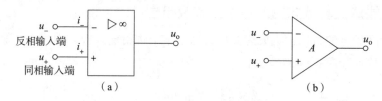

图 8 - 3　运算放大器的符号

（a）新标准符号；（b）国际惯用符号

8.1.3　典型集成运算放大器芯片

1. 集成电路分类及外形

集成电路按其功能分为模拟集成电路和数字集成电路；集成电路按集成度（单片上能集成的元器件数目）可分为小规模集成电路（SSI）、中规模集成电路（MSI）、大规模集成电路（LSI）、超大规模集成电路（VLSI）；按用途特点可分为通用型运算放大器和专用型运算放大器。

图 8 - 4 为集成电路的几种封装形式，图 8 - 4（a）是金属圆壳封装，图 8 - 4（b）是

扁平式塑料封装，图 8 - 4（c）是双列直插式封装。对于集成功率放大器和集成稳压电源，还带有金属散热片及安装孔。图 8 - 4（d）是超大规模集成电路的一种封装形式，外壳多为塑料。集成电路封装的引线一般有 8、12、14、18、24 根等。

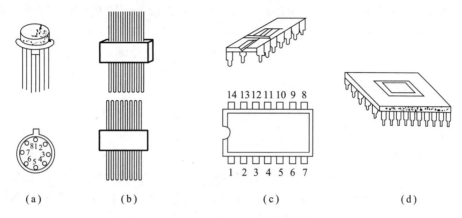

图 8 - 4　半导体集成电路外形图

（a）金属圆壳封装；（b）扁平式塑料封装；（c）双列直插式封装；（d）超大规模集成电路封装

2. 几种典型的运算放大器芯片

1）双电源通用型单运算放大器 μA741

μA741 在一个芯片上集成了 1 个通用运算放大器，其结构如图 8 - 5（a）所示。它工作所需的最大电源电压为 ±15 V，输入失调电压 U_{IO} 电压范围为 2 ~ 10 mV，输入偏置电流 I_{IB} 范围为 300 ~ 1 000 nA，开环增益为 100 ~ 106 dB。

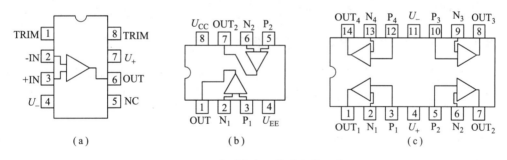

图 8 - 5　典型集成运算放大器芯片

（a）μA741；（b）LF353；（c）LM324

2）双电路 JEFT 输入运算放大器 LF353

LF353 是使用极为广泛的普通型双运算放大电路，其结构如图 8 - 5（b）所示。它的主要技术参数是：输入失调电压为 5 mV，偏置电流为 50 pA，增益带宽为 4 MHz，转换速率为 13 V/μs，最大电源电压为 ±18 V，工作电流为 3.6 mA（双电路），差模输入电压为 ±30 V，共模输入电压为 ±15 V，共模抑制比为 100 dB。可见，其特点是工作电压高，频率响应快。

3）单电源通用四运算放大器 LM324

LM324 是在一个芯片上集成了 4 个特性近似相同的高增益、内补偿放大器的单电源

（也可以是双电源）通用运算放大器，其结构如图 8 – 5（c）所示。它适用于需要多个运放，且输入电压范围相同的电路系统。它需要的工作电流小，功耗低，每个运放静态功耗约为 0.8 mA，但驱动电流可达 40 mA。在单电源供电的情况下，输入电压范围为 0 ~（U_{CC} – 1.5）V，可以用于采用电池供电的场合。它的主要技术参数为：增益带宽 1 MHz，直流电压增益 100 dB，输入偏移电流 45 nA，输入偏置电压 2 mV，温漂 7 μV/℃，供电电压 32 V（单电压）或 ±16 V（双电压），输入电流 50 mA，工作温度范围 0 ~ 70 ℃。

8.1.4　集成运算放大器的特点

（1）在集成电路工艺中还难于制造电感元件；制造容量大于 200 pF 的电容也比较困难，而且性能很不稳定，所以集成电路中要尽量避免使用电容器。对于必须使用电容的场合，大多采用外接的办法。

（2）运算放大器的输入级都采用差动放大电路，它要求两管的性能相同。而集成电路中的各个晶体三极管是通过同一工艺过程制作在同一硅片上的，容易获得特性一致，因此容易制成温度漂移很小的运算放大器。

（3）在集成电路中，比较合适的阻值为 100 Ω ~ 30 kΩ，而制作高阻值的电阻成本高，占用面积大，且阻值偏差在 10% ~ 20%。因此，在集成运算放大器中往往用晶体三极管恒流源来代替电阻。必须用直流高阻值电阻时，常采用外接方式。

（4）集成电路中的二极管都采用晶体三极管构成，把发射极、基极、集电极当组配使用。

可见，集成电路的内部电路设计与分立元件电路设计是有区别的，目前集成运算放大器已成为一种基本的元件，其主要特点是高增益、高可靠性、低成本、小尺寸，可以用来放大交直流信号，在许多方面有广泛应用。

8.1.5　集成运算放大器的主要性能指标

为了描述集成运算放大器的性能，合适地选用放大器，提出了许多项技术指标，必须了解各主要参数的含义，现将常用的几项分别介绍如下。

1）开环差模电压增益 A_{od}

指运算放大器组件没有外接反馈电阻（开环）时的直流差模电压放大倍数。一般用对数表示，单位为分贝（dB）。它的定义是

$$A_{od} = 20\lg \left| \frac{\Delta U_o}{\Delta U_- - \Delta U_+} \right| \tag{8 – 2}$$

A_{od} 愈大，运算电路精度愈高，工作性能愈好。A_{od} 均为 $10^4 \sim 10^7$，即 80 ~ 140 dB，高质量集成运算放大器 A_{od} 可达 140 dB 以上。

2）共模抑制比 K_{CMR}

差动放大电路最重要的性能特点是能放大差模信号（有用信号），抑制共模信号（漂移信号）。因此衡量差动放大电路对零漂的抑制效果及优劣就归结为其 A_{ud} 和 A_{uc} 的比值，通常用共模抑制比 K_{CMR} 来表征。

$$K_{CMR} = \frac{A_{ud}}{A_{uc}} \quad 或 \quad K_{CMR} = 20\lg \left| \frac{A_{ud}}{A_{uc}} \right| \quad (dB) \tag{8 – 3}$$

显然共模抑制比愈大,差动放大电路分辨所需要的差模信号的能力就愈强,而受共模信号的影响就愈小。性能好的集成运放其 K_{CMR} 可达 120 dB 以上。共模抑制比越大越好。

3）最大输出电压 U_{OPP}

指运算放大器组件在不失真的条件下的最大输出电压。以 F007 为例,当电源电压为 ± 15 V 时,U_{OPP} 均为 ± 12 V。由于 $A_{od} = 10^5$,故输入差模电压 u_{id} 的峰 – 峰值最大不超过 ± 0.1 mV。若 u_{id} 超过此范围,则运算放大器将处于非线性状态（饱和或截止）,输出电压 u_o 不再跟着输入信号变化,运放组件处于非线性工作状态。

此外,运算放大器还有输入失调电压 U_{IO}、输入失调电流 I_{IO}、输入偏置电流 I_{IB}、最大差模输入电压 U_{IDM}、最大共模输入电压 U_{ICM} 等参数,在此不再叙述。

8.1.6　理想运算放大器

1. 理想运算放大器的技术指标

在分析集成运算放大器的各种应用电路时,常常将其中的集成运算放大器看成是一个理想运算放大器。所谓理想运算放大器就是将集成运算放大器的各项技术指标理想化,理想化的主要条件如下。

（1）开环差模电压增益 $A_{od} \rightarrow \infty$。

（2）差模输入电阻 $r_{id} \rightarrow \infty$。

（3）输出电阻 $r_o \rightarrow 0$。

（4）共模抑制比 $K_{CMR} \rightarrow \infty$。

电压传输特性是指输出电压与输入电压的关系曲线。其传输特性如图 8 – 6 所示,输入与输出之间存在线性关系区,也存在非线性关系区,实际的集成运算放大器当然不可能达到上述理想化的技术指标（理想特性关系）。但是,由于集成运算放大器工艺水平的不断改进,集成运算放大器产品的各项性能指标愈来愈好。因此,一般情况下,在分析估算集成运放的应用电路时,将实际运算放大器视为理想运算放大器所造成的误差,在工程上是允许的。

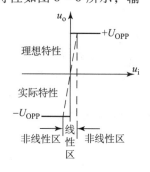

图 8 – 6　集成运放的
电压传输特性

实际运算放大器的传输特性如图 8 – 6 特性曲线中虚线所示。

在分析运算放大器应用电路的工作原理时,运用理想运放的概念,有利于抓住事物的本质,忽略次要因素,简化分析的过程。在以后的分析中,如无特别说明,均将集成运算放大器作为理想运算放大器来考虑。

2. 理想运算放大器的工作特点

在各种应用电路中,集成运算放大器的工作范围可能有两种情况:工作在线性区或工作在非线性区。当工作在线性区时,集成运算放大器的输出电压与其两个输入端的电压之间存在着线性放大关系,即

$$u_o = A_{od}(u_+ - u_-) \tag{8-4}$$

式中,u_o 为集成运算放大器的输出端电压;u_+ 与 u_- 分别为其同相输入端电压和反相输入端电压;A_{od} 为开环差模电压增益。

如果输入端电压的幅度比较大，则集成运算放大器的工作范围将超出线性放大区域而到达非线性区，此时集成运算放大器的输出/输入信号之间将不满足式（8-4）。

当集成运算放大器分别工作在线性区或非线性区时，各自有若干重要的特点，下面分别进行讨论。

1）理想运算放大器工作在线性区时的特点

（1）理想运算放大器的输入电流等于零。

由于理想运算放大器差模输入电阻 $r_{id} \rightarrow \infty$，故可认为反相输入端和同相输入端的输入电流小到近似等于0，即运算放大器本身不取用电流：

$$i_- = i_+ \approx 0 \tag{8-5}$$

上式表明流入集成运算放大器的两个输入端的电流可视为0，但不是真正的断路，故称为"虚断"。

（2）理想运算放大器的差模输入电压等于零。

由于理想运算放大器开环电压放大倍数 $A_{od} \rightarrow \infty$，而输出电压又是一个有限数值，所以 $u_+ - u_- = u_o/A_{od} \approx 0$，于是反相输入端与同相输入端电位相等。

即集成运算放大器两个输入端之间的电压非常接近于相等，但又不是短路，故称为"虚短"。

$$u_+ \approx u_- \tag{8-6}$$

虚短是高增益的运算放大器组件引入深度负反馈的必然结果，只在闭环状态下，工作于线性区的运算放大器才有虚短现象，离开上述前提条件，虚短现象不复存在。

（3）若同相输入端接"地"（$u_+ = 0$），则反相输入端近似等于"地"电位，称为"虚地"。

$$u_- \approx u_+ = 0 \tag{8-7}$$

当运算放大器工作在线性区时，u_o 和（$u_+ - u_-$）是线性关系，运算放大器是一个线性放大元件。由于运算放大器的开环电压放大倍数 A_{od} 很高，即使输入 mV 级以下的信号，也足以使输出电压饱和，其饱和值为 $+U_{OPP}$ 或 $-U_{OPP}$，达到接近正、负电源电压值；同时由于干扰的存在，使工作难于稳定。为此要使运算放大器工作在线性区，通常都要引入深度电压负反馈。

2）理想运算放大器工作在非线性区时的特点

如果运算放大器工作信号超出了线性放大的范围，则输出电压不再随着输入电压线性增长，而将达到饱和，运算放大器将工作在饱和区，此时，不能满足式（8-4）的关系。

（1）输出电压 u_o 要么等于 $+U_{OPP}$，要么等于 $-U_{OPP}$。

当 $u_+ > u_-$ 时，$u_o = +U_{OPP}$；当 $u_+ < u_-$ 时，$u_o = -U_{OPP}$。

在非线性区内，运算放大器的差模输入电压（$u_+ - u_-$）可能很大，即 $u_+ \neq u_-$。也就是说，此时，"虚短"现象不复存在。

（2）理想运算放大器的输入电流等于0。

在非线性区，虽然运算放大器两个输入端的电压不等，但因为 $r_{id} \rightarrow \infty$，故仍认为此时输入电流等于0，即 $i_- = i_+ \approx 0$。

综上所述，理想运算放大器工作在线性区或非线性区时，各有不同的特点。因此，在分析各种应用电路的工作原理时，首先必须判断其中的集成运算放大器究竟工作在哪个区域。

【思考与练习】

8.1.1 运算放大器由哪些部分组成？射极输出器、互补对称功率放大电路、差动放大电路各适用于哪个部分电路？

8.1.2 集成运算放大器有两个输入端，为什么把其中一个称为同相输入端，而另一个称为反相输入端？可以任意互换吗？

8.1.3 什么叫"虚断""虚短"和"虚地"？$u_+ = u_-$ 与 $u_+ = u_- = 0$ 各属于哪种情况？

知识链接 8.2 集成运算放大器的线性应用电路

当集成运算放大器外部接不同的线性或非线性元器件将输出信号（部分或全部）回送给输入端构成负反馈电路时，可以灵活地实现各种特定的函数关系（各种模拟信号的比例、求和、积分、微分、对数、指数等数学运算）。正确判断集成运算放大器反馈极性和反馈的类型，是分析反馈放大电路的基础。

8.2.1 反馈方框图及组态判别方法

反馈是指将输出信号（电压或电流）的部分或全部通过一条电路反向送回输入端的过程。相关的电路或元件就称为反馈电路或反馈元件。放大电路通过反馈电路作用使放大电路的性能得到改善。

1. 反馈方框图

构成反馈放大电路的一般方框图如图 8－7 所示，图中 $A = \dot{X}_o / \dot{X}'_i$ 称为反馈放大电路的开环放大倍数，$A_F = \dfrac{\dot{X}_o}{\dot{X}_i} = \dfrac{\dot{X}_o}{\dot{X}_F + \dot{X}'_i} = \dfrac{A}{1 + AF}$ 称为闭环放大倍数，$(1 + AF)$ 称为反馈深度，反映负反馈的程度。

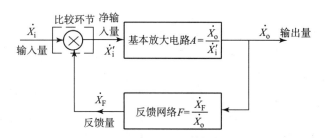

图 8－7 反馈放大电路的一般方框图

2. 反馈组态及判断方法

反馈组态一般有电压并联负反馈、电压串联负反馈、电流并联负反馈、电流串联负反馈 4 种类型。其判别方法可按以下步骤进行。

1）有无反馈的判断

检查电路中是否存在反馈元件。反馈元件是指在电路中把输出信号回送到输入端的元件。反馈元件可以是一个或若干个，比如，可以是一根连接导线，也可以是由一系列运放、电阻、电容和电感组成的网络，但它们的共同点是一端直接或间接地接于输入端，另一端直接或间接地接于输出端。

2）反馈组态的判断

（1）电压反馈和电流反馈。

电压反馈：反馈信号取自输出电压的部分或全部，如图8－8（a）所示。

判别方法：使输出端短路 $u_o = 0$（R_L 短路），若反馈消失则为电压反馈。

电流反馈：反馈信号取自输出电流，如图8－8（b）所示。

判别方法：使输出端短路 $u_o = 0$（R_L 短路），若反馈依然存在则为电流反馈。

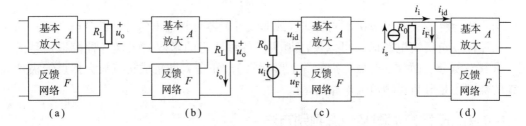

图8－8　反馈电路类型

（a）电压反馈；（b）电流反馈；（c）串联反馈；（d）并联反馈

（2）串联反馈和并联反馈。

串联反馈：反馈信号与输入信号以电压相加减的形式在输入端出现或反馈信号端与输入信号端不接于同一点，如图8－8（c）所示。

$$u_{id} = u_i - u_F \tag{8-8}$$

特点：信号源内阻越小，反馈效果越明显。

并联反馈：反馈信号与输入信号以电流相加减的形式在输入端出现或反馈信号端与输入信号端接于同一点，如图8－8（d）所示。

$$i_{id} = i_i - i_F \tag{8-9}$$

特点：信号源内阻越大，反馈效果越明显。

（3）反馈极性（正、负反馈）的判断。

若反馈信号使净输入信号减弱，则为负反馈；若反馈信号使净输入信号加强，则为正反馈。反馈极性的判断多用瞬时极性法。

瞬时极性法——假设放大电路中的输入电压处于某一瞬时极性（正半周为正，用"⊕"表示，负半周为负，用"⊖"表示），沿放大电路通过反馈网络再回到输入回路，依次判定出电路中各点电位的瞬时极性，如果反馈信号与原假定的输入信号瞬时（变化）极性相同，则表明为正反馈，否则为负反馈。

判别规律总结：反馈信号与输入信号在不同节点为串联反馈，在同一个节点为并联反馈。反馈取自输出端或输出分压端为电压反馈，反馈取自非输出端为电流反馈。

8.2.2　比例运算电路

1. 反相比例运算电路

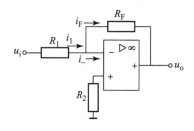

图 8-9　反相比例运算电路

在图 8-9 所示电路中，输入信号 u_i 经 R_1 加在反相输入端与"地"之间。输出信号 u_o 与 u_i 反相；同相输入端经 R_2 接地，反馈电阻 R_F 跨接于输入与输出端之间。把 u_o 反馈至输入端以形成深度并联电压负反馈。

1) 电路分析

由于运放器本身不取用电流，$i_- \approx 0$，所以 $i_1 \approx i_F$，而 $i_1 = (u_i - u_-)/R_1$，$i_F = (u_- - u_o)/R_F$，又因为同相输入端 u_+ 接"地"，反相输入端 u_- 为"虚地"，由此得到

$$i_1 = u_i/R_1$$
$$i_F = -u_o/R_F$$

所以 $\dfrac{u_i}{R_1} \approx -\dfrac{u_o}{R_F}$，即

$$u_o = -\frac{R_F}{R_1}u_i \quad \text{或} \quad A_F = \frac{u_o}{u_i} = -\frac{R_F}{R_1} \tag{8-10}$$

上式表明，引入了深度负反馈后，运算放大器的闭环电压放大倍数与运放组件本身参数无关，只决定于外接电阻。同时也说明输入电压与输出电压是比例运算关系，式中负号表明输入信号与输出信号反相位。

如果 $R_1 = R_F$，则 $u_o = -u_i$，此时的反相比例运放电路称为反相器或反号器。

同相输入端的外接电阻 R_2 称为平衡电阻，其作用是保证运算放大器差动输入级输入端静态电路的平衡。R_2 一般取值为 $R_1 /\!/ R_F$。

【例 8-1】　在图 8-9 中，设 $R_1 = 10\ \text{k}\Omega$，$R_F = 50\ \text{k}\Omega$，求 A_F；如果 $u_i = 0.5\ \text{V}$，求 $u_o = ?$

解：
$$A_F = \frac{u_o}{u_i} = -\frac{R_F}{R_1} = -\frac{50}{10} = -5$$
$$u_o = A_F u_1 = (-5) \times 0.5 = -2.5\ (\text{V})$$

2) 反馈类型判别

下面来分析反馈的极性与类型。

从图 8-9 中可看出反馈电路自输出端引出而接到反相输入端。设 u_i 为正（"⊕"），则 u_o 为负（"⊖"），此时反相输入端的电位高于输出端的电位，输入电流 i_1 和反馈电流 i_F 的实际方向如图 8-9 中所示，流进运算放大器本身的电流为 $i_- = i_d = i_1 - i_F$，即 i_F 削弱了净输入电流，故为负反馈。

另外，反馈信号与输入信号在同一节点引入，以电流的形式出现，它与输入信号并联，故为并联反馈。反馈电流 i_F 取自输出电压 u_o，即与 u_o 成正比，故为电压反馈。所以反相比例运算电路是一个并联电压负反馈的电路，如图 8-10 所示。

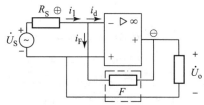

图 8-10　并联电压负反馈电路

2. 同相比例运算电路

同相比例运算电路如图 8 – 11（a）所示。输入信号 u_i 经电阻 R_2 接到同相输入端与"地"之间，反相输入端通过 R_1 接"地"。

1）电路分析

同样，由于运算放大器本身不取用电流，$i_1 \approx i_F$，而 $u_i = u_+ = u_-$，所以得到

$$\frac{0 - u_i}{R_1} \approx \frac{u_i - u_o}{R_F}$$

即

$$u_o = \left(1 + \frac{R_F}{R_1}\right)u_i \quad \text{或} \quad A_F = \frac{u_o}{u_i} = 1 + \frac{R_F}{R_1} \tag{8 – 11}$$

上式表明，在同相比例运算电路中，其 u_o 与 u_i 的比值为 $1 + R_F/R_1$。

如果 $R_F = 0$，则 $u_o = u_i$，此时的同相比例运算电路称为同号器或电压跟随器。和前面交流放大器所讨论过的射极跟随器一样，同号器也具有很高的输入电阻和很小的输出电阻。同号器中 R_F 与 R_2 均可除去，如图 8 – 11（b）所示。

2）反馈类型判别

同相放大器

由图 8 – 11（a）可见，反馈电路自输出端引出接到反相输入端，再经电阻 R_1 接"地"。设 u_i 为正，则 u_o 也为正，此时反相输入端的电位低于输出端的电位但高于"地"的电位，i_1 和 i_F 的实际方向与图 8 – 11（a）中正方向相反。经 R_F 和 R_1 分压后，反馈电压 $u_F = -i_1 R_1$ 是 u_o 的一部分，净输入电压 $u_d = u_i - u_F$，u_F 削弱 u_d，故为负反馈。另外反馈信号与输入信号分别接在运放器的两个输入端，以电压的形式出现，反馈电压 $u_F = u_o R_1/(R_1 + R_F)$ 并与 u_o 成正比，故为电压反馈。它与输入信号串联，故为串联反馈。所以同相比例运算电路是一个串联电压负反馈的电路，如图 8 – 12 所示。

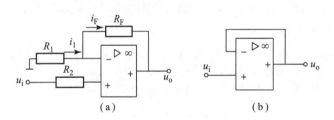

图 8 – 11 同相比例运算电路

（a）同相比例运算电路；（b）同号器

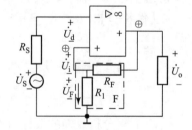

图 8 – 12 串联电压负反馈电路

8.2.3 加法、减法运算电路

1. 加法电路

1）反相加法运算电路

在反相输入端接上若干输入电压，就构成反相加法运算电路，如图 8 – 13 所示。由于集成运算放大器本身不取用电流，即 $i_+ = i_- = 0$，所以有

$$i_{11} + i_{12} + i_{13} = i_F$$

考虑到反相输入时，反相输入端为"虚地"，即 $u_- = u_+ = 0$，则

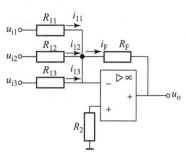

$$\frac{u_{i1}}{R_{11}} + \frac{u_{i2}}{R_{12}} + \frac{u_{i3}}{R_{13}} = -\frac{u_o}{R_F}$$

即
$$u_o = -\left(\frac{R_F}{R_{11}}u_{i1} + \frac{R_F}{R_{12}}u_{i2} + \frac{R_F}{R_{13}}u_{i3}\right) \qquad (8-12)$$

平衡电阻 $R_2 = R_{11} /\!/ R_{12} /\!/ R_{13} /\!/ R_F$，若使 $R_{11} = R_{12} = R_{13} = R_F$，则有

图 8 – 13　反相加法运算电路

$$u_o = -(u_{i1} + u_{i2} + u_{i3}) \qquad (8-13)$$

2）同相加法运算电路

图 8 – 14 所示为同相加法运算电路，图中由于集成运算放大器本身不取用电流，即 $i_+ = i_- = 0$，则有

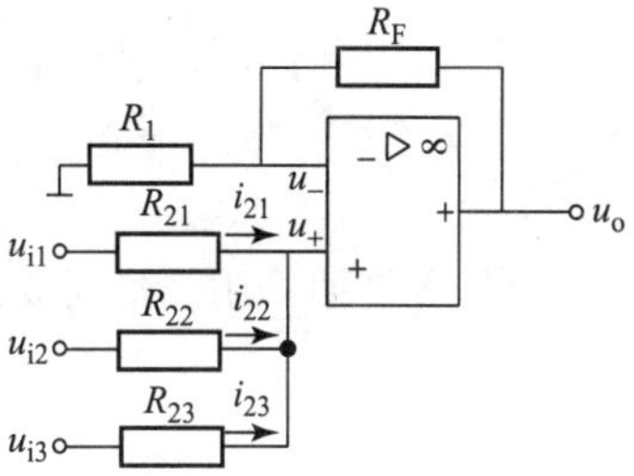

$$i_{21} + i_{22} + i_{23} = 0$$

$$\frac{u_{i1} - u_+}{R_{21}} + \frac{u_{i2} - u_+}{R_{22}} + \frac{u_{i3} - u_+}{R_{23}} = 0$$

由于 $u_- = \dfrac{R_1}{R_1 + R_F}u_o \approx u_+$，所以

$$u_o = \left(1 + \frac{R_F}{R_1}\right)\frac{\dfrac{u_{i1}}{R_{21}} + \dfrac{u_{i2}}{R_{22}} + \dfrac{u_{i3}}{R_{23}}}{\dfrac{1}{R_{21}} + \dfrac{1}{R_{22}} + \dfrac{1}{R_{23}}} \qquad (8-14)$$

图 8 – 14　同相加法运算电路

若使 $R_{21} = R_{22} = R_{23}$，且 $R_F = 2R_1$，则有

$$u_o = u_{i1} + u_{i2} + u_{i3} \qquad (8-15)$$

必须指出，在同相输入运放电路中，加在两个输入端的信号 $u_- \approx u_+$，是一对大小近似相等、相位相同的共模信号。因此，采用同相输入方式时，应保证输入电压小于集成运放组件所允许的最大共模输入电压。

【例 8 – 2】　一个测量系统的输出电压和一些待测量（经传感器变换为信号）的关系为 $u_o = 2u_{i1} + 0.5u_{i2} + 4u_{i3}$，试用集成运算放大器构成信号处理电路，若取 $R_F = 100\ \text{k}\Omega$，求各电阻阻值。

解：输入信号为加法关系，故第一级采用加法电路，输入信号与输出信号要求同相位，所以再加一级反相器，电路构成如图 8 – 15 所示。

推导第一级电路的各电阻阻值：

$$u_o = -\left(\frac{R_F}{R_{11}}u_{i1} + \frac{R_F}{R_{12}}u_{i2} + \frac{R_F}{R_{13}}u_{i3}\right)$$

由 $R_F = 100\ \text{k}\Omega$ 得：$R_{11} = 50\ \text{k}\Omega$、$R_{12} = 200\ \text{k}\Omega$、$R_{13} = 25\ \text{k}\Omega$；平衡电阻 $R_{b1} = R_{11} /\!/ R_{12} /\!/ R_{13} /\!/ R_F = 50 /\!/ 200 /\!/ 25 /\!/ 100 = 16$（$\text{k}\Omega$）。

第二级为反相电路：$R_{21} = R_F = 100\ \text{k}\Omega$；平衡电阻 $R_{b2} = R_{21} /\!/ R_F = 100 /\!/ 100 = 50$（$\text{k}\Omega$）。

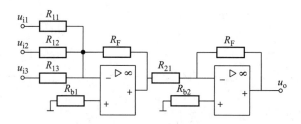

图 8-15 例 8-2 电路图

2. 减法电路

差动输入方式如图 8-16 所示，输入信号 u_{i1} 和 u_{i2} 分别经电阻 R_1 和 R_2 加在反相和同相输入端。由于运算放大器是在线性条件下工作，因此可以运用叠加原理求出其运算关系。

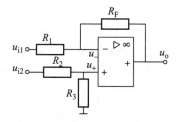

图 8-16 反相差动输入电路

设 u_{i1} 单独作用，这时 $u_{i2} = 0$（接地），这是反相运算方式，故

$$u_o' = -(R_F/R_1)u_{i1}$$

设 u_{i2} 单独作用，这时 $u_{i1} = 0$（接地），这是同相运算方式，故

$$u_o'' = (1 + R_F/R_1)u_+$$

由于 u_{i2} 不是直接接在同相输入端，而是经 R_2 和 R_3 分压后才接到同相输入端，故

$$u_+ = \frac{R_3}{R_2 + R_3}u_{i2}$$

u_{i1} 和 u_{i2} 同时作用时，输出电压 u_o 为

$$u_o = u_o' + u_o'' = -\frac{R_F}{R_1}u_{i1} + \left(1 + \frac{R_F}{R_1}\right)\frac{R_3}{R_2 + R_3}u_{i2} \tag{8-16}$$

若 $R_1 = R_2$，$R_3 = R_F$，式（8-16）可写为 $u_o = \dfrac{R_F}{R_1}(u_{i2} - u_{i1})$，可以实现比例减法运算。

若取 $R_1 = R_2 = R_3 = R_F$ 则

$$u_o = u_{i2} - u_{i1} \tag{8-17}$$

这就实现了减法运算。

8.2.4 微分、积分运算及电流-电压转换电路

1. 微分电路

如图 8-17 所示，将反相比例运算电路中的 R_1 换成电容 C，就是微分运算电路，选定电容端电压与电流为关联参考方向，已知电容 C 的端电

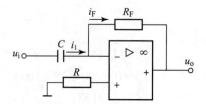

图 8-17 微分运算电路

压 u_C，则通过电容的电流 $i_1 = C\dfrac{\mathrm{d}u_C}{\mathrm{d}t}$。

由于有 $i_- \approx 0$，u_- 端为"虚地"，故 $i_1 \approx i_F$，则有

$$i_1 = C\frac{\mathrm{d}u_C}{\mathrm{d}t} = C\frac{\mathrm{d}u_i}{\mathrm{d}t}, \quad i_F = -\frac{u_o}{R_F}, \quad \text{于是} \quad C\frac{\mathrm{d}u_i}{\mathrm{d}t} = -\frac{u_o}{R_F},$$

即

$$u_o = -R_F C\frac{\mathrm{d}u_i}{\mathrm{d}t} \tag{8-18}$$

上式说明了输出电压 u_o 与输入电压 u_i 的微分成正比。若 u_i 为直流电压 U，则 $u_o = 0$，如图 8-18（a）、（b）所示。

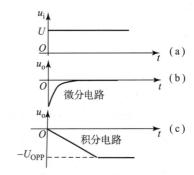

2. 积分电路

如图 8-19 所示，将反相比例运算电路中的 R_F 换成电容 C_F，则成为积分运算电路。同样，由于有 $u_+ = u_- = 0$，$i_1 \approx i_F$，故 $i_1 = u_i/R_1$。而 i_F 是流经电容 C_F 的电流，所以有

图 8-18　阶跃电压作用下的微分与积分电路输出电压波形

$$u_o = -u_C = -\frac{1}{C_F}\int i_F \mathrm{d}t = -\frac{1}{C_F}\int i_1 \mathrm{d}t$$

$$= -\frac{1}{C_F}\int \frac{u_i - u_-}{R_1}\mathrm{d}t = -\frac{1}{R_1 C_F}\int u_i \mathrm{d}t \tag{8-19}$$

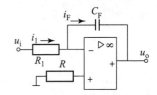

上式说明，输出电压 u_o 与输入电压 u_i 的积分成正比。若 u_i 为直流电压 U，则

图 8-19　积分运算电路

$$u_o = -\frac{U}{R_1 C_F}t \tag{8-20}$$

可见 u_o 与时间 t 具有线性关系。由图 8-18（c）可知，当积分时间足够大时，u_o 达到集成运放输出负饱和值 $-U_{OPP}$，此时运放进入非线性状态。若此时去掉信号（$u_i = 0$），由于电容无放电回路，输出电压 u_o 维持在 $-U_{OPP}$，当 u_i 变为负值时，电容将反向放电，输出电压从 $-U_{OPP}$ 开始增加。

3. 电流－电压转换电路

1）电流－电压转换器

在工业控制仪表中，常常需要将各种信号（电压信号或电流信号）互相转换。图 8-20 所示电路是能实现电流、电压线性转换的电流－电压转换电路。

由图 8-20 可知，它属于反相输入方式电路，$u_- = 0$，反相输入端是"虚地"。

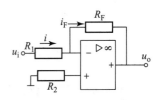

$$i = i_F = -u_o/R_F$$

故

图 8-20　电流－电压转换电路

$$u_o = -R_F i \tag{8-21}$$

上式说明了电流 i 和输出电压 u_o 之间的线性转换关系，即电流信号可转换成电压信

号。例如光电器件产生的光电流是数值很小的待测电流，通过该电路则可以把它转换成电压进行测量。

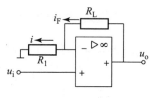

2）电压－电流转换器

图 8 - 21 所示是将电压转换为电流的电路，输入电压信号接在同相输入端，负载电阻 R_L 接在反馈回路中。

由于有 $u_- \approx u_+$ 且 $u_+ = u_i$，故 $i = u_-/R_1 = u_i/R_1$。由于 $i_- \approx 0$，故

图 8 - 21　电压－电流转换电路

$$i_F = i = \frac{u_i}{R_1} \qquad (8-22)$$

上式说明 i_F 与 u_i 成正比，而与负载 R_L 的大小无关。同时，由于运放组件输入电阻很高，因而输出电流 i_F 的大小对信号源的工作没有影响。

【思考与练习】

8.2.1　为什么说反相比例运算电路（图 8 - 9）属于深度并联电压负反馈电路，而同相比例运算电路（图 8 - 11）属于深度串联电压负反馈电路？哪一种输入方式的输入电阻大？

8.2.2　在运算放大器中，由于其输入电阻很高，使得流入组件的电流接近于零，既然如此，是否可以把反相输入端断开？为什么？

8.2.3　在反相输入运算电路中，当同相输入端接"地"（$u_+ = 0$）时，反相输入端称为"虚地"，既然它的电位基本上为零，是否可以把该点与"地"连接起来？为什么？

8.2.4　如图 8 - 22 所示电路，求出输出与输入电压的关系，并说明电路的作用。

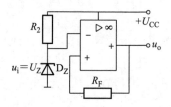

图 8 - 22　思考与练习 8.2.4 电路

8.2.5　欲实现 $u_{o1} = -2u_{i1}$，$u_{o2} = +3u_{i2}$，$u_{o3} = 3u_{i2} - 2u_{i1}$（$R_F = 50 \text{ k}\Omega$），请画出相应电路图并标出电阻阻值。

知识链接 8.3　集成运算放大器的非线性应用电路

当运算放大器处于开环或加有正反馈的工作状态时，由于开环放大倍数 A_{od} 很高，很小的输入电压或干扰电压就足以使放大器的输出电压达到饱和值。因而此时放大器的 u_o 和 u_i 之间不存在线性关系。放大器在这种状态下的应用称为非线性应用。

8.3.1　比较器

比较器是对输入信号进行鉴别和比较的电路，视输入信号是大于还是小于给定值来决定输出状态。它在测量、控制以及各种非正弦波发生器等电路中得到广泛应用。

图 8-23 所示电路为最简单的比较器，电路中无反馈环节，运算放大器在开环状态下工作。u_R 为基准电压，它可以为正值或负值，也可以为零值，接至同相端。输入信号接至反相端与 u_R 进行比较。

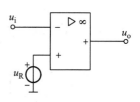

图 8-23　电压比较器

1. 过零比较器

若 $u_R = 0$，则输入信号 u_i 每次过零时，输出电压 u_o 都会发生突变，这种比较器称为过零比较器。过零比较器又分为反相输入过零比较器和同相输入过零比较器，反相输入过零比较器及传输特性如图 8-24 所示，同相输入过零比较器及传输特性如图 8-25 所示。图中的二极管 D_Z 起到双向限幅的作用，具体限制电压值视稳压管的稳压值而定。

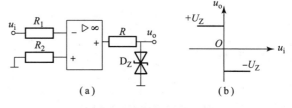

图 8-24　反相输入过零比较器

(a) 电路结构；(b) 传输特性

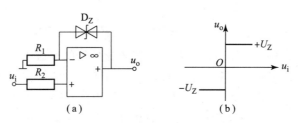

图 8-25　同相输入过零比较器

(a) 电路结构；(b) 传输特性

利用过零比较器可以实现信号的波形变换。

【例 8-3】　在图 8-26 所示电路中，若输入端 $u_i = 15\sin\omega t$ V，试分别画出 u_o、u_o' 及 u_L 的波形图。

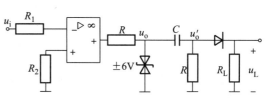

图 8-26　例 8-3 电路

解：（1）u_i 每过零一次，u_o 就产生一次跃变，其波形为方波，幅度被限制在 ±6.7 V，如图 8-27（b）所示。

（2）输出端 u_o 接入 RC 微分电路（$\tau = RC \gg T/2$，T 为输入信号周期）时，得到正反向的尖脉冲输出，如图 8-27（c）所示。

（3）再由二极管的反向隔离作用，使 u_L 波形只出现正值部分，如图 8-27（d）所示。

2. 任意值比较器

在图 8-23 所示电路中参考电压 $u_R \neq 0$ 时构成的电路为任意值电压比较器。其传输特性如图 8 – 28 所示。

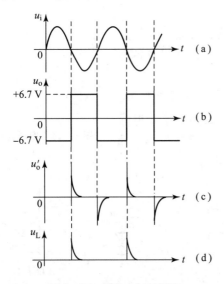

图 8 – 27 例 8 – 3 波形图

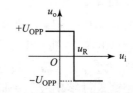

图 8 – 28 电压比较器传输特性

当 $u_i > u_R$ 时，$(u_+ - u_-) < 0$，组件处于负饱和状态，u_o 为负饱和值 $-U_{OPP}$。

当 $u_i < u_R$ 时，$(u_+ - u_-) > 0$，组件处于正饱和状态，u_o 为正饱和值 $+U_{OPP}$。

3. 滞回比较器

过零比较器在应用时，若 u_i 值在零值附近，由于零点漂移电压的存在，u_o 将不断地在 $\pm U_{OPP}$ 之间跳变，显然这是不好的。如果在过零比较器的基础上引入正反馈，即将输出电压通过电阻 R_F 再反馈到同相输入端，形成电压串联正反馈。其阈值电压就随输出电压的大小和极性而变，这时比较器的输入/输出特性曲线具有滞迟回线形状，这种比较器称为滞迟比较器或滞回比较器，又称为施密特触发器。如图 8 – 29 所示，输入信号加在反相输入端，而反馈信号作用于同相输入端，反馈电压为

$$u_F = u_+ = \frac{R_2}{R_F + R_2} u_o$$

如果比较器的输出电压 $u_o = +U_{OPP}$，要使 u_o 变为 $-U_{OPP}$，则 $u_i > u_+ = \frac{R_2}{R_F + R_2} U_{OPP}$。

如果比较器的输出电压 $u_o = -U_{OPP}$，要使 u_o 变为 $+U_{OPP}$，则 $u_i < u_+ = \frac{R_2}{R_F + R_2}(-U_{OPP})$。

在图 8 – 29（b）中，U_{TH1} 的计算式为

$$U_{TH1} = \frac{R_2}{R_F + R_2} U_{OPP} \tag{8 – 23}$$

为上阈值电压，即 $u_i > U_{TH1}$ 时，u_o 从 $+U_{OPP}$ 变为 $-U_{OPP}$。

$$U_{TH2} = \frac{R_2}{R_F + R_2}(-U_{OPP}) \tag{8 – 24}$$

为下阈值电压，即 $u_i < U_{TH2}$ 时，u_o 从 $-U_{OPP}$ 变为 $+U_{OPP}$。

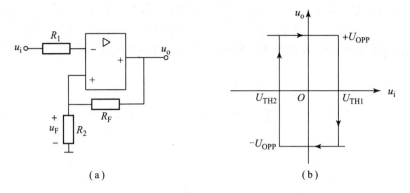

(a)　　　　　　　　　　　　(b)

图 8 - 29　滞回比较器

（a）电路结构；（b）传输特性

【**例 8 - 4**】　图 8 - 30 为集成运放理想组件，$u_i = 6\sin\omega t$ V，稳压管 D_{Z1} 和 D_{Z2} 的稳压值均为 6 V，试画出输出电压 u_o 的波形，并求出其幅值与周期。

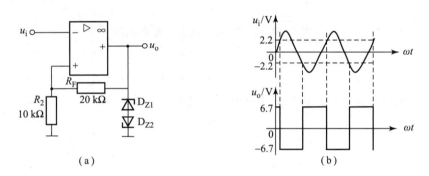

(a)　　　　　　　　　　　　(b)

图 8 - 30　例 8 - 4 图

（a）电路结构；（b）波形图

解：图 8 - 30（a）所示电路为滞回比较器，可求出上、下阈值电压，由于 D_{Z1} 与 D_{Z2} 的限幅作用，最大输出电压被限制在 ± 6.7 V 内。

$$U_{TH1} = \frac{R_2}{R_F + R_2} U_{om} = \frac{10}{20 + 10} \times 6.7 = 2.2 \text{ (V)}$$

$$U_{TH2} = \frac{R_2}{R_F + R_2} (-U_{om}) = \frac{10}{20 + 10} \times (-6.7) = -2.2 \text{ (V)}$$

滞回比较器的传输特性，属于下行特性。

当 $u_i > U_{TH1} = 2.2$ V 时，u_o 由 $+6.7$ V 变为 -6.7 V；

当 $u_i < U_{TH2} = -2.2$ V 时，u_o 由 -6.7 V 变为 $+6.7$ V。

由此可绘出输出电压波形，如图 8 - 30（b）所示。

8.3.2　方波发生器

过零比较器输出的方波是由外加正弦波转换来的，实质上是一种波形变换电路。如果在运算放大器的同相输入端引入适当的电压正反馈，则电路的电压放大倍数更高，输出与输入也不是线性关系，即运算放大器在不需要外接信号的情况下可自行输出方波。

图 8-31（a）是方波发生器的基本电路，输出电压 u_o 经电阻 R_1 和 R_2 分压，将部分电压通过 R_3 反馈到同相输入端作为基准电压，其基准电压与 u_o 同相位。其大小为

$$u_2 = \frac{R_2}{R_1 + R_2} u_o$$

同时，输出电压 u_o 又经 R_F 与 C 组成积分电路，将电容电压 u_C 作为输入电压接至反相端，与基准电压 u_2 进行比较。

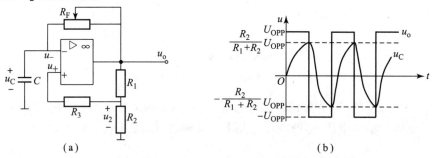

图 8-31　方波发生器的电路与波形图

（a）电路结构；（b）波形图

如在接通电源之前电容电压 $u_C = 0$，则接通电源后，由于干扰电压的作用，使输出电压 u_o 很快达到饱和值，而其极性则由随机因素决定。如设 $u_o = + U_{OPP}$ 正饱和值，则同相输入端电压为

$$u_+ = + \frac{R_2}{R_1 + R_2} U_{OPP}$$

同时随着电容的充电，反相输入端电压 $u_- = u_C$ 按指数规律上升，到 u_- 略大于 u_+ 时，输出电压 u_o 变为负值，并由于正反馈，很快从正饱和值 $+ U_{OPP}$ 变为负饱和值 $- U_{OPP}$。此时 u_+ 为负值，即

$$u_+ = - \frac{R_2}{R_1 + R_2} U_{OPP}$$

同时电容通过 R_F 和输出端放电并进行反向充电。当 u_- 反向充电到比 u_+ 更负时，u_o 又从 $- U_{OPP}$ 变为 $+ U_{OPP}$。如此反复翻转，输出端便形成矩形波振荡，如图 8-31（b）所示。可以证明，振荡周期为

$$T = 2R_F C \ln\left(1 + \frac{2R_2}{R_1}\right) \tag{8-25}$$

适当选取 R_1 和 R_2 阻值，使 $R_2 / R_1 = 0.86$，则振荡频率为

$$f = \frac{1}{2R_F C} \tag{8-26}$$

调节 R_F 阻值，即可改变输出波形的振荡频率。

【思考与练习】

8.3.1　电压比较器中的集成运放工作在什么状态？它的输出有哪两个状态？

8.3.2　电压比较器可以采用同相输入或反相输入方式，若要求 u_i 足够高时输出电压为低电平，此时输入应采用哪种方式？若要求 u_i 足够低时输出电平为高电平，此时输入应采用哪种方式？

8.3.3　在图 8 – 23 所示比较器电路中，设输入电压 $u_i = 5\sin\omega t$ mV，$u_R = 2$ mV，试画出输出信号 u_o 的波形。如果将 u_R 的极性对换（负端接同相输入端），u_o 的波形如何？若将 u_R 接到反相端，u_i 接至同相端，u_o 的波形又如何？

项目实施

（1）参照图 8 – 9 反相比例运算放大电路，元件参数如下：采用 LM324 运放，$U_{CC} = \pm 12$ V、$R_F = 120$ kΩ（R_F 一般取几十千欧至几百千欧）、$R_1 = 12$ kΩ（R_1 一般取几千千欧至几十千欧）、$R_2 = R_F // R_1$。

（2）设计并安装反相比例运算放大电路，要求输入阻抗 $R_2 = 10$ kΩ，闭环电压放大倍数 $A_{uF} = 10$。据此要求合理设计电阻参数：$R_F = $ _____ kΩ，$R_1 = $ _____ kΩ。

（3）搭建反相比较运算放大电路，在 LM324 芯片 4 脚、11 脚分别加上 + 12 V、– 12 V。

（4）当输入端加入 0.5 V 电压信号时，用万用表测量输出端 $U_o = $ _____ V。

（5）当输入端 u_i 接入 $f = 1$ Hz 的正弦交流电压，幅值自定，用示波器或万用表测量输出端电压值 $u_o = $ _____ V。

（6）在图 8 – 13 电路基础上减少一路输入信号 u_{i3}，选 $R_{11} = R_{12} = R$，构成两路反相加法运算电路，此时输出端电压表达式为 $u_o = $ _____。此时 $R_2 = R_F // R_{11} // R_{12}$。

（7）当输入端加入 0.5 V 电压信号时，用万用表测量输出端电压 $U_o = $ _____ V。

（8）当输入端电压 u_{i1}、u_{i2} 接入 $f = 1$ Hz 正弦交流电压，幅值自定，用示波器或万用表测量输出端电压值 $U_o = $ _____ V。

项目评价

评价项目	评价内容	评价等级	星级
职业素养	具有按无线电装接工职业标准规范搭建、测试电路的职业素养	★★★★★	
	懂得核心科技是国之重器，有专业强国精神	★★★★★	
专业能力	掌握芯片引脚测试的技能，能搭建运放应用电路并测试参数	★★★★★	
	能使用 Multisim 软件设计运放应用电路并测试参数	★★★★★	

习　题

1. 已知图 8-32 所示的电路中，输出最大电压 $U_{\mathrm{OPP}} = \pm 13$ V，试求：

（1）u_{o} 与 u_{i} 的运算关系；

（2）当 u_{i} 分别为 10 mV、-10 mV、1 V、-1 V、5 V、-5 V 时，试问输出电压 u_{o} 各为多少伏？

2. 已知图 8-33 所示的电路中，试求：

（1）若 $R_1 = 20$ kΩ，$R_{\mathrm{F}} = 100$ kΩ，则 $u_{\mathrm{o}} = ?$　（2）若 $R_{\mathrm{F}} = 100$ kΩ，$u_{\mathrm{o}} = 2u_{\mathrm{i}}$，则 $R_1 = ?$

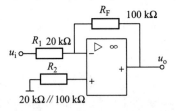

图 8-32　题 1 图

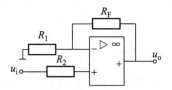

图 8-33　题 2 图

3. 对以下各运算关系式，画出其相应的运算电路，并计算出各电阻的阻值。

（1）$u_{\mathrm{o}} = -10u_{\mathrm{i}}$（$R_{\mathrm{F}} = 100$ kΩ）；　　　　（2）$u_{\mathrm{o}} = -(u_{\mathrm{i}1} + 0.5u_{\mathrm{i}2})$（$R_{\mathrm{F}} = 50$ kΩ）；

（3）$u_{\mathrm{o}} = 9u_{\mathrm{i}}$（$R_{\mathrm{F}} = 90$ kΩ）；　　　　（4）$u_{\mathrm{o}} = 0.8u_{\mathrm{i}}$；

（5）$u_{\mathrm{o}} = 3u_{\mathrm{i}2} - 2u_{\mathrm{i}1}$（$R_{\mathrm{F}} = 100$ kΩ）；　　（6）$u_{\mathrm{o}} = -400 \int u_{\mathrm{i}} \mathrm{d}t$（$C_{\mathrm{F}} = 0.05$ μF）；

（7）$u_{\mathrm{o}} = -200 \int u_{\mathrm{i}1} \mathrm{d}t - 100 \int u_{\mathrm{i}2} \mathrm{d}t$（$C_{\mathrm{F}} = 0.1$ μF）。

4. 有一个两信号相加的反相加法运算电路，其电阻 $R_{11} = R_{12} = R_{\mathrm{F}}$。若 $u_{\mathrm{i}1}$ 和 $u_{\mathrm{i}2}$ 分别为图 8-34 所示的波形，试画出输出电压的波形。

5. 在图 8-35 所示的电路中：$R_1 = 50$ kΩ，$R_2 = 33$ kΩ，$R_3 = 3$ kΩ，$R_4 = 2$ kΩ，$R_{\mathrm{F}} = 100$ kΩ，试求电压放大倍数 $A_{u\mathrm{F}}$。

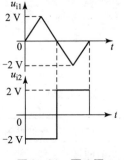

图 8-34　题 4 图

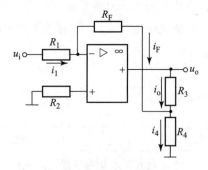

图 8-35　题 5 图

6. 试判断图 8-36 中各电路引入的极间反馈是正反馈还是负反馈？并判断反馈的类型。

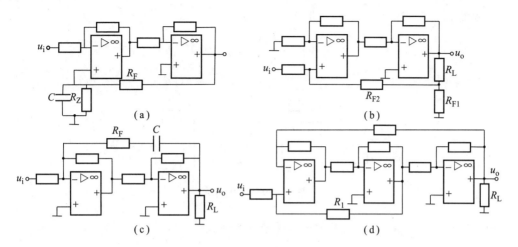

图 8 – 36　题 6 图

7. 图 8 – 37 所示电路中，$R_1 = R_4 = R$，$R_2 = 2R$，$R_3 = 5R$，求 u_o 和 u_i 的关系式。

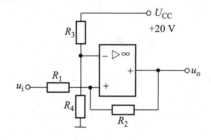

图 8 – 37　题 7 图

8. 试求图 8 – 38 中各电路的输出电压 u_o 与输入电压 u_i 之间的关系式。

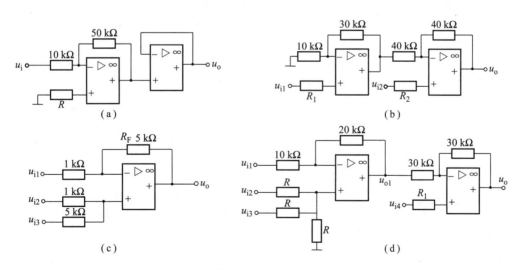

图 8 – 38　题 8 图

9. 电路如图 8-39 所示，试证明：

$$u_{o} = \left(1 + \frac{R_1}{R_2}\right)(u_{i2} - u_{i1})$$

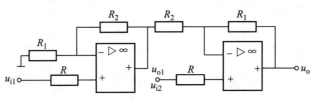

图 8-39　题 9 图

10. 试画出图 8-40 所示电路的电压传输特性曲线。

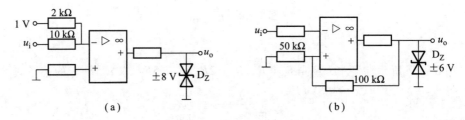

（a）　　　　　　　　　　　　　　（b）

图 8-40　题 10 图

11. 已知输入正弦电压 $u_i = 6\sin\omega t$ V，若将此信号加到图 8-41 所示电路中，试画出输出电压的波形图并标明有关数据。

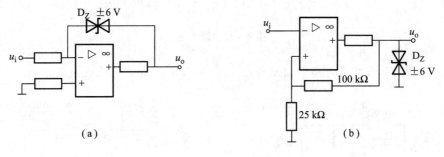

（a）　　　　　　　　　　　　　　（b）

图 8-41　题 11 图

项目 9　直流稳压电路搭建与测试

项目描述

在许多工业控制装置中都采用电子技术，其共同特点是进行信号处理，而处理信号的电路大多数依靠半导体晶体管组成的电路实现，且需要采用直流供电装置。本项目就是利用桥式整流电路及三端稳压块 W7812 搭建电源电路，并测试输出端的带负载能力。

重点知识

（1）掌握直流稳压电路中的整流、滤波、稳压部分及其工作原理，导出计算公式。

（2）掌握集成稳压电路常用芯片及可调输出电路分析，选用限流电阻阻值。

能力与素养

（1）能根据现场负载选用合适电源电路，并使用万用表检测、判断电源质量好坏。

（2）具备分析设备直流电源接线端及典型故障的能力。

（3）养成断电时先断分闸、送电时先合总闸的职业习惯；培养辩证思维，树立实践是检验真理的唯一标准的理念。

知识链接 9.1　直流电源的组成

电网供电是交流电，但在工农业领域及电子技术应用领域还经常应用直流电，如前面介绍的各种电子电路，晶体三极管放大电路、集成运算放大电路等，通常都需要用直流电源来供电。这种电源虽然可以考虑直接使用干电池，但比较经济实用的办法是利用由交流电源经过变换而得到的直流电源。

一般直流电源电路的组成如图 9-1 所示，包括 4 个组成部分，现将它们的作用分别加以说明。

1）电源变压器

电源变压器是将电网 220 V（或 380 V）交流电源通过变压器变换为符合整流需要的电压。

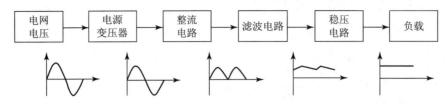

图 9 – 1　直流电源电路的组成部分

2）整流电路

整流电路利用二极管的单向导电性，将正弦交流电压整流为单方向的脉动电压。但是，这种单向脉动电压往往包含着很大的脉动成分，距理想的直流电压还差得很远。

3）滤波电路

滤波电路由电容、电感等储能元件组成，将单向脉动电压中的脉动成分滤掉，得到输出电压比较平滑的直流电压。但是，当电网电压或负载电流发生变化时，滤波器输出直流电压的幅值也将随之而变化，在要求比较高的电子设备中，这种情况是不符合要求的。

4）稳压电路

稳压电路是维持直流输出电压不受电网电压波动，在负载和温度变化时保持稳定。

知识链接9.2　单相桥式整流电路

二极管具有单向导电性，因此可以利用二极管的这一特性组成整流电路，将交流电压变换为单向脉动电压。在小功率直流电源中，经常采用单相半波、单相全波和单相桥式整流电路。

9.2.1　整流电路的工作原理

图 9 – 2 是单相桥式整流电路，它由整流变压器，整流二极管 D 及负载电阻 R_L 组成。电路中采用了 4 个二极管 $D_1 \sim D_2$ 接成电桥形式，故称为桥式整流电路。

桥式整流电路也可以画成如图 9 – 3 所示的形式。

单相桥式整流电路的工作原理如下。

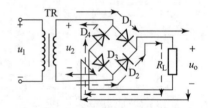

图 9 – 2　单相桥式整流电路

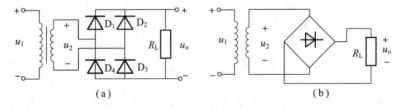

图 9 – 3　桥式整流电路的其他画法

（a）另一种画法；（b）简化画法

在 u_2 正半周，即上正下负时，二极管 D_1、D_3 因承受正向压降而导通，D_2、D_4 则因承受负向压降而截止，电流由 u_2 正端出发，经 D_1 自上而下流过负载 R_L，再经 D_3 流回 u_2 负极，如图 9 – 2 图中实线所示。若忽略 D_1、D_3 正向压降，则此时 u_o 与 u_2 正半周波形相同。

在 u_2 负半周，即上负下正时，二极管 D_2、D_4 因承受正向电压降而导通，D_1、D_3 则因承受反向电压降而截止。电流由 u_2 正端（此时是 TR 二次绕组的下端）出发，经 D_2，同样是自上而下流过 R_L，再经 D_4 流回到 u_2 负端（TR 二次绕组的上端），如图 9 - 2 中虚线所示。若忽略 D_2、D_4 正向压降，则此时 u_o 与 u_2 负半周波形相同但相位相反，如图 9 - 4 所示。

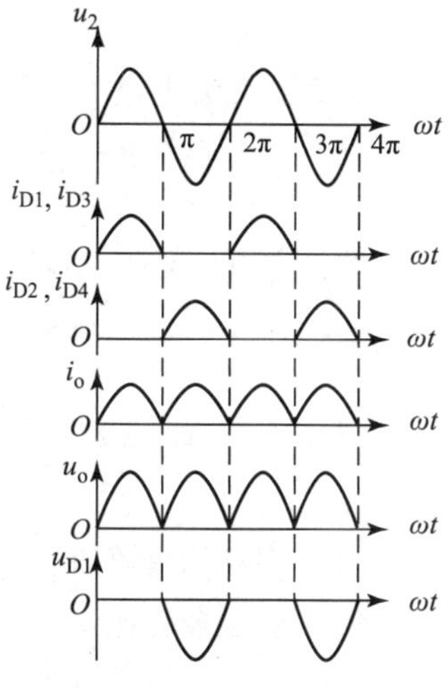

可见正、负半周都有相同方向的电流流过 R_L，故称为全波整流。

桥式整流的优点是输出电压脉动较小，管子承受的反向电压较低，变压器的利用率高。因此，这种电路广泛地用于小功率整流电源，但电路中需要 4 个整流二极管。

图 9 - 4　单相桥式整流电路波形图

9.2.2　整流电路的主要参数

描述整流电路技术性能的主要参数有以下几种：整流电路输出直流电压即输出电压的平均值 $U_{O(AV)}$、整流电路输出电压的脉动系数 S、整流二极管正向平均电流 $I_{D(AV)}$，以及整流二极管承受的最大反向峰值电压 U_{DRM}。

（1）输出电压平均值 $U_{O(AV)}$ 是整流电路的输出电压瞬时值 u_o 在一个周期内的平均值，即

$$U_{O(AV)} = \frac{1}{2\pi}\int_0^{2\pi} u_o \mathrm{d}(\omega t) \tag{9-1}$$

由图 9 - 4 可见，在桥式整流电路中

$$U_{O(AV)} = \frac{1}{\pi}\int_0^{\pi} \sqrt{2}U_2\sin\omega t\mathrm{d}(\omega t) = \frac{2\sqrt{2}}{\pi}U_2 = 0.9U_2 \tag{9-2}$$

（2）每只二极管承受的最大反向峰值电压 U_{DRM} 是指整流二极管不导通时，在它两端出现的最大反向电压。在 u_2 负半周，D_2、D_4 导通，D_1、D_3 截止，若忽略二极管的电压降，相当于短路，由图 9 - 2 可以清楚地看出，此时 D_1、D_3 相当于并联在 TR 二次绕组的两端，承受 u_2 负半周的反向电压，故

$$U_{DRM} = \sqrt{2}U_2 \tag{9-3}$$

（3）流过每只二极管的正向平均电流 $I_{D(AV)}$：由于 D_1、D_3 和 D_2、D_4 两组整流管各工作半个周期，因此流过每只二极管的正向平均电流只有负载平均电流的一半，即

$$I_{D(AV)} = \frac{1}{2}I_{L(AV)} = \frac{1}{2}\frac{U_{O(AV)}}{R_L} = \frac{0.45U_2}{R_L} \tag{9-4}$$

【例 9 - 1】　已知某直流负载，其电阻值 $R_L = 100\ \Omega$，要求直流电压 $U_{O(AV)} = 15\ \mathrm{V}$，采用单相桥式整流电路，交流电源为 220 V。求：（1）变压器副边电压有效值 U_2；整流二极管的正向平均值电流 $I_{D(AV)}$；最大反向峰值电压 U_{DRM}；（2）应选用何种型号的二极管；（3）求整流变压器的变比及容量。

解：（1）变压器副边电压有效值为

$$U_2 = \frac{U_{O(AV)}}{0.9} = \frac{15}{0.9} = 16.7 \ (\text{V})$$

负载的直流电流为

$$I_L = \frac{U_{O(AV)}}{R_L} = \frac{15}{100} = 0.15 \ (\text{A})$$

流过每只二极管的正向平均电流为

$$I_{D(AV)} = \frac{1}{2}I_L = \frac{1}{2} \times 0.15 = 75 \ (\text{mA})$$

管子承受的最大反向峰值电压为

$$U_{DRM} = \sqrt{2}U_2 = \sqrt{2} \times 16.7 = 23.6 \ (\text{V})$$

（2）查晶体管手册，可以选用1N4001（1 A/50 V）满足要求。

（3）变压器变比

$$K = \frac{U_1}{U_2} = \frac{220}{16.7} = 13.2$$

变压器副边电流有效值为

$$I_2 = \frac{I_L}{0.9} = \frac{0.15}{0.9} = 0.17 \ (\text{A})$$

变压器的容量为

$$S = U_2 I_2 = 16.7 \times 0.17 = 2.8 \ (\text{V} \cdot \text{A})$$

【思考与练习】

9.2.1 在图9-2中，若 D_1 被击穿或断路，试分析 u_o 的输出波形？

9.2.2 在图9-2中，若 D_1 极性接反，可能会出现什么问题？

知识链接9.3 滤波电路

整流电路的输出电压是单向脉动电压，虽然算是直流，但脉动较大，即输出电压中含有较大的交流分量。这样电源除在电解、电镀、蓄电池等设备中可以采用这种电源供电外，在大多数电子电路及设备中都不能采用。因此，一般在整流电路以后都利用滤波电路滤除大部分交流成分，便可输出一个比较平滑的直流电压。常用的滤波电路有电容滤波、电感滤波和复式滤波电路等。

9.3.1 电容滤波电路

从电容的特性来看，由于电容两端的电压不能突变，因此若将一个大容量电容与负载并联，则负载两端的电压也不会突变，使输出电压得以平滑，达到了滤波的目的，电容滤波电路如图9-5所示。

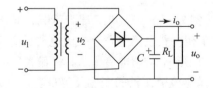

图9-5 单相桥式整流电容滤波电路

从电容的特性阻抗来看，其容抗 $X_C = 1/(2\pi fC)$，若忽略漏电电阻，则电容对直流（$f = 0$ Hz）的阻抗为无穷大，直流不能通过。对交流，只要 C 足够大（几百微法~几千微法），即使对市电（$f = 50$ Hz），X_C 也是很小的，可以近似看成对交流短路。因此整流后得到的脉动直流中的交流成分被电容 C 旁路。流过 R_L 的电流则基本上是一个平滑的直流电流，达到了滤除交流成分的目的。

电容滤波的工作原理：

在 u_2 的正半周，D_1、D_3 导通，输出电压 $u_o = u_2$，此电压一方面给电容 C 充电，另一方面产生负载电流 i_o。若忽略整流电路的内阻，则电容 C 上的电压与 u_2 同步增长。当 u_2 达到峰值并开始下降时，$u_C > u_o$，二极管 D_1、D_3 截止，见图 9-6 中的 a 点。之后，电容 C 按指数规律经 R_L 放电，u_C 下降。当放电到达 b 点时，u_2 负半周电压上升，且 $u_2 > u_C$ 时，二极管 D_2、D_4 导通，整流器电路再次有电压输出（u_2 的 bc 段），电容 C 再次被 u_2 充到峰值，同时 u_2 也产生负载电流，到 c 点以后，$u_C > u_2$，二极管 D_2、D_4 截止，电容 C 再次经 R_L 放电。如此周期性地充放电，得到图 9-6 所示的波形。可见，在整流电路有输出时，由电源向 R_L 供电；在整流二极管截止时，由电容 C 向 R_L 供电，输出电压 $u_o = u_C$。从而不但脉动减小，且输出电压的平均值有所提高。

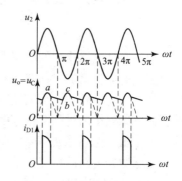

图 9-6 电容滤波电路波形图

输出电压平均值 $U_{O(AV)}$ 的大小，显然与 R_L 和 C 的大小有关。由图 9-7 可见，R_L 愈大、C 愈大，电容放电愈慢，$U_{O(AV)}$ 愈高。极限情况，$R_L = \infty$，C 上电压充电至 $\sqrt{2}U_2$ 不再放电，则 $U_{O(AV)} = \sqrt{2}U_2$。当 R_L 很小时，C 放电很快，甚至与 u_2 同步下降，则 $U_{O(AV)} = 0.9U_2$。电路的输出特性如图 9-8 所示，可见带电容滤波电路以后，$U_{O(AV)}$ 的大小随负载有较大的变化，即外特性较差，因此一般用于负载电流较小，且要求输出电压较高、脉动较小的场合。

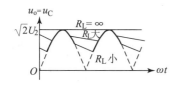

图 9-7 $R_L C$ 变化对电容滤波电路 u_o 的影响

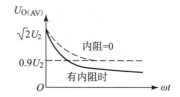

图 9-8 电容滤波电路的外特性

为了得到比较好的滤波效果，在实际工作中经常根据下式来选择滤波电路的容量：

$$R_L C \geqslant (3 \sim 5)\frac{T}{2} \qquad (9-5)$$

式中，T 为电网交流电压的周期。当滤波电容满足式（9-5）时，一般取输出电压的平均值为

$$U_{O(AV)} \approx (1.1 \sim 1.2)U_2 \qquad (9-6)$$

【例 9-2】 有一单相桥式整流电容滤波电路如图 9-5 所示，输出电压 $U_O = 110$ V，

输出电流 $I_L = 3$ A，试选择合适的滤波电容（电源频率为 50 Hz）。

解：取 $R_L C = 5(T/2)$，且 $T = 1/f$，则

$$C = \frac{5 \times T}{2R_L} = \frac{5 \times T}{2(U_O/I_L)} = \frac{5 \times 0.02}{2 \times (110/3)} \text{ (F)} = 1\ 363 \text{ (μF)}$$

电容两端承受的最大电压为

$$U_C = \sqrt{2} U_2 = \sqrt{2}[U_{O(AV)}/1.2] = 130 \text{ (V)}$$

经查手册，可选择电容为 1 500 μF/160 V 的电解电容。

9.3.2　电感滤波电路与复式滤波电路

1. 电感滤波电路

由于通过电感线圈的电流发生变化，线圈中会产生自感电动势阻碍电流的变化。当流过电感中的电流增加时，自感电动势会限制电流的增加，同时将一部分能量存储在磁场中，使电流缓慢增加；当电流减小时，自感电动势又会阻碍电流减小，电感放出存储的能量，使电流减小的过程变慢。因此利用电感可以减小输出电压的脉动，从而得到比较平滑的直流电压。电感滤波电路如图 9-9 所示。

电感滤波电路的特点如下。

（1）电感线圈对整流电流的交流分量具有感抗 $X_L = 2\pi f L$，谐波频率越高，感抗越大，负载电阻 R_L 上的交流成分越小，即电感滤波效果就越好。

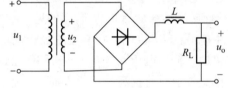

图 9-9　电感滤波电路

（2）输出电压的平均值 $U_{O(AV)}$ 一般要小于电容滤波电路输出电压的平均值，如果忽略电感线圈的铜阻，则

$$U_{O(AV)} \approx 0.9 U_2 \tag{9-7}$$

（3）电感滤波电路对整流二极管没有电流冲击，一般采用铁芯电感，体积大、笨重，且输出电压的平均值 $U_{O(AV)}$ 较低。

2. LC 复式滤波电路

为了进一步减小输出电压的脉动程度，可以用电容和铁芯电感组成各种形式的复式滤波电路，图 9-10 是 LC 复式滤波电路，采用电感滤波和电容滤波组合构成。整流输出电压中的交流成分绝大部分降在 L 上，C 对交流近似短路，故 u_o 中交流成分很小，几乎是一个平滑的直流电压。其效果比单纯电容或电感滤波电路都好。由于整流后先经 L 滤波，其总特性与电感滤波电路相近，因此称为电感型 LC 滤波电路。

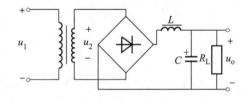

图 9-10　LC 复式滤波电路

3. π 形滤波电路

图 9-11 为 π 形 LC 滤波电路。整流输出电压先经 C_1 滤除了绝大部分交流成分，剩下的很少一部分交流成分又绝大多数降在了 L 上，C_2 上的交流成分极少，因此 u_o 几乎是平直的直流电压，滤波效果非常好。由于整流输出后先经 C_1 滤波，故其总特性与电容滤波

电路相近。

图 9－12 为 π 形 RC 滤波电路。由于铁芯电感体积大、笨重、成本高、使用不便，因此在负载的电流不太大而要求输出脉动很小的场合，多用 π 形 RC 滤波电路。R 对交流和直流成分均产生压降，故会使 $U_{O(AV)}$ 下降。但只要 $R \gg 1/(\omega C_2)$，C_1 滤波剩下的很少一部分交流成分又绝大多数降在 R 上。R 愈大，C_2 愈大，滤波效果愈好。

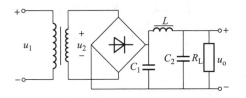

图 9 – 11　π 形 LC 滤波电路

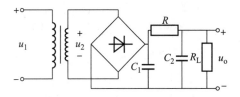

图 9 – 12　π 形 RC 滤波电路

【思考与练习】

9.3.1　在图 9－5 中，改变电容 C 的容值对 u_o 是否有影响，为什么？

9.3.2　在图 9－5 中，若电容 C 被击穿，试分析 u_o 的输出波形。

知识链接 9.4　稳压电路

经过整流、滤波之后得到的输出电压和理想的直流电源还有相当的差距，主要存在两方面的原因：一是当电网电压波动时，整流后输出电压直接与变压器副边电压有关，因此输出直流电压也将跟着变化；二是当负载电流变化时，由于整流滤波电路存在内阻，因此输出直流电压也随之发生变化。为了能够提供更加稳定的直流电源，需要在整流滤波电路之后增加稳压电路。

9.4.1　稳压管和稳压电路

1. 稳压管

在知识链接 6.2 中已经介绍过稳压管及相关参数。

2. 稳压电路

图 9－13 为并联型硅稳压管稳压电路的原理图。该稳压电路由稳压管 D_Z 和限流电阻 R 组成。在稳压过程中，稳压管 D_Z 与负载电阻 R_L 并联，而稳压管采用反向接法，限流电阻 R 是稳压电路必不可少的组

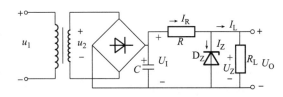

图 9 – 13　并联型硅稳压管稳压电路

成元件，当电网电压波动或负载电流变化时，通过调节 R 上的压降保持输出电压基本不变。

稳压原理如下：

①当负载 R_L 不变而交流电网电压 u_1 增大时，其稳压原理如下：

$$U_I \uparrow \to U_0 \uparrow \to I_Z \uparrow \to I_R \ (I_R = I_Z + I_L) \ \uparrow \to U_R \uparrow \to U_0 \ (U_0 = U_I - U_R) \ \downarrow$$

可见输出电压基本稳定。反之，交流电网电压降低时，稳压调节过程相反。

②当电网电压 u_1 不变而负载电阻 R_L 减小（即 I_L 增大）时，其稳压原理如下：

$$R_L \downarrow \ (I_L \uparrow) \ \to I_R \uparrow \to U_0 \downarrow \to I_Z \downarrow \to I_R \downarrow \to U_R \downarrow \to U_0 \uparrow$$

输出电压维持基本不变。

由此可见，稳压管在电路中起着电流调节作用，当输出电压 U_0 有微小变化时，将引起稳压管电流较大的变化，通过调整电阻 R 上的压降来保持输出电压 U_0 基本不变。

3. 限流电阻的选择

硅稳压管稳压电路中的限流电阻是一个很重要的组成元件。限流电阻 R 的阻值必须选择适当，才能保证稳压电路在电网电压或负载变化时，很好地实现稳压作用。

在图 9 - 13 所示的硅稳压管稳压电路中，如果限流电阻 R 的阻值太大，则流过 R 的电流 I_R 很小，当 I_L 增大时，稳压管的电流可能减小到临界值以下，失去稳压作用；如果 R 的阻值太小，则 I_R 很大，当 R_L 很大或开路时，I_R 都流向稳压管，可能超过其允许额定值而造成损坏。

设稳压管允许的最大工作电流为 I_{Zmax}，最小工作电流为 I_{Zmin}；电网电压最高时整流输出电压为 U_{Imax}，最低时为 U_{Imin}；负载电流的最大值为 I_{Lmax}，最小值为 I_{Lmin}，则要使稳压管能正常工作，必须满足下列关系：

（1）当电网电压最高和负载电流最小时，I_Z 的值最大，此时 I_Z 不应超过允许的最大值，即

$$\frac{U_{Imax} - U_Z}{R} - I_{Lmin} < I_{Zmax}$$

或

$$R > \frac{U_{Imax} - U_Z}{I_{Zmax} + I_{Lmin}} \qquad (9-8)$$

式中，U_Z 为稳压管的标称稳压值。

（2）当电网电压最低和负载电流最大时，I_Z 的值最小，此时 I_Z 不应低于其允许的最小值，即

$$\frac{U_{Imin} - U_Z}{R} - I_{Lmax} > I_{Zmin}$$

或

$$R < \frac{U_{Imin} - U_Z}{I_{Zmin} + I_{Lmax}} \qquad (9-9)$$

若式（9-8）及式（9-9）不能同时满足，例如既要求 $R > 500 \ \Omega$，又要求 $R < 400 \ \Omega$，则说明在给定条件下已超出稳压管的工作范围，需限制输入电压 U_I 或负载电流的变化范围，或选用更大稳压值的稳压管。

【例 9 - 3】 在图 9 - 13 所示的硅稳压管稳压电路中，设稳压管的 $U_Z = 6$ V，$I_{Zmax} = 40$ mA，$I_{Zmin} = 5$ mA；$U_{Imax} = 15$ V，$U_{Imin} = 12$ V；$R_{Lmax} = 600 \ \Omega$，$R_{Lmin} = 300 \ \Omega$。试选择合适的限流电阻 R。

解：由给定条件知 $I_{Lmin} = \dfrac{U_Z}{R_{Lmax}} = \dfrac{6}{600} = 0.01$（A）$= 10$（mA），$I_{Lmax} = \dfrac{U_Z}{R_{Lmin}} = \dfrac{6}{300} =$

0.02（A）$=20$（mA）。

由式（9-8）可得

$$R > \frac{15-6}{0.04+0.01} = 180 \ (\Omega)$$

由式（9-9）可得

$$R < \frac{12-6}{0.005+0.02} = 240 \ (\Omega)$$

可取 $R=200 \ \Omega$。电阻上消耗的功率为

$$P_{\mathrm{R}} = \frac{(15-6)^2}{200} \approx 0.4 \ (\mathrm{W})$$

因此，可选用 $200 \ \Omega$、$1 \ \mathrm{W}$ 的碳膜电阻。

在输出电压不需要调节、负载电流比较小的情况下，硅稳压管稳压电路的效果较好，所以在小型的电子设备中经常采用这种电路。但还存在两个缺点：首先，输出电压由稳压管的型号决定，不可随意调节；其次，电网电压和负载电流的变化范围较大时，电路将不能适应。为了改进以上缺点，可以采用串联直流稳压电路。

9.4.2　串联直流稳压电路

1. 电路构成

如图 9-14 所示是串联直流稳压电路的原理图。电路由取样电路、放大电路、基准电压和调整环节 4 部分组成。

（1）取样电路：由电阻 R_1、R_2 和 R_3 组成。当输出电压发生变化时，取样电阻取其变化量的一部分送到放大电路的反相输入端。

（2）放大电路：由运算放大器组成，它是将稳压电路输出电压的变化量进行放大，然后再送到调整管的基极。如果放大电路的放大倍

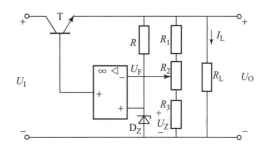

图 9-14　串联直流稳压电路

数比较大，则只要输出电压产生一点微小的变化，即能引起调整管的基极电压发生较大的变化，提高了稳压效果。因此，放大倍数愈大，则输出电压的稳定性愈高。

（3）基准电压：基准电压由稳压管 D_{Z} 提供，接到放大电路的同相输入端。取样电压与基准电压进行比较后，再将二者的差值进行放大。电阻 R 的作用是保证 D_{Z} 有一个合适的工作电流。

（4）调整环节：调整管 T 接在输入直流电压 U_{I} 和输出端的负载电阻 R_{L} 之间，若输出电压 U_{O} 由于电网电压或负载电流等变化而引起波动时，其变化量经取样、比较、放大后送到调整管的基极，使调整管的集电极和发射极电压也引起相应的变化，最终调整输出电压，使之基本保持稳定。

2. 稳压过程

电路的稳压原理如下：

当 U_I 增大或 I_L 减小而导致输出电压 U_O 增大，通过取样以后反馈到放大电路反相输入端的电压 U_F 也按比例增大，但同相输入端的电压即基准电压保持不变，故放大电路中的差模输入电压 $U_{Id} = U_Z - U_F$ 将减小，于是放大电路的输出电压减小，使调整管的基极输入电压 U_{BE} 减小，则调整管的集电极电流 I_C 随之减小，同时集电极电压 U_{CE} 增大，结果使输出电压 U_O 基本保持不变。

以上稳压过程可简述如下：

$$U_I \uparrow \text{或} I_L \downarrow \rightarrow U_O \uparrow \rightarrow U_F \uparrow \rightarrow U_{Id} \downarrow \rightarrow U_{BE} \downarrow \rightarrow I_C \downarrow \rightarrow U_{CE} \uparrow \rightarrow U_O \uparrow$$

由此看出，串联直流稳压电路稳压的过程，实质上是通过电压负反馈使输出电压保持基本稳定的过程。

输出电压的调节范围：

$$\frac{R_1 + R_2 + R_3}{R_2 + R_3} U_Z \leq U_O \leq \frac{R_1 + R_2 + R_3}{R_3} U_Z \qquad (9-10)$$

【例 9-4】　如图 9-14 所示串联直流稳压电路中，稳压管为 2CW14，其稳定电压为 $U_Z = 6.5$ V，取样电阻 $R_1 = 3$ kΩ，$R_2 = 2$ kΩ，$R_3 = 3$ kΩ，试估算输出电压的调节范围。

解：根据式（9-10）可得

$$U_{Omin} = \frac{R_1 + R_2 + R_3}{R_2 + R_3} U_Z = \frac{3+2+3}{2+3} \times 6.5 = 10.4 \ (V)$$

$$U_{Omax} = \frac{R_1 + R_2 + R_3}{R_3} U_Z = \frac{3+2+3}{3} \times 6.5 = 17.3 \ (V)$$

因此，稳压电路输出电压的调节范围是 10.4 ~ 17.3 V。

9.4.3　集成稳压电路

集成稳压电源与分立元件稳压电源相比具有体积小、性能高、使用简便、可靠性高等优点，目前它已在电子设备中得到广泛应用。集成稳压电源有多种类型，较为常用的有三端固定输出电压式、三端可调输出电压式、多端可调输出电压式和开关型。

图 9-15 是三端集成稳压器的外形图和引脚图。目前国产的 W78×× 系列（输出正电压）和 W79×× 系列（输出负电压）三端稳压器，输出固定电压有 ±5 V、±6 V、±9 V、±12 V、±15 V、±18 V、±24 V 七个档次。如 W7815 表示 78 系列，输出电压为 +15 V，最大输出电流可达 1.5 A。W78×× 系列 1 脚为输入端，2 脚为输出端，3 脚为公共端。W79×× 系列 1 脚为公共端，2 脚为输出端，3 脚为输入端。

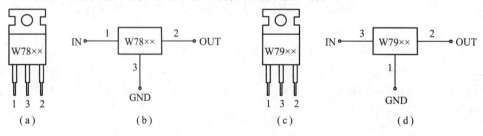

图 9-15　三端集成稳压器的外形图和引脚图

（a）W78×× 系列外形图；（b）W78×× 系列引脚图；（c）W79×× 系列外形图；（d）W79×× 系列引脚图

下面介绍几种常见的应用电路。

（1）输出电压固定的稳压电路。

如图9-16（a）所示，输出固定正电压，图9-16（b）输出固定负电压。一般 U_I 要比 U_O 大5 V以上，以保证稳压器中的调整管工作在放大区，使芯片能正常工作。C_I 可以抵消因输入端接线较长而产生的电感效应，防止产生自激振荡，接线不长时也可以不用。C_I 的值一般在 0.1~1 μF。C_O 用来消除高频噪声和改善输出的瞬态特性，即使负载的电流变化不致引起 U_O 有较大的波动，C_O 可选用 1 μF 的电容。

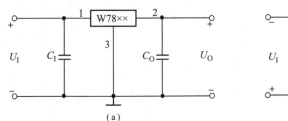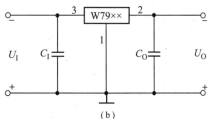

图9-16　输出电压固定的稳压电路

（a）W78××系列输出固定正电压；（b）W79××系列输出固定负电压

（2）输出电压可调的稳压电路。

图9-17是用三端稳压电路组成的输出电压可调的稳压电路。运算放大器接成跟随器形式，其输出电压（即 W78×× 集成块 2 端对 3 端的电压）U_{XX}，因其电压放大倍数为 +1，故同相输入端对 2 端的输入电压同样为 $U = U_{XX}$，根据分压比的关系可求出本电路输出电压 U_O 的调节范围为

$$\frac{R_1 + R_2 + R_3}{R_1 + R_2} U_{XX} \leqslant U_O \leqslant \frac{R_1 + R_2 + R_3}{R_1} U_{XX} \tag{9-11}$$

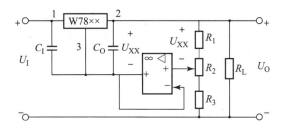

图9-17　输出电压可调的稳压电路

随着集成电路不断地发展，现在市场上已有多种型号的三端可调式集成稳压器出售，如三端正压可调稳压器 CW117/217/317（国外型号为 LM117/217/317）、三端负压可调稳压器 CW137/237/337（国外型号为 LM137/237/337），输出电流为 1.5 A，输出电压为 1.2~37 V 可调。

（3）扩大输出电流的稳压电路。

图9-18是可以扩大集成稳压器输出电流的电路。晶体三极管 T 和二极管 D 采用同一

种材料的管子。一般 T 的正向压降的发射结电压 U_{BE} 与二极管 D 的正向压降相等，则可得到 $I_E R_1 = I_D R_2$，而 $I_C \approx I_E$。该稳压电源总输出电流为 $I_O = I_D + I_C$，I_D 即为集成稳压器的输出电流。

（4）提高输出电压的稳压电路。

如图 9 – 19 所示，U_{XX} 为 W78××稳压器的固定输出电压，该电路的输电 $U_O = U_{XX} + U_Z$，高于固定输出电压 U_{XX}。

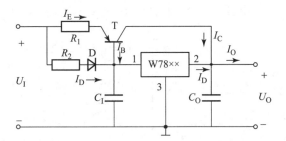

图 9 – 18　扩大输出电流的稳压电路

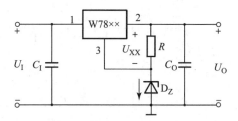

图 9 – 19　提高输出电压的稳压电路

【思考与练习】

9.4.1　图 9 – 14 中，电网电压减小时，各点电压的变化如何？并阐述输出电压的稳压过程。

9.4.2　两个同一型号的稳压管能否串联运行？又能否并联运行？

知识链接 9.5　可控整流电路

前面介绍的由半导体二极管组成的整流电路通常称为不可控整流电路，当输入的交流电压不变时，这种整流电路输出的直流电压也是固定的，不能任意控制和改变。然而在实际工作中，有时希望整流器的输出直流电压能够根据需要进行调节。利用晶闸管作为可控整流元件组成可控整流电路，这种整流电路不仅能够将交流电变换成直流电，而且其输出电压可以根据需要进行调节。本节分析单相桥式可控整流电路。

9.5.1　电路组成及工作原理

图 9 – 20 是单相桥式可控整流电路，由两个晶闸管 VT_1、VT_2，两个整流二极管 D_1、D_2 和负载 R_L 组成，用晶闸管 VT_1、VT_2 代替了不可控整流电路中的二极管。

工作原理：在 u_2 的正半周（极性为上正下负），VT_1 和 D_2 承受正向电压，但若控制极加触发脉冲，VT_1 仍不能导通，故负载中没有电流流过。假设 $\omega t = \alpha$ 时，控制极加上触发脉冲 u_G，VT_1 管突然导通，电流从 u_2 的 1 端出发，经 VT_1、R_L 和 D_2，流向 u_2 的 2 端。由于晶闸管导通时管压降很小，u_2 基本上都落在 R_L 上，因此可以认为 $u_o \approx u_2$。此时 VT_2 和 D_1 承受反向电压，所以均不导通。当 $\omega t = 180°$ 时，u_2 降为零，VT_1 又变为阻断。

在 u_2 的负半周，VT_2、D_1 承受正向电压，当 VT_2 控制极加上触发脉冲时 VT_2 导通，

电流从 u_2 的 2 端出发，经 VT_2、R_L 和 D_1 流向 1 端，直到 $\omega t = 360°$ 时 VT_2 恢复阻断状态。

电路中各处波形如图 9 - 21 所示，α 称为控制角，θ 称为导电角，α 与 θ 满足以下关系：

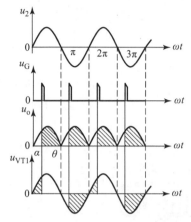

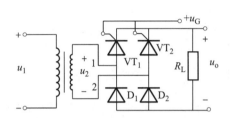

图 9 - 20　单相桥式可控整流电路

图 9 - 21　单相桥式可控整流电路波形图

$$\alpha + \theta = 180° \tag{9-12}$$

显然，当 α 愈小，即 θ 愈大时，输出电压的平均值愈大。

9.5.2　电路参数的估算

根据图 9 - 21 中 u_o 的波形图，可求得整流电路输出电压的平均值为

$$U_{O(AV)} = \frac{1}{\pi}\int_{\alpha}^{\pi}\sqrt{2}U_2\sin\omega t\,d(\omega t) = \frac{2\sqrt{2}}{\pi}U_2\frac{1+\cos\alpha}{2} \tag{9-13}$$

即

$$U_{O(AV)} = 0.9U_2\frac{1+\cos\alpha}{2} \tag{9-14}$$

由上式可知，当 U_2 固定时，只需改变控制角 α 的大小就可以调节 $U_{O(AV)}$ 的数值。$U_{O(AV)}$ 与 α 的关系曲线如图 9 - 22 所示。输出电流的平均值为

$$I_{O(AV)} = \frac{U_{O(AV)}}{R_L} = 0.9\frac{U_2}{R_L}\times\frac{1+\cos\alpha}{2} \tag{9-15}$$

由图 9 - 21 的波形图还可看出，晶闸管承受的最大反向电压为

$$U_{VTM} = \sqrt{2}U_2 \tag{9-16}$$

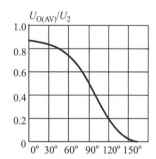

图 9 - 22　可控整流电路 $U_{O(AV)}$ 与 α 的关系

单相桥式可控整流电路的调整及维护都较方便，但由于是单相供电，故输出功率一般在 10 kW 以下为宜，以免造成三相电网的不平衡。若功率较大的，可采用三相可控整流电路。

【思考与练习】

9.5.1 在图 9-20 中，若控制极电压 u_G 极性接反，电路是否工作正常？

9.5.2 在图 9-23 所示的电路中，要使灯 L 发亮需要符合的条件有哪些？

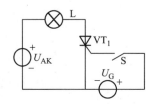

图 9-23 思考与练习 9.5.2 图

项目实施

（1）参照图 9-5 整流滤波电路，在滤波电容与负载电阻间接入图 9-16（a）W7812 稳压电路。元件参数参考如下：AC 220 V、50 Hz，桥流堆 2W06 或 4 个 1N4001 二极管、电容器 C（从几百到几千微法），如 2200 μF/50 V，变压器（16 V·A），电容 C_I 选 0.33 μF、C_O 选 1 μF。

（2）根据上述电路图及建议参数进行电路搭建，检查无误后通电。

（3）用万用表检测输出端电压大小，并记录 $U_O =$ _____ V。

（4）当输出端接入可调负载时，调整负载不同阻值下，测试输出端电压，记录分析输出电压的变化情况，若每次电压几乎不变，则带负载能力强，否则带负载能力弱。

（5）断电、拆除电路，整理器件，清扫卫生。

项目评价

评价项目	评价内容	评价等级	星级
职业素养	能掌握将 AC 转为 DC 的实现方法，具备搭建、测试电路的职业素养	★★★★★	
	能辩证思维看世界，坚信真理，培养堪当大任时代青年	★★★★★	
专业能力	具有交直流电源配置、电路搭建及测试参数的能力	★★★★★	
	能使用 Multisim 软件设计小型 AC 转 DC 应用电路并能正确测试参数	★★★★★	

习 题

1. 有一额定电压为 110 V、电阻为 55 Ω 的直流负载，采用单相桥式整流电路（不带滤波器），交流电压为 380 V。试求：（1）变压器副边电压和电流有效值，并选用什么型号二极管；（2）整流变压器的变比及容量。

2. 在图 9-2 所示单相桥式整流电路中，已知变压器副边电压 $U_2 = 10$ V，负载电阻 $R_L = 2$ kΩ，忽略二极管的正向电压降和反向电流。试求：

（1）R_L 两端电压的平均值 $U_{O(AV)}$ 及电流的平均值 $I_{O(AV)}$；

（2）二极管中的平均电流 $I_{D(AV)}$ 及各管承受的最高反向压降 U_{DRM}；

（3）如果 D_1 极性接反，可能出现什么问题。

3. 图 9-5 为电容滤波的桥式整流电路，输出电压 $U_O = 24$ V，试求：

（1）变压器副边电压 U_2；

（2）改变电容 C 的值或电阻 R_L 的值对 U_O 是否有影响？为什么？

4. 有一单相桥式整流电容滤波电路如图 9-5 所示，输出电压 $U_O = 110$ V，输出电流 $I_L = 2$ A，试选择滤波电容（电源频率为 50 Hz）。

5. 在图 9-5 电路中，U_2 为 20 V。现在用直流电压表测量 R_L 两端电压 U_O，出现下面几种情况，试分析哪些是合理的，哪些发生了故障，并指明原因。（1）$U_O = 28$ V；（2）$U_O = 18$ V；（3）$U_O = 24$ V；（4）$U_O = 9$ V。

6. 试比较图 9-24 所示的 3 个电路，哪个滤波效果较好，哪个较差？哪个不能起到滤波作用？

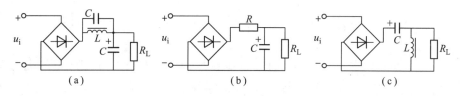

图 9-24　题 6 图

7. 在图 9-13 所示的硅稳压管稳压电路中，设稳压管的 $U_Z = 6$ V，$I_{Zmax} = 40$ mA，$I_{Zmin} = 5$ mA；$U_{Imax} = 18$ V，$U_{Imin} = 10$ V；$R_{Lmax} = 500$ Ω，$R_{Lmin} = 250$ Ω。试选择限流电阻 R。

8. 图 9-14 所示的串联直流稳压电路中，稳压管为 2CW14，其稳定电压为 $U_Z = 7$ V，取样电阻为 $R_1 = 3$ kΩ，$R_2 = 2$ kΩ，$R_3 = 3$ kΩ，试求输出电压的可调范围。

9. 现有三端稳压器 W7812 一块，通用型集成运算放大器一个，1 kΩ、1/4 W 电阻两只，1 μF 和 0.33 μF 电容各一只，试画出由这些元件组成 +12 V 和 +24 V 稳压电源的电路图，标出元件值和直流输入电压 U_I 的值和极性。

10. 现有三端稳压器 W7912 一块，通用型集成运算放大器一个，1 kΩ、1/4 W 电阻两只，1 μF 和 0.33 μF 电容各一只，试画出由这些元件组成 -12 V 和 -24 V 稳压电源的电路图，标出元件值和直流输入电压 U_I 的值和极性。

11. 图 9-20 所示的单相桥式可控整流电路中，如果通过一只晶闸管的平均电流为 100 A，问在导电角 θ 分别为 180° 和 90° 时，通过晶闸管电流的峰值是多少？

12. 图 9-20 所示的单相桥式可控整流电路中，设电源变压器副边电压有效值为 $U_2 = 110$ V，负载电阻 $R_L = 10$ Ω，达到额定输出电压时晶闸管的导电角 $\theta = 150°$，试求输出电压平均值、负载电流平均值。

项目10　数字电路基础及门电路测试

项目描述

测试74LS00集成芯片逻辑门电路的功能，已知芯片内有四个功能相同的与非门，其中1、2脚输入，3脚输出；4、5脚输入，6脚输出；其他引脚可查阅资料。

重点知识

（1）掌握常用计数制及相互转换方法，以及逻辑函数的表达方法及逻辑函数化简代数法与卡诺图法。

（2）掌握基本逻辑关系表达式、符号、真值表，以及复合逻辑门表达式、符号、真值表；理解分立元件门电路与集成门电路的工作原理。

能力与素养

（1）掌握逻辑函数各表达方式的转换和逻辑函数式的变换（如与或式变为与非－与非式）。

（2）能测试74LS00、74LS20等芯片逻辑门的逻辑功能并判断芯片好坏。

（3）在搭建电路和测试参数过程中认真、专注，树立严谨细致的职业精神。

知识链接10.1　数制与码制

10.1.1　常用计数制

人们在生产实践中，除了最常用的十进制以外，还大量使用其他计数制，如八进制、二进制、十六进制等。

1）十进制（Decimal）

在十进制数中，每一位可用0～9十个数码表示，其基数为10。例如：十进制数$(123.75)_{10}$可表示为

$$(123.75)_{10} = \sum_{i=2}^{-2} K_i \times 10^i = 1 \times 10^2 + 2 \times 10^1 + 3 \times 10^0 + 7 \times 10^{-1} + 5 \times 10^{-2}$$

2）二进制（Binry）

目前在数字电路中应用最多的是二进制，在二进制数中每一位权有 0 和 1 两个可能的数码，所以计数基数为 2。低位和相邻高位间的进位关系是"逢二进一"，故称为二进制。例如：

$$(101.11)_2 = \sum_{i=2}^{-2} K_i \times 2^i = 1 \times 2^2 + 0 \times 2^1 + 1 \times 2^0 + 1 \times 2^{-1} + 1 \times 2^{-2}$$
$$= (5.75)_{10}$$

3）十六进制（Hexadecimal）

十六进制数的每一位可用 16 个不同的数码表示，即 $0 \sim 9$、A（10）、B（11）、C（12）、D（13）、E（14）、F（15）。根据式 $(N)_J = \sum_{i=n-1}^{m} K_i \cdot J^i$，可将任意一个十六进制数展开并计算其大小。例如：

$$(2A.7F)_{16} = \sum_{i=1}^{-2} K_i \times 16^i = 2 \times 16^1 + 10 \times 16^0 + 7 \times 16^{-1} + 15 \times 16^{-2}$$
$$= 32 + 10 + 0.4375 + 0.0535937$$
$$= (42.4960937)_{10}$$

4）八进制（Octonary）

在八进制数中，每一位可用 $0 \sim 7$ 八个数码表示，其基数为 8。例如八进制数 $(123)_8$ 可表示为

$$(123)_8 = \sum_{i=2}^{0} K_i \times 8^i = 1 \times 8^2 + 2 \times 8^1 + 3 \times 8^0 = 83$$

10.1.2   数制之间的转换

1. 非十进制数转换为十进制数

只要将非十进制数按权展开为多项式和的表达式，再逐项相加，所得的和值便是对应的十进制数。

【例 10 – 1】 求二进制数 $(1011.011)_2$ 所对应的十进制数。

解：把二进制数 $(1011.011)_2$ 按权展开得

$$(1011.011)_2 = 1 \times 2^3 + 0 \times 2^2 + 1 \times 2^1 + 1 \times 2^0 + 0 \times 2^{-1} + 1 \times 2^{-2} + 1 \times 2^{-3}$$
$$= 8 + 2 + 1 + 0.25 + 0.125$$
$$= (11.375)_{10}$$

【例 10 – 2】 求八进制数 $(153.07)_8$ 所对应的十进制数。

解：把八进制数 $(153.07)_8$ 按权展开得

$$(153.07)_8 = 1 \times 8^2 + 5 \times 8^1 + 3 \times 8^0 + 0 \times 8^{-1} + 7 \times 8^{-2} = 64 + 40 + 3 + 0.109$$
$$= (107.109)_{10}$$

【例 10 – 3】 求十六进制数 $(E93.A)_{16}$ 所对应的十进制数。

解：把十六进制数（E93.A）$_{16}$按权展开得

$$(E93.A)_{16} = 14 \times 16^2 + 9 \times 16^1 + 3 \times 16^0 + 10 \times 16^{-1} = 3\,584 + 144 + 3 + 0.625$$
$$= (3731.625)_{10}$$

2. 十进制数转换为非十进制数

【例 10 −4】 求十进制数（26）$_{10}$所对应的二进制数。

解：

因此 （26）$_{10}$ =（11010）$_2$。

【例 10 −5】 求十进制数（357）$_{10}$所对应的八进制数。

解：

因此 （357）$_{10}$ =（545）$_8$。

【例 10 −6】 求十进制数（367）$_{10}$所对应的十六进制数。

解：

因此 （367）$_{10}$ =（16F）$_{16}$。

10.1.3 常用码制

由于人们对十进制熟悉，而对二进制不习惯，为兼顾两者，用一组二进制数符来表示十进制数，这就是用二进制码表示的十进制数，简称 BCD 码（Binary Coded Decimals）。一位十进制数有 0~9 共 10 个数符，必须用 4 位二进制数来表示，而 4 位二进制数有 16 种组态，指定其中的任意 10 个组态来表示十进制的 10 个数，其编码方案是很多的，但较常用的只有有权 BCD 码和无权 BCD 码。

在有权 BCD 码中，每一个十进制数符均用一个 4 位二进制码来表示，这 4 位二进制码中的每一位均有固定的权值。常见的 BCD 码如表 10 −1 所示。

表 10 - 1　常见的 BCD 码

十进制数	8421	5421	2421	631 - 1	余 3 码	7321
0	0000	0000	0000	0000	0011	0000
1	0001	0001	0001	0010	0100	0001
2	0010	0010	1000	0101	0101	0010
3	0011	0011	1001	0100	0110	0011
4	0100	0100	1010	0110	0111	0101
5	0101	1000	1011	1001	1000	0110
6	0110	1001	1100	1000	1001	0111
7	0111	1010	1101	1010	1010	1000
8	1000	1011	1110	1101	1011	1001
9	1001	1100	1111	1100	1100	1010

表中所列权值就是该编码方式相应各位的权，如 8421BCD 码，各位权值为 8、4、2、1。如代码为 1001，其值为 $8 + 1 = 9$。而同一代码 1001，对应其他代码所表示的数就不同了，如 5421 码为 6；2421 码为 3；631 - 1 码为 5；余 3 码为 6；7321 码则是 8。

【思考与练习】

10.1.1　模拟信号与数字信号的主要区别是什么？数字电路有何特点？

10.1.2　试说明 $1 + 1 = 2$，$1 + 1 = 10$，$1 + 1 = 1$ 各式的含义。

10.1.3　在有权 BCD 码中 A、D、F 各代表什么？

知识链接 10.2　逻辑代数基础

10.2.1　基本逻辑与复合逻辑

1. "与""或""非"三种基本逻辑

基本的逻辑有"与""或""非"3 种。

1）逻辑"与"

在图 10 - 1（a）所示电路中，设灯亮为逻辑"1"，灯灭为逻辑"0"；开关闭合为逻辑"1"，开关断开为逻辑"0"，则灯 F 亮的条件是：开关 A、B 都闭合。这种关系也可以写成逻辑表达式：

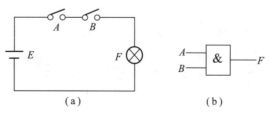

图 10 - 1　与逻辑关系

（a）电路图；（b）逻辑符号

$$F = A \cdot B \quad 或 \quad F = AB$$

其逻辑符号如图 10 -1（b）所示，真值表如表 10 -2 所示。

表 10 -2　与逻辑真值表

A	B	F
0	0	0
0	1	0
1	0	0
1	1	1

2）逻辑"或"

在图 10 -2 所示电路中，灯 F 亮的条件是：开关 A、B 中至少有一个闭合，这种关系也可以写成逻辑表达式：

$$F = A + B$$

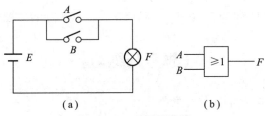

（a）　　　　　　　（b）

图 10 -2　或逻辑关系

（a）电路图；（b）逻辑符号

其逻辑符号如图 10 -2（b）所示，真值表如表 10 -3 所示。

表 10 -3　或逻辑真值表

A	B	F
0	0	0
0	1	1
1	0	1
1	1	1

3）逻辑"非"

在图 10 -3（a）所示电路中，灯 F 亮的条件是：开关 A 断开。这种关系也可以写成逻辑表达式：

$$F = \bar{A}$$

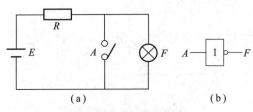

（a）　　　　　　　（b）

图 10 -3　非逻辑关系

（a）电路图；（b）逻辑符号

其逻辑符号如图 10 - 3（b）所示，真值表如表 10 - 4 所示。

表 10 - 4　非逻辑真值表

A	F
0	1
1	0

2. "与非""或非""与或非""异或""同或"等复合逻辑

1）"与非"逻辑

"与"和"非"的复合逻辑，称为"与非"逻辑，逻辑符号如图 10 - 4（a）所示。其逻辑函数式为

$$F = \overline{AB}$$

  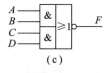

（a）　　　　　　　　　（b）　　　　　　　　　（c）

图 10 - 4　逻辑符号

（a）与非逻辑符号；（b）或非逻辑符号；（c）与或非逻辑符号

其真值表如表 10 - 5 所示。

表 10 - 5　与非逻辑真值表

A	B	F
0	0	1
0	1	1
1	0	1
1	1	0

2）"或非"逻辑

"或"和"非"的复合逻辑，称为"或非"逻辑，逻辑符号如图 10 - 4（b）所示。其逻辑函数表达式为

$$F = \overline{A + B}$$

其真值表如表 10 - 6 所示。

表 10 - 6　或非逻辑真值表

A	B	F
0	0	1
0	1	0
1	0	0
1	1	0

3）"与或非"逻辑

"与""或""非"三种逻辑的复合逻辑称为"与或非"逻辑，逻辑符号如图 10 – 4（c）所示。其逻辑函数表达式为

$$F = \overline{AB + CD}$$

4）"异或"与"同或"逻辑

若两个输入变量 A、B 的取值相异，则输出变量 F 为"1"；若 A、B 取值相同，则 F 为"0"。这种逻辑关系叫"异或"（XOR）逻辑，逻辑符号如图 10 – 5（a）所示。其逻辑函数表达式为

$$F = A \oplus B = \overline{A}B + A\overline{B}$$

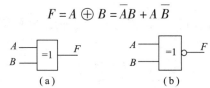

图 10 – 5　逻辑符号

（a）异或逻辑符号；（b）同或逻辑符号

读作"F 等于 A 异或 B"，其真值表如表 10 – 7 所示。

表 10 – 7　异或与同或逻辑真值表

A	B	$F = A \oplus B$	$F = A \odot B$
0	0	0	1
0	1	1	0
1	0	1	0
1	1	0	1

若两个输入变量 A、B 的取值相同，则输出变量 F 为"1"，若 A、B 取值相异，则 F 为"0"，这种逻辑关系叫"同或"逻辑，也叫"符合"逻辑，其逻辑符号如图 10 – 5（b）所示。其逻辑函数表达式为

$$F = A \odot B = AB + \overline{A}\,\overline{B}$$

读作"F 等于 A 同或 B"，其逻辑功能真值表如表 10 –7 所示。

10.2.2　逻辑函数的表示

常用的逻辑函数表示方法有逻辑真值表（简称真值表）、逻辑函数式（简称逻辑式或函数式）、逻辑图和卡诺图等。

1. 真值表

将输入变量所有的取值下对应的输出值找出来，列成表格，即可得到真值表。

例如三人表决某事件，根据少数服从多数原则，全部不同意时事件不通过；只有一人同意时事件不通过；只有两人或三人都同意时事件可通过。若用"0"表示不同意意见，用"1"表示同意意见。用"0"表示事件不通过，用"1"表示事件通过，则可以列出表 10 –8 所示真值表。

表 10 - 8　三人表决事件真值表

A	B	C	F
0	0	0	0
0	0	1	0
0	1	0	0
0	1	1	1
1	0	0	0
1	0	1	1
1	1	0	1
1	1	1	1

2. 逻辑函数式

在真值表中，挑出那些使函数值为 1 的变量组合，变量为 1 的写成原变量，为 0 的写成反变量，对应于使函数值为 1 的每一种组合可以写出一个乘积项（与关系），将这些乘积项相加（或关系），即可得到逻辑函数的与或关系式。

【例 10 - 7】　写出三人表决事件被通过的逻辑函数表达式。

解：A、B、C 有 4 种变量组合使 F 为 1，即 011、101、110、111，则可得 4 个乘积项为 $\overline{A}BC$、$A\overline{B}C$、$AB\overline{C}$、ABC，该函数的与或表达式为：

$$F = \overline{A}BC + A\overline{B}C + AB\overline{C} + ABC$$

3. 逻辑图

用逻辑符号表示单元电路及组合的逻辑部件，按要求画出的图形称为逻辑图。

【例 10 - 8】　画出函数 $F = \overline{AB} + \overline{C}$ 的逻辑图。

解：该函数包括与、或、非三种关系，用与之对应的逻辑符号组成逻辑图，如图 10 - 6 所示。

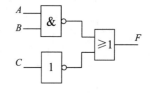

图 10 - 6　例 10 - 8 的
逻辑图

10.2.3　逻辑代数的基本定律

逻辑代数也称为开关代数或布尔代数，它用于研究逻辑电路的输出量与输入量之间的因果关系，是逻辑分析和设计的主要数学工具。

基本运算法则：$0 \cdot A = 0$　　$1 \cdot A = A$　　$A \cdot A = A$　　$A \cdot \overline{A} = 0$　　$0 + A = A$

$1 + A = 1$　　$A + A = A$　　$A + \overline{A} = 1$　　$\overline{\overline{A}} = A$

交换律　$AB = BA$　　　　　　　$A + B = B + A$

结合律　$ABC = (AB)C = A(BC)$　　$A + B + C = A + (B + C) = (A + B) + C$

分配律　$A(B + C) = AB + AC$　　$A + BC = (A + B)(A + C)$

证明：$(A + B)(A + C) = AA + AB + AC + BC = A + AB + AC + BC$

$$= A(1 + B + C) + BC = A + BC$$

吸收律　$A(A + B) = A$　　　　　$A(\overline{A} + B) = AB$

$A + AB = A$　　　　　$A + \overline{A}B = A + B$

223

$$AB + A\overline{B} = A \qquad (A+B)(A+\overline{B}) = A$$

证明：$A(A+B) = AA + AB = A + AB = A(1+B) = A$

证明：$A + \overline{A}B = (A+\overline{A})(A+B) = A + B$

证明：$(A+B)(A+\overline{B}) = AA + AB + A\overline{B} + B\overline{B} = A + A(B+\overline{B})$
$$= A + A = A$$

多余项律 $(A+B)(\overline{A}+C)(B+C) = (A+B)(\overline{A}+C)$
$$AB + \overline{A}C + BC = AB + \overline{A}C$$

证明：左边 $= AB + \overline{A}C + (A+\overline{A})BC = AB + ABC + \overline{A}C + \overline{A}BC$
$$= AB(1+C) + \overline{A}C(1+B) = AB + \overline{A}C$$

反演律 $\overline{AB} = \overline{A} + \overline{B} \qquad \overline{A+B} = \overline{A}\cdot\overline{B}$

证明：$\overline{AB} = \overline{A} + \overline{B}$，见表 10−9。

表 10−9 反演律（一）逻辑真值表

$A \quad B$	$\overline{A} \quad \overline{B}$	$\overline{AB}$	$\overline{A}+\overline{B}$
0 　 0	1 　 1	1	1
0 　 1	1 　 0	1	1
1 　 0	0 　 1	1	1
1 　 1	0 　 0	0	0

证明：$\overline{A+B} = \overline{A}\cdot\overline{B}$，见表 10−10。

表 10−10 反演律（二）逻辑真值表

$A \quad B$	$\overline{A} \quad \overline{B}$	$\overline{A+B}$	$\overline{A}\,\overline{B}$
0 　 0	1 　 1	1	1
0 　 1	1 　 0	0	0
1 　 0	0 　 1	0	0
1 　 1	0 　 0	0	0

【思考与练习】

10.2.1 在图 10−7 所示的 4 个图形符号中，当 $A=0$，$B=1$ 时，F 的值各为多少？

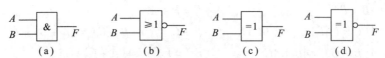

图 10−7 思考与练习 10.2.1 图

10.2.2 试说明能否将与非门、或非门、异或非门当作反相器使用？如果可以，各输入端应如何连接？

10.2.3 试画出图 10−8（a）所示各个门电路输出端的电压波形。输入端 A、B 的电压波形如图 10 - 8（b）所示。

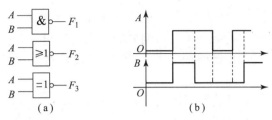

图 10 - 8   思考与练习 10. 2. 3 图

10. 2. 4   用真值表证明公式 $A + BC = (A + B)(A + C)$。

10. 2. 5   用逻辑代数基本公式证明 $ABC + \overline{A} + \overline{B} + \overline{C} = 1$。

知识链接 10.3   逻辑函数化简

通常由真值表给出的逻辑函数式还可以进一步化简，使由此设计的电路更为简单。因此，组成逻辑电路以前，需要将函数表达式化为最简，通常是将函数化为最简"与或"表达式。所谓最简"与或"表达式指的是"与"项项数最少，每个"与"项中变量的个数也是最少的表达式。逻辑函数常用化简方法有两种：代数化简法和卡诺图化简法。

10.3.1   逻辑函数的代数化简法

对逻辑函数的基本定律、公式和规则的熟悉应用，是化简逻辑函数的基础，反复使用这些定律、公式和规则，可以将复杂的逻辑函数转换成等效的最简形式。常用的代数化简法有并项法、吸收法、消去法和配项法等。

1. 并项法

假设 A 代表一个复杂的逻辑函数式，则运用布尔代数中 $A + \overline{A} = 1$ 这个公式，可将两项合并为一项，消去一个逻辑变量。

【例 10 - 9】   用并项法化简逻辑函数 $F = \overline{A}B\,\overline{C} + A\,\overline{C} + \overline{B}\,\overline{C}$。

解：$F = \overline{A}B\,\overline{C} + A\,\overline{C} + \overline{B}\,\overline{C} = \overline{A}B\,\overline{C} + (A + \overline{B})\,\overline{C}$
$$= (\overline{A}B)\,\overline{C} + \overline{\overline{A}B}\,\overline{C} = \overline{C}$$

2. 吸收法

利用 $A + AB = A$ 和 $AB + \overline{A}C + BC = AB + \overline{A}C$ 吸收多余因子。

【例 10 - 10】   用吸收法化简逻辑函数 $F = AB + AB\,\overline{C} + ABD$。

解：$F = AB + AB\,\overline{C} + ABD = AB + AB(\overline{C} + D)$
$$= AB(1 + \overline{C} + D) = AB$$

3. 消去法

利用公式 $AB + \overline{A}C + BC = AB + \overline{A}C$；$A + \overline{A}B = A + B$ 消去多余因子。

【例 10 - 11】   利用消去法化简逻辑函数 $F = A\,\overline{B}C\,\overline{D} + (\overline{A} + B)E + C\,\overline{D}E$。

解：$F = A\,\overline{B}C\,\overline{D} + (\overline{A} + B)E + C\,\overline{D}E = A\,\overline{B}C\,\overline{D} + \overline{A\,\overline{B}}E + C\,\overline{D}E$
$$= A\,\overline{B}C\,\overline{D} + \overline{A\,\overline{B}}E$$

4. 配项法

利用公式 $A = A + A$，$A = A(B + \overline{B}) = AB + A\overline{B}$ 将式扩展成两项，用来与其他项合并。配项的原则是：首先，增加的新项不会影响原始函数的逻辑关系；其次，新增加的项要有利于其他项的合并。使用配项法要求有较高的技巧性，初学者可采用试探法来进行。

【例 10 – 12】 利用配项法化简逻辑函数 $F = A\overline{B} + B\overline{C} + \overline{B}C + \overline{A}B$。

解：
$$F = A\overline{B} + B\overline{C} + \overline{B}C + \overline{A}B$$
$$= A\overline{B} + B\overline{C} + \overline{B}C(A + \overline{A}) + \overline{A}B(C + \overline{C})$$
$$= A\overline{B} + B\overline{C} + A\overline{B}C + \overline{A}\,\overline{B}C + \overline{A}BC + \overline{A}B\overline{C}$$
$$= (A\overline{B} + A\overline{B}C) + (B\overline{C} + \overline{A}B\overline{C}) + (\overline{A}\,\overline{B}C + \overline{A}BC)$$
$$= A\overline{B} + B\overline{C} + \overline{A}C$$

代数化简法并没有统一的模式，要求对基本定律、公式、规则比较熟悉，并具有一定的技巧。

10.3.2 逻辑函数的卡诺图化简法

卡诺图是根据真值表按一定规则画出来的方块图。下面介绍有关的概念，再介绍具体化简方法。

1. 最小项及其性质

（1）最小项的定义：若有一组逻辑变量 A、B、C，由它们组成乘积项，原则是每项都有 3 个变量，并且每个变量都必须以原变量或反变量的形式在这些乘积项中只出现一次。这些乘积项是 $\overline{A}\,\overline{B}\,\overline{C}$、$\overline{A}\,\overline{B}C$、$\overline{A}B\overline{C}$、$\overline{A}BC$、$A\overline{B}\,\overline{C}$、$A\overline{B}C$、$AB\overline{C}$、$ABC$。这些乘积项就叫作变量 A、B、C 的最小项，因此 n 个变量就有 2^n 个最小项。

为书写方便，通常用 m_i 表示最小项。确定下标 i 的规则是：当变量按序（A，B，$C\cdots$）排列后，令"与"项中的所有原变量用 1 表示，反变量用 0 表示，由此得到一个 1、0 序列组成的二进制数，该二进制数所对应的十进制数即为下标 i 的值。

（2）最小项的性质：三变量全部最小项的真值表如表 10 – 11 所示。由表可见最小项具有如下性质。

表 10 – 11 三变量逻辑函数最小项真值表

ABC	m_0 $\overline{A}\,\overline{B}\,\overline{C}$	m_1 $\overline{A}\,\overline{B}C$	m_2 $\overline{A}B\overline{C}$	m_3 $\overline{A}BC$	m_4 $A\overline{B}\,\overline{C}$	m_5 $A\overline{B}C$	m_6 $AB\overline{C}$	m_7 ABC
000	1	0	0	0	0	0	0	0
001	0	1	0	0	0	0	0	0
010	0	0	1	0	0	0	0	0
011	0	0	0	1	0	0	0	0
100	0	0	0	0	1	0	0	0
101	0	0	0	0	0	1	0	0
110	0	0	0	0	0	0	1	0
111	0	0	0	0	0	0	0	1

①对于任何一个最小项，只有一组变量的取值使它的值为“1”；

②任意两个最小项之积恒为 0；

③n 个变量的全部最小项之和恒为 1；

④两个最小项中仅有一个变量不同，称这两个最小项为相邻项，相邻项可以合并消去一个因子，如 $AB\overline{C}+ABC=AB$。

2. 卡诺图的构成

卡诺图实质上是将代表全部最小项的 2^n 个小方格，按相邻原则排列构成的方块图。这种相邻关系既可以是上下相邻、左右相邻，也可以是首尾相邻，即一列中最上格与最下格相邻、一行中最左格与最右格相邻。

图 10－9～图 10－11 给出了根据相邻原则构成的二变量至四变量的卡诺图。其中图10－10（b）用最小项来表示，其余用最小项编号表示。

A \ B	0	1
0	m_0	m_1
1	m_2	m_3

图 10－9　二变量卡诺图

A \ BC	00	01	11	10
0	m_0	m_1	m_3	m_2
1	m_4	m_5	m_7	m_6

（a）

A \ BC	00	01	11	10
0	$\overline{A}\,\overline{B}\,\overline{C}$	$\overline{A}\,\overline{B}C$	$\overline{A}BC$	$\overline{A}B\overline{C}$
1	$A\overline{B}\,\overline{C}$	$A\overline{B}C$	ABC	$AB\overline{C}$

（b）

图 10－10　三变量卡诺图

（a）最小项表示；（b）最小项编号表示

AB \ CD	00	01	11	10
00	m_0	m_1	m_3	m_2
01	m_4	m_5	m_7	m_6
11	m_{12}	m_{13}	m_{15}	m_{14}
10	m_8	m_9	m_{11}	m_{10}

图 10－11　四变量卡诺图

10.3.3　逻辑函数的卡诺图表示法

因为卡诺图的每一个小方格都唯一地对应一个最小项，所以要用卡诺图来表示某个逻辑函数，可先将该函数转换成标准“与或”式（也即最小项表达式），然后选定相应变量数的空卡诺图，再在表达式含有的最小项所对应的小方格中填入“1”，其余位置则填入“0”，就得到该函数所对应的卡诺图。

例如，函数

$$F(A,\ B,\ C,\ D)=\sum m(1,\ 7,\ 12)$$
$$=\overline{A}\,\overline{B}\,\overline{C}D+\overline{A}BCD+AB\overline{C}\,\overline{D}$$

则在四变量卡诺图中对应的小方格内填入“1”，其余位置填入“0”，就得到如图10－12所示的卡诺图。

利用真值表与标准“与或”式的对应关系，可以从真值表直接得到函数的卡诺图。只要将真值表中输出为“1”的最小项所对应的小方格填入“1”，其余小方格填入“0”即可，这种方法称为观察法。

如果函数表达式是非标准的“与或”式，可以先用互补律（$A+\overline{A}=1$）对缺少因子的“与”项进行变量补全，然后再填画卡诺图。例如：

$$F(A,\ B,\ C)=\overline{A}C+A\overline{B}C+AB$$
$$=\overline{A}(B+\overline{B})C+A\overline{B}C+AB(C+\overline{C})$$
$$=\overline{A}\,\overline{B}C+\overline{A}BC+A\overline{B}C+AB\overline{C}+ABC$$

$$= m_1 + m_3 + m_5 + m_6 + m_7$$
$$= \sum m(1,3,5,6,7)$$

其卡诺图如图 10–13 所示。

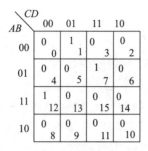

图 10–12 $F = \sum m(1,7,12)$ 的卡诺图

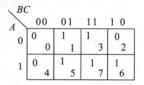

图 10–13 $F = \sum m(1,3,5,6,7)$ 的卡诺图

10.3.4 用卡诺图化简逻辑函数

1. 卡诺图中合并最小项的规律

卡诺图化简逻辑函数的基本原理，是依据关系式 $AB + A\bar{B} = A$，消去其中互反变量。由于卡诺图上两个相邻的小方格代表的最小项中，仅有一个变量互反，所以可以将它们合并成一个较大的区域，并用一个较简单的"与"项来表示。找到的相邻最小项区域越大函数的简化程度也越高。

图 10–14（a）所示的三变量卡诺图中，将最小项 m_3 和 m_7 对应的"1"方格圈在一起，构成了一个上下相邻的矩形区域。消去互反的变量因子，保留公共变量因子，就可以将该区域合并成一项，即 $m_3 + m_7 = \bar{A}BC + ABC = BC$。同样，图中 m_4 和 m_6 合并成一项，即：$m_4 + m_6 = A\bar{B}\bar{C} + AB\bar{C} = A\bar{C}$。

图 10–14（b）所示的四变量卡诺图中，m_1 和 m_5、m_0 和 m_2、m_0 和 m_8 分别构成相邻最小项区域，将它们圈在一起分别合并成：$\bar{A}\,\bar{C}D$、$\bar{A}\,\bar{B}\,\bar{D}$、$\bar{B}\,\bar{C}\,\bar{D}$。注意，其中的 m_0 既跟 m_2 左右相邻，又跟 m_8 上下相邻，在找相邻最小项区域时千万别漏圈。

图 10–15 所示的四变量卡诺图中，m_{13}、m_{15}、m_9 和 m_{11}，m_4、m_5、m_7 和 m_6，m_0、m_2、m_8 和 m_{10} 分别由四个相邻"1"方格构成矩形区域，将各个区域中的两个互反变量消去，分别合并成：AD、$\bar{A}B$、$\bar{B}\,\bar{D}$。注意，卡诺图的相邻最小项区域划分方法可能不是唯一的，即一个逻辑函数的最简表达式可能不是唯一的。例如，也可以由图 10–15 卡诺图中的 m_0、m_4、m_2 和 m_6 构成相邻区域（如图中虚线所示），另外两个相邻区域分别由 m_5、m_7、m_{13} 和 m_{15}，m_8、m_9、m_{11} 和 m_{10} 构成。将各个区域中的两个互反变量消去后，分别合并成：$\bar{A}\,\bar{D}$、BD、$A\bar{B}$。

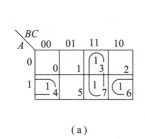

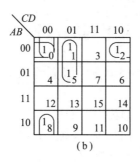

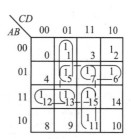

图 10 - 14　两个相邻 "1" 方格的合并

（a）三变量卡诺图相邻项合并；（b）四变量卡诺图相邻项合并

图 10 - 15　四个相邻 "1" 方格的合并

2. 卡诺图化简逻辑函数实例

根据上述化简原理，可以归纳出卡诺图化简逻辑函数的一般步骤如下。

（1）将原函数或真值表移植到卡诺图上，使卡诺图中对应函数最小项的所有小方格都填入 "1"，其余小方格填入 "0"（为简洁起见，"0" 可以不填）。

（2）对卡诺图中的 "1" 方格画相邻区域圈。画圈时要遵循 "圈越大，与项所含变量因子越少；圈越小，与项项数越少" 的原则，尽可能将每个圈扩展到最大，使之覆盖所有的 "1" 方格。

【例 10 - 13】　用卡诺图化简函数 $F(A, B, C) = \overline{A}BC + A\overline{B}\overline{C} + AB\overline{C} + ABC$。

解：①画出与原始函数 $F(A, B, C)$ 对应的卡诺图（见图 10 - 16）。

②用圈将相邻项 m_3 和 m_7、m_5 和 m_7、m_6 和 m_7 两两圈出。

③将每个圈中的互反变量因子消去，保留共有变量因子，得到化简后的表达式：

$$F(A, B, C) = AB + BC + AC$$

【例 10 - 14】　用卡诺图化简函数 $F(A, B, C, D) = \sum m(1, 5, 6, 7, 11, 12, 13, 15)$。

解：①画出与原始函数 $F(A, B, C, D)$ 对应的卡诺图（见图 10 - 17）。

②分别将仅与一个 "1" 项唯一相邻的 m_1 和 m_5、m_{12} 和 m_{13}、m_{11} 和 m_{15}、m_6 和 m_7 两两圈出。注意，此时若先圈大圈（如图中虚线所示），则将产生多余圈。

③将每个圈中的互反变量因子消去，保留共有变量因子，得到化简后的表达式。

$$F(A, B, C, D) = \overline{A}\,\overline{C}D + AB\overline{C} + ACD + \overline{A}BC$$

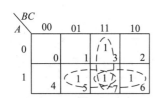

图 10 - 16　例 10 - 13 的卡诺图

图 10 - 17　例 10 - 14 的卡诺图

229

【思考与练习】

10.3.1 函数 $F(A，B，C) = AB + \overline{A}BC + ABC + AC$ 的最简"与或"式及标准"与或"式各是什么？

10.3.2 判断 F 与 F' 的关系。$F = AB + BC + AC$；$F' = \overline{A}BC + A\overline{B}C + AB\overline{C} + ABC$。

10.3.3 什么叫逻辑相邻项？逻辑相邻的原则是什么？

10.3.4 假定：A 从来不说话；B 只有 A 在场才说话；C 在任何情况下，甚至一个人都说话；D 只有 A 在场才说话。试用逻辑函数描述在房间里没人说话的条件。

知识链接10.4 分立元件门电路

开关元件经过适当组合构成的电路，可以实现一定的逻辑关系，这种实现一定逻辑关系的电路称为逻辑门电路，简称门电路。

10.4.1 与门

1. 电路组成

实现"与"逻辑功能的电路称为与门。与门有两个以上输入端和一个输出端。如图10-18 所示是一个由二极管构成的与门电路。图中 A、B 为与门输入端，F 为与门输出端。

2. 工作原理

（1）如果 $U_A = U_B = +3$ V，都为高电平，则二极管 D_1、D_2 均导通，设二极管的正向导通压降为 $U_D = 0.7$ V，则 $U_F = U_A + U_D = 3 + 0.7 = 3.7$ V，输出为高电平。

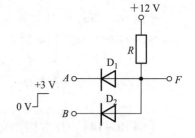

图 10-18 二极管与门电路

（2）如果 A、B 中有一个处于高电平，另一个处于低电平，设 $U_A = 3$ V，$U_B = 0$ V，二极管 D_2 优先导通，使 F 点 $U_F = U_B + U_{D2} = 0.7$ V，二极管 D_1 截止，输出为低电平。同理，$U_A = 0$ V、$U_B = +3$ V 时，D_1 导通，D_2 截止，输出也为低电平。

（3）如果 $U_A = U_B = 0$ V，都为低电平，则二极管 D_1、D_2 均导通，$U_F = U_D = 0.7$ V，输出为低电平。

如果用逻辑"1"表示高电平，逻辑"0"表示低电平，该电路输入和输出之间逻辑取值关系如表 10-12 所示，与门电路的逻辑符号如图 10-1（b）所示，其逻辑表达式为

$$F = AB$$

表 10-12 与门真值表

输 入		输 出
A	B	F
0	0	0
0	1	0
1	0	0
1	1	1

10.4.2　或门

1. 电路组成

实现"或"功能的逻辑电路称为或门。或门有两个或两个以上输入端和一个输出端。如图 10-19 所示是一个由二极管构成的或门电路，图中 A、B 为或门的输入端，F 为或门输出端。

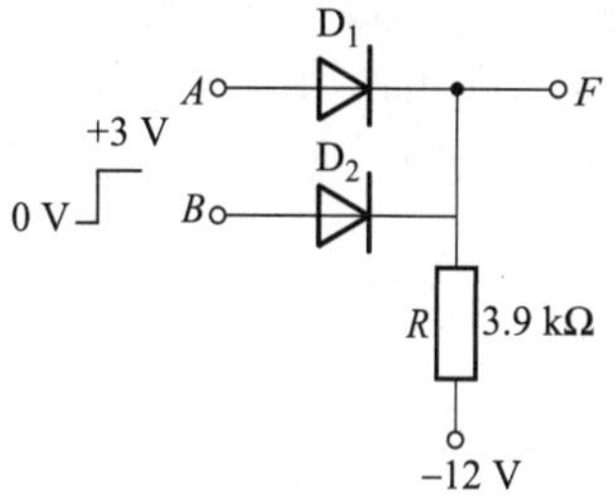

2. 工作原理

（1）如果 $U_A = U_B = +3$ V，都为高电平，则二极管 D_1、D_2 导通，$U_F = U_A - U_D = 3 - 0.7 = 2.3$ V，输出为高电平。

（2）如果 A、B 中有一个处于高电平，另一个处于低电平，设 $U_A = +3$ V、$U_B = 0$ V，二极管 D_1 导通，则 $U_F = U_A - U_D = 3 - 0.7 = 2.3$ V，二极管 D_2 截止，输出高电平。同理，当 $U_A = 0$ V、$U_B = +3$ V，D_2 导通，D_1 截止，输出也为高电平。

图 10-19　二极管或门电路

（3）如果 $U_A = U_B = 0$ V，都为低电平，则二极管 D_1、D_2 都导通，$U_F = U_A - U_D = 0 - 0.7 = -0.7$ V，输出为低电平。

如果用逻辑"1"表示高电平，逻辑"0"表示低电平，该电路输入、输出之间的逻辑关系真值表如表 10-13 所示，或门的逻辑符号如图 10-2（b）所示，其逻辑表达式为

$$F = A + B$$

表 10-13　或门真值表

输　　入		输　　出
A	B	F
0	0	0
0	1	1
1	0	1
1	1	1

10.4.3　非门

1. 电路组成

能实现"非"逻辑功能的电路称为非门，有时也称为反相器或倒相器，图 10-20 所示是一个用双极型晶体管构成的非门电路，该电路有一个输入端 A，一个输出端 F。负电源 U_{BB} 的作用是保证输入信号 U_A 为低电平时晶体三极管可靠截止。

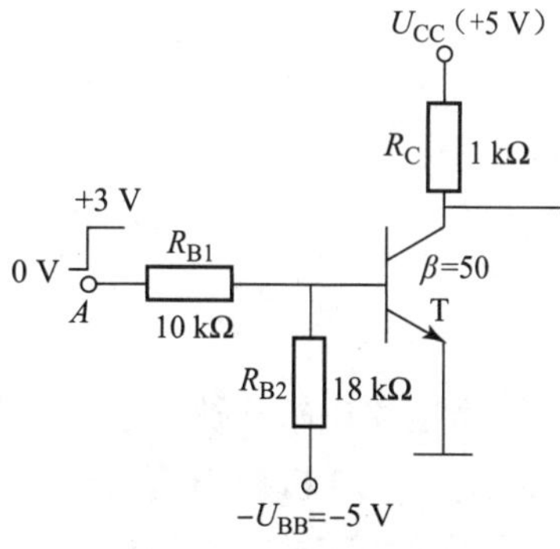

2. 工作原理

图 10-20　晶体管非门电路

（1）当接低电平 $U_A = 0$ V 时，由电路知基-射极电压 $U_{BE} < 0$，晶体三极管 T 发射结

处于反偏，所以晶体三极管截止，输出高电平 $U_F = 5$ V。

（2）当接高电平 $U_A = +3$ V 时，此时基 – 射极电压 $U_{BE} > 0.7$ V，使晶体三极管 T 的基极电流 $I_B > I_{BS}$（深度饱和时的基极电流）而饱和导通，输出低电平，$U_F = U_{CES} = 0.3$ V。

该电路输入 A 与 F 的逻辑关系是逻辑非，其真值表如表 10 – 14 所示。非门的逻辑符号如图 10 – 3（b）所示，其逻辑表达式为

$$F = \bar{A}$$

表 10 – 14　非门真值表

输　入	输　出
A	F
0	1
1	0

【思考与练习】

10.4.1　分别写出图 10 – 21 中 F_1、F_2 的表达式，并指出当 ABC 取 011 时 F_1、F_2 各为多少？

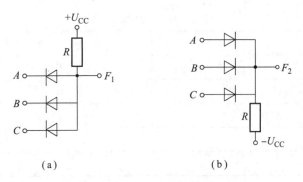

图 10 – 21　思考与练习 10.4.1 图

10.4.2　二变量的逻辑函数其功能可概括为"全 1 出 1，有 0 出 0"，则可知它属于哪种基本逻辑运算？"有 1 出 1，全 0 出 0"呢？

知识链接 10.5　集成门电路

数字电路中的各种基本单元电路（逻辑门、触发器等）大量使用的是集成电路。根据制造工艺和工作机制不同，集成数字电路分为双极型（两种载流子导电）和单极型（一种载流子）电路两大类。TTL 型集成电路是一种双极型单片集成电路。在这种集成电路中，一个逻辑电路的所有元器件连线，都制在同一块半导体芯片上。目前应用较多的数字集成电路有 TTL 电路和 CMOS 电路，下面分别予以介绍。

10.5.1   典型 TTL 与非门电路

1. TTL 电路组成

图 10 – 22（a）所示是 TTL 与非门的典型电路。该电路由输入级、中间级、输出级三部分组成。

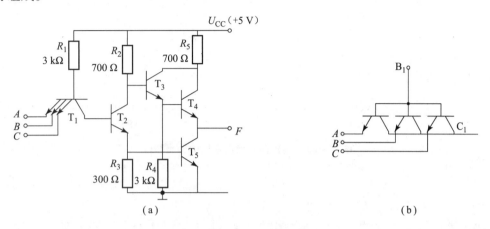

图 10 – 22   TTL 与非门电路

（a）TTL 电路；（b）多发射极等效电路

输入级由多发射极晶体管 T_1 和电阻 R_1 构成。它有一个基极、一个集电极和三个发射极，在原理上相当于基极、集电极分别连在一起的三个晶体管，其等效电路如图 10 – 22（b）所示。输入信号通过多发射极晶体管实现"与"的作用。

中间级由晶体管 T_2 和电阻 R_2、R_3 组成，这一级又称为倒相级，即在 T_2 管的集电极和发射级同时输出两个相反的信号，能同时控制输出级的 T_4、T_5 管工作在截然相反的工作状态。

输出级是 T_3、T_4、T_5 管和电阻 R_4、R_5 构成的"推拉式"电路，其中 T_3、T_4 复合管称为达林顿管。当 T_5 导通时，T_3、T_4 管截止；反之，T_5 管截止时，T_3、T_4 管导通。倒相级和输出级等效于逻辑"非"的功能。

2. TTL 电路的工作原理

以图 10 – 22 所示的 TTL 与非门电路来讨论其工作原理。

（1）输入全为高电平（3.6 V）时的工作情况。

电源 U_{CC} 通过 R_1 和 T_1 管的集电结向 T_2 提供基极电流，使 T_2 饱和状态，从而进一步使 T_5 饱和导通，也即与非门输出呈"0"电平。此时 T_2 集电极电压为

$$U_{C2} = U_{BE5} + U_{CE2} = 0.7 + 0.3 = 1 \ (V)$$

此时 T_3 微导通、T_4 管必然截止。T_1 管基极电压为

$$U_{B1} = U_{BC1} + U_{BE2} + U_{BE5} = 0.7 + 0.7 + 0.7 = 2.1 \ (V)$$

T_1 管的发射结电压为

$$U_{BE1} = U_{B1} - 3.6 = 2.1 - 3.6 = -1.5 \ (V) \quad < 0$$

也即 T_1 管处于发射结反偏、集电结正偏的"倒置"放大状态。此时 $I_{B2} = I_{C1}$ 且很大，使

T_2 管进入饱和状态；又由于 $U_{B5} = U_{E2}$，I_{B5} 也很大，使 T_5 管进入深度饱和，r_{ce5} 很小，可允许驱动很大的灌电流负载，随着灌电流的增加，T_5 的饱和深度缓慢减弱，致使输出电压 U_{OL} 缓慢上升，输出电压与负载电流基本呈线性关系，如图 10–23（a）所示。

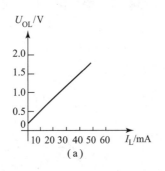 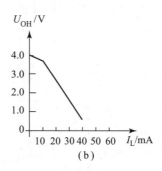

图 10–23 输出高、低电平时的输出特性

（a）输出低电平时的输出特性；（b）输出高电平时的输出特性

（2）输入有低电平（0.3 V）时的工作情况。

当 T_1 管发射极中有任一输入为"0"电平（0.3 V）时，T_1 管处于深度饱和状态，C–E 间的压降为

$$U_{CE1} = U_{CES1} = 0.1 \ (V)$$

此时 T_2 管基极电压为：$U_{B2} = U_{C1} = 0.3 + U_{CES1} = 0.3 + 0.1 = 0.4 \ (V)$。

因此，T_2、T_5 管必然截止。由于 T_2 管截止使 U_{C2} 接近 U_{CC}（+5 V），可推动 T_3、T_4 管导通，故输出端 F 的电压为：$U_F = U_{CC} - U_{BE4} - U_{BE3} = 5 - 0.7 - 0.7 = 3.6 \ (V)$。

（其中忽略了 T_3 管基极电流在 R_2 上的压降，I_{R4} 很小也可略去）也即与非门输出呈"1"电平（3.6 V）。此时，与非门的输出电阻是 T_3、T_4 复合管射极输出器的输出电阻，也很小，可以驱动拉电流。但拉电流太大，T_3 管饱和加深，T_4 管电流加大，复合管的 β 下降，输出电阻上升，从而使输出电平下降，其输出特性如图 10–23（b）所示。

综上所述，当 T_1 管发射极中有一输入为"0"时，F 端输出为"1"；当 T_1 管发射极输入全为"1"时，F 端输出为"0"，可见该电路输入/输出之间的逻辑关系为"有 0 出 1，全 1 出 0"，也即实现了与非功能。其各管工作情况如表 10–15 所示。

表 10–15 TTL 与非门各晶体管工作情况

输入	输出	T_1	T_2	T_3	T_4	T_5
全高	低	倒置	饱和	微导通	截止	饱和
有低	高	深饱和	截止	微饱和	导通	截止

在使用 TTL 电路时要注意输入端悬空问题，当 T_1 管发射极全部悬空时，电源 U_{CC} 仍然通过电阻 R_1 和 T_1 的集电结向 T_2 管提供基极电流，致使 T_2、T_5 管导通，T_3、T_4 管截止，F 端输出为"0"。当 T_1 管发射极中有"0"输入，其余悬空时，则仍由"0"输入的发射极决定，最终 T_2、T_5 管截止，T_3、T_4 管导通，F 端输出为"1"。由此可见，TTL 电路输入端悬空相当于接"1"电平。

3. TTL 与非门的传输特性

图 10 - 24 所示为 TTL 与非门的电压传输特性曲线，图中曲线大体分为 4 段：AB、BC、CD、DE。

AB 段：$U_I < 0.6$ V。输入低电平，T_1 深饱和，T_2、T_5 截止，T_3 微饱和，T_4 导通，$U_O = U_{OH} = 3.6$ V，属于"关"状态，亦即输入低电平、输出高电平状态。

BC 段：0.6 V $\leqslant U_I \leqslant 1.4$ V。输入超过标准的低电平。这时 U_{C1} 为 $0.6 \sim 1.4$ V。因为 $U_{B2} = U_{C1}$，当 $U_{B2} > 0.6$ V 时，T_2 开始导通，U_{C2} 随 U_{C1} 的上升而下降，而经 T_3、T_4 使 U_O 随 U_{C2} 的下降而下降，出现了 BC 段 U_O 随 U_I 升高而下降的情况。这一段 $U_{B5} < 0.7$ V，T_5 仍截止。当输出电平下降为 $0.9U_{OH} \approx 3.2$ V 时，所对应的输入电平称为关门电平 U_{OFF}，U_{OFF} 约为 0.8 V。

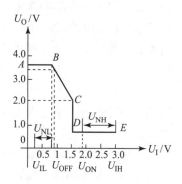

图 10 - 24　TTL 与非门电压传输特性

CD 段：$U_I \approx 1.4$ V。当 $U_I \approx 1.4$ V 时，T_2 导通电流较大，以至于 U_{B5} 达到 0.7 V 左右，使 T_5 很快由导通转为饱和，使输出幅度明显下降，这一段为电压传输特性的转折区。

DE 段：$U_I \gg 1.4$ V。T_5 饱和导通，T_4 截止，输入电压增加对输出电压影响不大。$U_O = U_{OL} \approx 0.35$ V，属于与非门的开门状态，亦即输入高电平、输出低电平的状态。对应于 $U_O \approx 0.35$ V 时的最低输入电平称为开门电平 U_{ON}，U_{ON} 约为 1.8 V。

从电压传输特性可以看出，输入低电平，输出就为高电平，此低电平可以有一定范围（如小于等于 0.6 V）。输入高电平，输出就为低电平，这里的高电平也有一个范围（如大于 1.4 V）。在给定高、低电平的条件下，就决定了抗干扰能力。在电压传输特性曲线上可以求出其抗干扰的容限 U_N（或称为噪声容限）。

4. TTL 与非门集成电路

图 10 - 25 所示是 TTL 与非门集成电路的外引线排列图，一片集成电路内的各个逻辑门互相独立，可以单独使用，但共用一根电源地线。

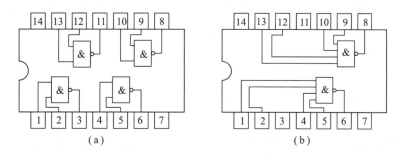

图 10 - 25　TTL 与非门的外引线排列

（a）四个二输入的与非门 74LS00；（b）二个四输入的与非门 74LS20

10.5.2　其他类型 TTL 与非门电路

1. 集电极开路门（OC 门）

在逻辑电路中，有时需要对几个门的输出再实现逻辑"与"，这种将门的输出端直接连在一起实现逻辑与的做法，称为"线与"连接。

但是，前面介绍的典型的 TTL 与非门是不允许"线与"连接的。由图 10-26 可以看出，当两个与非门输出端直接相连时，假设一个门（图中为上面的门）输出为高电平（截止），另一个门（图中下面的门）输出为低电平（导通）时，将会有一个很大的电流从截止门的 T_4 管流到导通门的 T_5 管，这个电流不仅会使导通门的输出低电平抬高而破坏了逻辑关系，甚至会因功耗过大而损坏截止门。

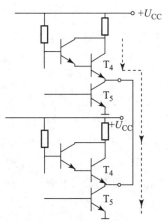

图 10-26　TTL 与非门输出不允许"线与"连接

为了使与非门输出端实现"线与"连接，可以把 TTL 与非门输出级改为晶体三极管集电极开路输出的方式，图 10-27（a）是一个典型的集电极开路与非门电路，简称 OC 门。它的逻辑符号如图 10-27（b）所示。

把 OC 门接成"线与"形式时，它的集电极是悬空的，输出级的负载采用外接形式。只要这个负载电阻选得适当，就既能保证线与形式下输出的高、低电平，又不致使输出管的电流过大。

OC 门和普通与非门相比功能灵活，可以实现"线与"连接。所谓"线与"连接就是将几个门的输出端连接在一起，构成一个公共输出端，用于完成输出信号的某种逻辑运算。普通 TTL 与非门的输出端不允许并接，即不允许进行"线与"连接。而 OC 门可以实现"线与"连接功能。

当进行"线与"连接时，几个 OC 门的输出端并联后，可共用一个集电极负载电阻和电源 U_{CC}，如图 10-28 所示，结合图 10-27（a）所示电路可知，只有 F_1、F_2、…、F_n 均为高电平时，输出端 F 才为高电平；当 F_1、F_2、…、F_n 有一个为低电平时，F 即为低电平，可知实现了"线与"连接，即 $F = F_1 \cdot F_2 \cdots \cdot F_n$。

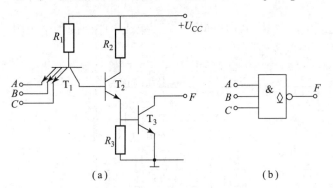

（a）　　　　　　　（b）

图 10-27　集电极开路与非门电路
（a）集电极开路与非门；（b）符号

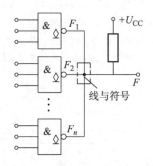

图 10-28　OC 门的"线与"连接

2. 三态输出门（TSL）

三态输出门是近年来为适应复杂的数字控制系统和计算机系统的需要研制出来的一种新型器件。它的输出，除了通常的逻辑"1"和逻辑"0"（即高、低电平）外，还有第三种状态——高阻状态，因而称为三态门，又称为 TSL 门。当门处于高阻状态时，其输出实质上与所连的电路断开。

一个三态输出与非门的电路如图 10 – 29 所示。该电路实际上是由一个与非门加上一个二极管组成的。

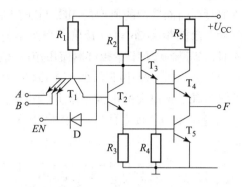

在这个电路中，当 $EN = 1$ 时，二极管 D 是截止的，与非门工作不受影响，电路也就呈与非门的工作状态，简称工作态，输出 $F = \overline{AB}$。

当 $EN = 0$ 时，T_1 的基极电位被钳制在 0.7 V 左右，T_2、T_5 均处于截止状态，电源 U_{CC} 通过电阻 R_2 可使二极管 D 导通，从而又

图 10 – 29　三态输出与非门（TSL 门）

把 T_3 的基极电位钳制在 0.7 V，进而使 T_4 截止。这时，对输出端 F 而言，上、下两个晶体三极管都是截止的，犹如通过了两个极高的电阻分别接到电源和地，从而呈现高阻状态，又称禁止态。

可见，EN 实际上是个控制端。当它接 "1" 时，电路进入与非门工作状态；当它接 "0" 时，电路呈现高阻态。因此，常常称 EN 为使能端。

在图 10 – 29 中，$EN = 1$ 时，电路进入工作状态，所以，称该电路是控制端为高电平有效。控制端为高电平有效的三态输出门电路符号如图 10 – 30（a）所示。反之，对控制端为低电平有效的三态门电路符号如图 10 – 30（b）所示。在使用三态门时，应当注意区分控制端究竟是用高电平还是用低电平来使之进入工作状态的。

在逻辑电路的输出端接上三态门后，就允许多个输出端直接并联，而不需要外接其他电阻，因为在使能端的控制下，只可以有一个门工作，其余的门处于高阻状态。这种接法，主要用在现代计算机内部及与外围设备接口处的总线结构中，如图 10 – 31 所示。

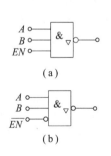

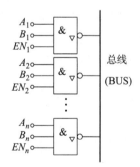

图 10 – 30　三态门逻辑符号

（a）$EN = 1$ 高电平有效；（b）$\overline{EN} = 0$ 高电平有效

图 10 – 31　用三态门组成的总线结构

图 10 – 31 中 BUS 线称为总线。所谓总线，它实际上是一个公共通道，用一根导线同时传送几个不同的信号。依靠三态门使能端的控制，使总线选择接收某一电路的信号，并使其他电路处于与总线切断的状态。采用这种总线结构，可以实现分时轮换传输信号而不会互相干扰。

这种用总线来传送数据或信号的方法，在计算机、通信工程中被广泛采用。例如，用

集成电路 74LS245 作双向传输，它的外引脚图和逻辑图如图 10-32 所示，$\overline{G_1}$ 表示与关联输入，$1EN_2$、$1EN_3$ 端分别表示使能关联输入，图中双向箭头表示双向信息流，GND 为接地。该八总线收发器，当 1 脚为低电平"0"时，允许信号进行双向传输，当 1 脚为高电平"1"时，不允许信号进行双向传输。在当 1 脚为低电平"0"时且 19 脚为高电平"1"时，信号从 2 脚→18 脚、3 脚→17 脚、…、9 脚→11 脚；在当 1 脚为低电平"0"时，且 19 脚为低电平"0"时，信号从 18 脚→2 脚、17 脚→3 脚、…、11 脚→9 脚，与前面相反，从而实现了双向传输。

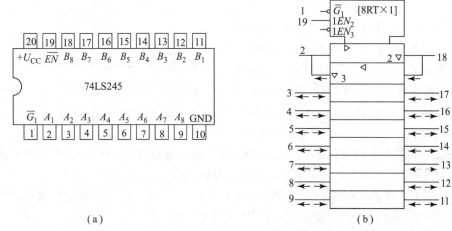

图 10-32 74LS245 八总线收发器（三态）

(a) 74LS245 外部引脚图；(b) 74LS245 逻辑图

10.5.3 CMOS 集成逻辑门电路

1. CMOS 集成门电路的结构与特点

CMOS 集成门电路是互补对称金属氧化物半导体集成电路的英文缩写，它的许多基本逻辑单元都是用增强型 PMOS 晶体管和增强型 NMOS 晶体管按照互补对称形式连接而成的。CMOS 集成门电路由于它自身的一系列优点，随着集成技术的高度发展，应用越来越广泛，像电子手表、电子钟、电子计算器等，几乎都是借助于 CMOS 集成门电路得以实现。

以 MOS 管做开关元件的门电路叫作 MOS 门电路。MOS 门电路的种类很多，这里将介绍典型的 MOS 反相器、MOS 与非门、MOS 或非门以及 CMOS 传输门。任何复杂的 MOS 电路都可以看成是由这几种典型门电路组成的。

CMOS 集成门电路的优点有：静态功耗低，抗干扰能力强，电源电压范围宽，输出逻辑摆幅大，输入阻抗高，扇出能力强，温度稳定性好等。而且，由于它完成一定功能的芯片所占面积小，特别适于大规模集成。它的缺点在于其工作速度显得比双极型组件略逊一筹，也是目前不断改进的方向。

2. CMOS 集成门电路

1）CMOS 反相器

CMOS 反相器是 CMOS 集成门电路最基本的逻辑单元，如图 10-33 所示，它是由两个

MOS 管组成的。P 沟道 MOS 管与 N 沟道 MOS 管相串联，它们的漏极连在一起做输出端，栅极连在一起做输入端。电源极性为正，与 P 沟道 MOS 管的源极相连，N 沟道 MOS 管的源极接地。电源电压的数值，要大于两管开启电压绝对值之和，即

$$U_{DD} > |U_{TP}| + U_{TN}$$

式中，$U_{TP}(<0)$ 为 P 沟道 MOS 管的开启电压；$U_{TN}(>0)$ 为 N 沟道 MOS 管的开启电压。

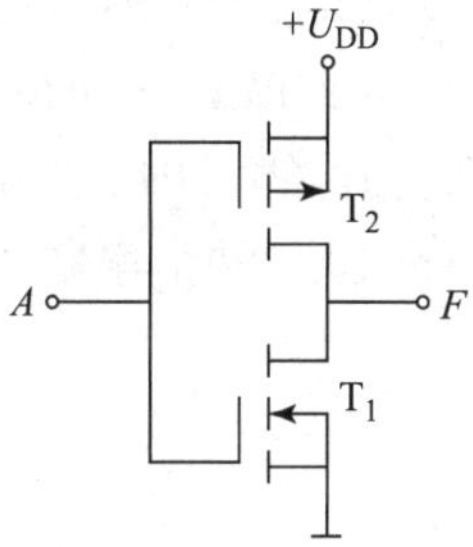

图 10－33　CMOS 反相器

反相器的工作原理如下：

（1）当输入为高电平时，N 沟道 MOS 管的栅源电压大于其开启电压，T_1 管导通；对于 P 沟道 MOS 管 T_2 而言，由于栅极电位高，栅极间电压绝对值小于其开启电压，该管截止，电路输出低电平。

（2）当输入为低电平时，T_1 的栅源电压小于开启电压，T_1 管截止；T_2 管由于其栅极电位较低，栅源电压绝对值大于开启电压绝对值，T_2 管导通，电路输出高电平。

可知电路完成了 $F = \overline{A}$（反相）功能。

当反相器处于稳定的逻辑状态时，无论是输出高电平还是输出低电平，两个 MOS 管中总有一个导通，另一个截止。电源只向电路提供纳安级的沟道漏电流，因而使得 CMOS 集成门电路的静态功耗很低，这正是 CMOS 类型电路的突出优点。

2）CMOS 与非门和或 CMOS 非门

（1）CMOS 与非门。

两输入端的 CMOS 与非门电路如图 10－34 所示。其中包括两个串联的 NMOS 管和两个并联的 PMOS 管，两个输入端均各连到一个 NMOS 管和一个 PMOS 管的栅极。

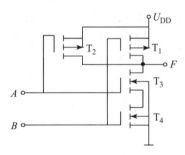

图 10－34　CMOS 与非门电路

工作过程如下：

当输入端只要有一个为低电平时，与它相连的 NMOS 管就会截止，与它相连的 PMOS 管就会导通，输出端为高电平。当输入端全为高电平时，两个串联的 NMOS 管都导通，两个并联的 PMOS 管都截止，输出为低电平，电路具有与非的功能，即

$$F = \overline{AB}$$

如果 CMOS 与非门的输入端有 n 个，则必须有 n 个 NMOS 管串联和 n 个 PMOS 管并联。

（2）CMOS 或非门。

图 10－35 是一个两输入端的 CMOS 或非门电路。和 CMOS 与非门电路相反，它是由

两个并联的 NMOS 管和两个串联的 PMOS 管组成。两个输入端仍然均各连到一个 NMOS 管和一个 PMOS 管的栅极。当输入只有一个为高电平时，会使与它相连的 NMOS 管导通，与它相连的 PMOS 管截止，输出为低电平；当两个输入端全为低电平时，两个并联的 NMOS 管截止，两个串联的 PMOS 管导通，输出为高电平。电路实现了或非逻辑功能，即

$$F = \overline{A + B}$$

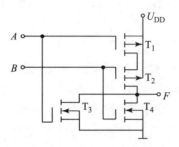

图 10 − 35　CMOS 或非门电路

同理，n 个输入端的 CMOS 或非门，必须有 n 个 NMOS 管并联和 n 个 PMOS 管串联。

由以上 CMOS 门电路逻辑功能的分析还可总结出以下规律：

工作管相串，相对应的负载管相并；工作管相并，相对应的负载相串；工作管先串后并，则负载管先并后串；工作管先并后串，由负载管先串后并；工作管组相串为"与"，相并为"或"，先串后并为先"与"后"或"，先并后串为先"或"后"与"；工作管组与负载管组连接点引出输出起倒相作用。

3）CMOS 传输门

CMOS 传输门也是 CMOS 集成门电路的基本单元电路之一。传输门的功能，是对所要传送的信号起允许通过或禁止通过的作用，在集成门电路中，主要用来做模拟开关以传递模拟信号，CMOS 传输门被广泛用于采样/保持电路、A/D 及 D/A 转换电路中。用 CMOS 集成技术制造的双向传输门已很接近理想开关的要求，即开关接通时电阻很小，为几百欧，断开时电阻很大，趋于 ∞ ，接通与断开的时间可以忽略不计。它的结构和电路符号如图 10 − 36 所示。

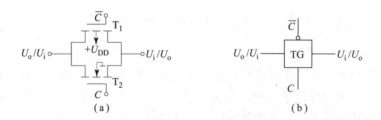

图 10 − 36　CMOS 传输门
（a）电路结构；（b）逻辑图形符号

从图 10 − 36 可知，传输门是用完全对称的 NMOS 管和 PMOS 管连接而成的。两管的源极相连作为输出端，栅极为控制端，分别接控制信号 C 和 $\overline{C}$ 。

设输入信号的变化范围为 $0 \sim U_{DD}$，控制信号的高电平为 U_{DD}、低电平为 0 的电路工作过程如下。

①当 $C = 0$，$\overline{C} = 1$ 时，NMOS 管与 PMOS 管均处于截止状态，传输门截止，输入与输出之间呈现高阻状态，相当于开关断开。

②在 $C = 1$，$\overline{C} = 0$ 的情况下，当 $0 \leq U_i \leq (U_{DD} - U_{TN})$ 时，T_2 管导通，当 $|U_{TP}| \leq U_i \leq U_{DD}$ 时，T_1 管导通，也就是说，当输入电压在 $0 \sim U_{DD}$ 变化时，两个 MOS 管中间至少有一个是导通的，使得输入与输出之间呈低阻状态，相当于开关接通。

由于 MOS 管在结构上的对称性，当输入与输出端互换时，传输门同样可以工作，因而可进行双向传输。

【思考与练习】

10.5.1 什么是"线与"？普通 TTL 门电路为什么不能"线与"？

10.5.2 三态门的三种状态是指什么？三态门与 TTL 门相比有什么不同？

10.5.3 CMOS 反相器输出端可以对地短路吗？为什么？

项目实施

（1）熟悉图 10－25 所示的 74LS00 与非门芯片，芯片内有 4 个功能一致的与非门，7 脚接地、14 脚接 +5 V 电源。

（2）搭建电路：接入 +5 V 电源，将与非门 2 个输入端接入由开关控制的电源上，合上为高电平、断开为低电平；在与非门输出端接入一个 LED 灯，LED 灯管负极接地。

（3）测试功能：当 $A = 1$、$B = 1$ 时，表达式 $F = \overline{A \cdot B} = 0$；当 A、B 变量中只要有 "0" 时，表达式 F 的结果为 1。

（4）分别测试芯片内 4 个与非门功能，若无法实现上述功能，则判定芯片部分门电路出现故障。

（5）拓展：利用 74LS00 芯片的与非门实现函数 $F_1 = \overline{\overline{A \cdot B} \cdot \overline{C \cdot D}}$，要求测试 A、B、C、D 在四组不同组合时的结果，如 $ABCD$ 取 0101 时 $F_1 = $ ＿＿＿＿＿＿＿＿＿＿＿＿＿＿＿。

项目评价

评价项目	评价内容	评价等级	星级
职业素养	培养数字电子逻辑思维	★★★★★	
	了解中国科技力量，投身数字经济建设	★★★★★	
专业能力	能用门电路芯片搭建电路，并测试电路功能	★★★★★	
	能使用 Multisim 软件设计集成门芯片应用电路并测试其功能	★★★★★	

习　题

1. 完成下列数制的转换。

①$(28)_{10} = ($ 　　　　$)_2 = ($ 　　　　$)_8 = ($ 　　　　$)_{16}$

　$(128)_{10} = ($ 　　　　$)_2 = ($ 　　　　$)_8 = ($ 　　　　$)_{16}$

②$(101011)_2 = ($ 　　　　$)_{10} = ($ 　　　　$)_8 = ($ 　　　　$)_{16}$

　$(101010.11)_2 = ($ 　　　　$)_{10} = ($ 　　　　$)_8 = ($ 　　　　$)_{16}$

③$(75)_8 = ($ 　　　　$)_2 = ($ 　　　　$)_{10} = ($ 　　　　$)_{16}$

　$(1000)_8 = ($ 　　　　$)_2 = ($ 　　　　$)_{10} = ($ 　　　　$)_{16}$

④$(3AF)_{16} = ($ 　　　　$)_2 = ($ 　　　　$)_8 = ($ 　　　　$)_{10}$

　$(5E.F)_{16} = ($ 　　　　$)_2 = ($ 　　　　$)_8 = ($ 　　　　$)_{10}$

2. 完成下列代码转换。

$(1000\ 0011\ 0101)_{8421BCD} = ($ 　　　　$)_{10}$

$(0011\ 1000)_{8421BCD} = ($ 　　　　$)_{10} = ($ 　　　　$)_2 = ($ 　　　　$)_{16}$

3. 如图 10－37 所示，写出 F 的表达式，列出真值表并画出波形图。

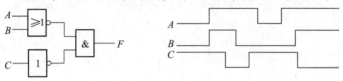

图 10－37　题 3 图

4. 分别列出函数 $F_1 = A\,\overline{B} + \overline{A}B$，$F_2 = AB + BC + AC$ 的真值表并画出逻辑图。

5. 分别指出变量 A、B、C 为哪些取值组合时，下列函数的值为 1。

（1）$F(A, B, C) = AB + BC + \overline{A}C$　　　（2）$F(A, B, C) = \overline{\overline{A} + B\,\overline{C}} \cdot (A + B)$

6. 用真值表证明等式：$\overline{A} + \overline{B} + \overline{C} = ABC$。

7. 用基本定律证明下列等式。

（1）$A\,\overline{B} + \overline{A}B = AB + \overline{A}\,\overline{B}$　　　（2）$AB + BCD + \overline{A}C + \overline{B}C = AB + C$

（3）$AB(C + D) + D + \overline{D}(A + B)(\overline{B} + \overline{C}) = A + B\,\overline{C} + D$

（4）$A\,\overline{B} + B\,\overline{C} + \overline{A}C = \overline{A}B + \overline{B}C + A\,\overline{C}$

8. 画出下列函数式的逻辑图，若要求用与非门实现呢？

（1）$F = AB + AC$　　　（2）$F = \overline{(A + B)(C + D)}$

9. 用代数法化简下列函数。

（1）$F = \overline{A} + \overline{B} + \overline{C} + \overline{D} + ABCD$　　　（2）$F = AB + AD + \overline{B}\,\overline{D} + A\,\overline{C}\,\overline{D}$

（3）$F = \overline{A}B + AC + BC + B\,\overline{C}\,\overline{D} + B\,\overline{C}E + BCF$

10. 利用公式证明下列等式。

（1）$\overline{C \oplus D} + C = \overline{C}\,\overline{D}$

（2）$\overline{A}BC + A\,\overline{B}\,\overline{C} + \overline{A}B\,\overline{C} + \overline{A}BC = A \oplus B \oplus C$

11. 用卡诺图判断逻辑函数 F 和 G 的关系。

（1）$F = AB + BC + AC$

$G = \overline{A}\,\overline{B} + \overline{B}\,\overline{C} + \overline{A}\,\overline{C}$

（2）$F = \overline{A}B + B\,\overline{C} + \overline{A}\,\overline{C} + A\,\overline{B}C + D$

$G = A\,\overline{B}\,\overline{C}\,\overline{D} + ABC\,\overline{D} + \overline{A}\,\overline{B}C\,\overline{D}$

12. 用卡诺图法化简下列函数。

（1）$F(A,\ B,\ C) = A\,\overline{B} + B\,\overline{C} + \overline{A}C + \overline{A}B + \overline{B}C + A\,\overline{C}$

（2）$F(A,\ B,\ C,\ D) = A\,\overline{B}CD + AB\,\overline{C}D + \overline{A}\,\overline{B} + A\,\overline{D} + A\,\overline{B}C$

（3）$F(A,\ B,\ C) = \sum m(0,\ 2,\ 4,\ 5)$

（4）$F(A,\ B,\ C,\ D) = \sum m(2,\ 4,\ 5,\ 6,\ 7,\ 11,\ 12,\ 14,\ 15)$

13. 如图 10 – 38 所示的图形符号中，图 10 – 38（a）的名称是什么？主要应用于什么场合？图 10 – 38（b）中当 $EN = 1$ 时，F 的表达式是什么？若 $EN = 0$ 时，其工作状态是什么？图 10 – 38（c）中当 $C = 0$ 时，相当于开关的什么状态？

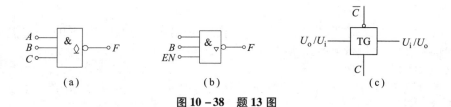

图 10 – 38　题 13 图

项目 11 组合逻辑电路芯片功能测试

根据 3 线 – 8 线译码器 74LS138 芯片功能表，选用与非门芯片 74LS 00 一起搭建电路，实现函数 $F = AC$，并测试电路功能。

重点知识

（1）掌握组合逻辑电路分析、设计的步骤及实例。

（2）掌握常用组合逻辑器件编码器 74LS148、译码器 74LS138、加法器、选择器 74LS151 等芯片的真值表、逻辑符号、引脚功能。

能力与素养

（1）能设计由 74LS38 及与非门（如 74LS20）实现逻辑函数功能的电路图，并完成电路搭建、功能测试。

（2）能根据功能描述设计符合要求的逻辑电路。

（3）养成数字芯片应用流程化思路的职业习惯；培养心有精诚、手有精艺的工匠精神；树立突破封锁、为国争光的信心。

知识链接 11.1 组合逻辑电路的分析与设计

根据逻辑功能的不同特点，可以将数字电路划分为两大类：一类叫作组合逻辑电路（简称组合电路），另一类叫作时序逻辑电路（简称时序电路）。

在组合逻辑电路中，任意时刻的输出仅仅取决于该时刻的输入，与电路原来的状态无关，这也是组合逻辑电路在逻辑功能上的共同特点，同时也决定了在电路结构上，组合电路不包含反馈电路和存储单元，全部是由门电路构成的。

11.1.1 组合逻辑电路的分析

分析组合逻辑电路，一般是根据已知的逻辑电路图，求出其逻辑函数表达式或写出其真值表，从而了解并判断它的逻辑功能。有时，分析的目的仅在于验证已知电路的逻辑功能是否正确。

组合逻辑电路分析的步骤如下。

（1）根据已知的逻辑电路图，逐级写出逻辑函数表达式。

（2）用公式法或卡诺图法化简逻辑函数表达式。

（3）根据化简后的逻辑函数表达式列出真值表。

真值表详尽地给出了输入/输出取值关系，它通过逻辑值直观地描述了电路的逻辑功能。

（4）逻辑功能的描述。

根据真值表和逻辑函数表达式，概括出对电路逻辑功能的文字描述，并对原电路的设计方案进行评定，必要时提出改进意见和改进方案。

以上分析步骤是就一般情况而言的，实际中可根据问题的复杂程度和具体要求对上述步骤进行适当取舍。下面举例说明组合逻辑电路分析的过程。

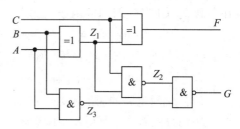

图 11 – 1　例 11 – 1 逻辑电路图

【例 11 – 1】　分析图 11 – 1 所示逻辑电路的逻辑功能。

解：（1）用逐级递推的方法求出 F、G 的逻辑函数表达式。

$$Z_1 = A \oplus B$$
$$Z_2 = \overline{Z_1 C}$$
$$Z_3 = \overline{AB}$$
$$F = Z_1 \oplus C$$
$$G = \overline{Z_2 Z_3}$$

（2）化简逻辑函数：

$$F = (A \oplus B) \oplus C = A \oplus B \oplus C$$
$$G = \overline{\overline{(A \oplus B) C} \cdot \overline{Z_3}} = (A \oplus B) C + AB = A\overline{B}C + \overline{A}BC + AB = AC + BC + AB$$

（3）列出如表 11 – 1 所示的真值表。

表 11 – 1　例 11 – 1 电路真值表

输　　入	输　　出	输　　入	输　　出
A　B　C	F　G	A　B　C	F　G
0　0　0	0　0	1　0　0	1　0
0　0　1	1　0	1　0　1	0　1
0　1　0	1　0	1　1　0	0　1
0　1　1	0　1	1　1　1	1　1

（4）逻辑功能分析。

从真值表中看，输出的特点是，当输入信号中有两个或两个以上"1"时，输出 G 为"1"，其他为"0"；当输入信号中"1"的个数为奇数个时，输出 F 为"1"，其他为"0"；若认为 A 和 B 分别是被加数和加数，C 是低位的进位数，则 F 是按二进制数计算时本位的和，G 是向高位的进位数。所以，该电路是一个一位的全加器（若无低位的进位信号时为半加器）。

【例 11 - 2】 已知逻辑电路如图 11 - 2 所示。写出其逻辑函数表达式，列出真值表并分析其逻辑功能。

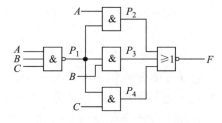

图 11 - 2 例 11 - 2 逻辑电路图

解：（1）根据给出的逻辑图，写出逻辑函数表达式。

根据电路中每种逻辑门电路的功能，从输入到输出，逐级写出各逻辑门的函数表达式：

$$P_1 = \overline{ABC} \quad P_2 = A \cdot P_1 = A \cdot \overline{ABC}$$

$$P_3 = B \cdot P_1 = B \cdot \overline{ABC} \quad P_4 = C \cdot P_1 = C \cdot \overline{ABC}$$

$$F = \overline{P_2 + P_3 + P_4} = \overline{A \cdot \overline{ABC} + B \cdot \overline{ABC} + C \cdot \overline{ABC}}$$

（2）化简电路的输出函数表达式。

用代数化简法对所得输出函数表达式进行化简：

$$F = \overline{A \cdot \overline{ABC} + B \cdot \overline{ABC} + C \cdot \overline{ABC}} = \overline{\overline{ABC}(A + B + C)}$$

$$= \overline{\overline{ABC}} + \overline{A + B + C} = ABC + \overline{A}\,\overline{B}\,\overline{C}$$

（3）根据化简后的逻辑函数表达式列出真值表。

该函数的真值表如表 11 - 2 所示。

表 11 - 2 例 11 - 2 电路真值表

输　　入	输　　出	输　　入	输　　出
$A \quad B \quad C$	F	$A \quad B \quad C$	F
0　0　0	1	1　0　0	0
0　0　1	0	1　0　1	0
0　1　0	0	1　1　0	0
0　1　1	0	1　1　1	1

（4）功能描述。

由真值表可知，该电路仅当输入 A、B、C 取值都为 0 或都为 1 时，输出 F 的值为 1，其他情况下输出 F 均为 0。也就是说，当输入一致时输出为 1，输入不一致时输出为 0。可见，该电路具有检查输入信号是否一致的逻辑功能，一旦输出为 0，则表明输入不一致。因此，通常称该电路为"不一致电路"。

在某可靠性要求非常高的系统中，往往采用几套设备同时工作，一旦运行结果不一致，便由"不一致电路"发出报警信号，通知操作人员排除故障，以确保系统的可靠性。

11.1.2　组合逻辑电路的设计

根据给出的实际逻辑问题,求出实现这一逻辑功能的最简单的逻辑电路,这就是设计组合逻辑电路时需要完成的工作。

这里所说的"最简",是指电路所用的器件数最少,器件的种类最少,而且器件之间的连线也最少。

组合逻辑电路设计的步骤如下。

(1)理解设计要求,并根据设计要求分析所给实际问题的因果关系。将原因(条件)作为输入变量,将结果作为输出函数,并分别以逻辑"1"和逻辑"0"给逻辑变量赋值,然后列出真值表。

由于逻辑要求的文字描述一般很难做到全面而确切,往往要靠直觉和经验来获得对文字说明的正确解释,所以问题的正确文字描述是非常重要的,这是建立逻辑问题真值表的基础。真值表是描述逻辑问题的一种重要工具,任何逻辑问题,只要能列出它的真值表,就能把逻辑电路设计出来。然而,建立真值表不是一件容易的事,它要求设计者对所设计的逻辑问题有一个全面的理解,对每一种可能的情况都能做出正确的判断,只要有一种情况判断错了,就是导致整个设计的错误。可见,第一步是关键步。

(2)由真值表写出输出逻辑函数的"与或"表达式。每一行输入变量间为"与"逻辑关系,输出的逻辑函数(列)各项为"或"逻辑关系。

(3)用公式法或卡诺图法化简输出函数表达式。

(4)根据化简后的逻辑函数表达式,画出逻辑电路图。

这里还需要指出一点,在有些情况下,常常只能采用某几种形式的逻辑门进行设计,而不允许自由地采用任何种类的门电路。这时,就需要将化简后的逻辑函数表达式再加以变换,使设计出的电路成为适合实际需要的某种形式。

应当指出,上述设计步骤并不是一成不变的,例如,有的设计要求直接以真值表的形式给出,就可省去逻辑抽象这一步;又如,有的问题逻辑关系比较简单、直观,也可以不经过逻辑真值表而直接写出逻辑函数表达式来。

【例 11 - 3】　试设计一个三人表决电路,以表决某一提案是否通过。如多数赞成,则提案通过,以指示灯亮表示,反之则指示灯不亮。

解:由设计要求可将参加表决的三人设为输入变量 A、B、C,且当某人赞成时设为 1,指示灯亮为 1,否则为 0。由此可得真值表如表 11 - 3 所示。

三人表决器

表 11 - 3　例 11 - 3 电路真值表

输　　入			输　　出	输　　入			输　　出
A	B	C	F	A	B	C	F
0	0	0	0	1	0	0	0
0	0	1	0	1	0	1	1
0	1	0	0	1	1	0	1
0	1	1	1	1	1	1	1

由真值表可写出逻辑函数表达式,在输入变量的 8 种组合中,有 4 种可使结果为 1。

就结果为 1 的 4 种情况而言，三个输入变量之间为"与"逻辑关系，而这 4 种情况之间，就结果为 1 而言，则为"或"逻辑关系，因此可得下列"与或"表达式：

$$F = \bar{A}BC + A\bar{B}C + AB\bar{C} + ABC$$

该式的化简结果为：

$$F = AB + AC + BC = AB + C(A + B)$$

由上式画出逻辑电路如图 11 -3 所示。如果该电路只要求用"与非"门实现，则要对结果进行变换，得其"与非"表达式：$F = AB + AC + BC = \overline{\overline{AB + AC + BC}} = \overline{\overline{AB} \cdot \overline{AC} \cdot \overline{BC}}$。

得到用"与非"门组成的三人表决电路如图 11 -4 所示。

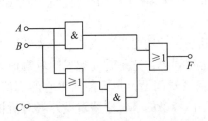 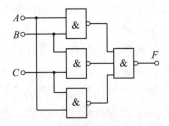

图 11 -3　例 11 -3 的逻辑电路　　　　图 11 -4　例 11 -3 的逻辑电路图（与非门实现）

【思考与练习】

11.1.1　组合逻辑电路的分析步骤与设计步骤各有哪些？它们之间有什么特点？

11.1.2　分析图 11 -5（a）、（b）所示电路实现的功能。

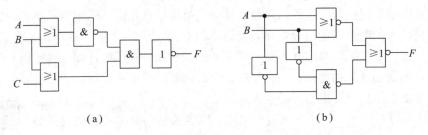

（a）　　　　　　　　　　　　　　　（b）

图 11 -5　思考与练习 11.1.2 图

11.1.3　试设计一个电路实现两个数的大小比较，只有在 $A > B$ 时由 F 产生输出。

知识链接 11.2　基本组合逻辑部件

实际使用过程中，有些逻辑电路经常大量地出现在各种数字系统中，这些电路包括编码器、译码器、加法器、数据选择器、比较器等。为了方便使用，已经把这些逻辑电路制成了中、小规模集成的标准化集成电路产品，下面就分别介绍一下这些器件的工作原理和使用方法。

11.2.1 编码器

所谓编码，是将有特定意义的信息（数值、文字或符号等），编成相应的多位二进制代码。用来完成编码工作的电路，称为编码器。例如计算机的输入键盘，就是由编码器组成的。每按下一个键，编码器就将该键的含义转换为一组机器可以识别的二进制代码，用以控制机器的操作。根据实际需要，编码电路有普通编码器、优先编码器等。

1. 普通编码器

对普通编码器来说，每个时刻的输入信号只能是一个，若输入多个时，输出将发生混乱。

以 3 位二进制普通编码器为例，分析一下普通编码器的工作原理。图 11 – 6 是 3 位二进制编码器的框图，图 11 – 7 是三位二进制编码器的逻辑图，它的输入是 $I_0 \sim I_7$ 八个高电平信号，输出是 3 位二进制代码 $Y_2 Y_1 Y_0$。为此，又把它叫作 8 线 – 3 线编码器。输出与输入的对应关系由表 11 – 4 给出。

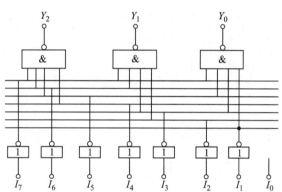

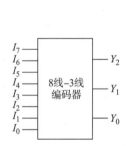

图 11 – 6 8 线 – 3 线编码器框图　　　　图 11 – 7 三位二进制（8 线 – 3 线）编码器的逻辑图

表 11 – 4 三位二进制编码器的真值表

输　　入								输　　出		
I_0	I_1	I_2	I_3	I_4	I_5	I_6	I_7	Y_2	Y_1	Y_0
1	0	0	0	0	0	0	0	0	0	0
0	1	0	0	0	0	0	0	0	0	1
0	0	1	0	0	0	0	0	0	1	0
0	0	0	1	0	0	0	0	0	1	1
0	0	0	0	1	0	0	0	1	0	0
0	0	0	0	0	1	0	0	1	0	1
0	0	0	0	0	0	1	0	1	1	0
0	0	0	0	0	0	0	1	1	1	1

2. 优先编码器

（1）74LS148 的逻辑符号和引脚功能。

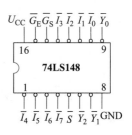

图 11 - 8　74LS148 引脚图

在优先编码器中，允许同时输入两个以上信号。不过在设计优先编码器时已经将所有的输入信号按优先顺序排了队，当输入信号同时出现时，只对其中优先级最高的进行编码。以 74LS148 优先编码器为例，为了扩展电路的功能和增加使用的灵活性，在 74LS148 的逻辑电路中附加了控制电路部分。其外引脚图如图 11 - 8 所示。在图中 $\overline{I}_0 \sim \overline{I}_7$ 为输入信号端，$\overline{Y}_0 \sim \overline{Y}_2$ 为输出端，$\overline{S}$ 为选通输入端，只有在 $\overline{S} = 0$ 时，编码器才能正常工作，而 $\overline{S} = 1$ 时，所有的输出端均被封锁在高电平。

（2）74LS148 优先编码器功能表，如表 11 - 5 所示。

表 11 - 5　74LS148 的功能表

输　　入									输　　出				
$\overline{S}$	$\overline{I}_0$	$\overline{I}_1$	$\overline{I}_2$	$\overline{I}_3$	$\overline{I}_4$	$\overline{I}_5$	$\overline{I}_6$	$\overline{I}_7$	$\overline{Y}_2$	$\overline{Y}_1$	$\overline{Y}_0$	$\overline{G}_S$	$\overline{G}_E$
1	×	×	×	×	×	×	×	×	1	1	1	1	1
0	1	1	1	1	1	1	1	1	1	1	1	0	1
0	×	×	×	×	×	×	×	0	0	0	0	1	0
0	×	×	×	×	×	×	0	1	0	0	1	1	0
0	×	×	×	×	×	0	1	1	0	1	0	1	0
0	×	×	×	×	0	1	1	1	0	1	1	1	0
0	×	×	×	0	1	1	1	1	1	0	0	1	0
0	×	×	0	1	1	1	1	1	1	0	1	1	0
0	×	0	1	1	1	1	1	1	1	1	0	1	0
0	0	1	1	1	1	1	1	1	1	1	1	1	0

由表 11 - 5 中不难看出，在 $\overline{S} = 0$、电路正常工作状态下，允许 $\overline{I}_0 \sim \overline{I}_7$ 中同时有几个输入端为低电平，即有编码输入信号。$\overline{I}_7$ 的优先级最高，$\overline{I}_0$ 的优先级最低。当 $\overline{I}_7 = 0$ 时，无论其他输入端有无输入信号，输出端只给出 $\overline{I}_7$ 的编码，即 $\overline{Y}_2\,\overline{Y}_1\,\overline{Y}_0$ 输出为 000。当 $\overline{I}_7 = 1$、$\overline{I}_6 = 0$ 时，无论其余输入端有无输入信号，只对 $\overline{I}_6$ 编码，$\overline{Y}_2\,\overline{Y}_1\,\overline{Y}_0$ 输出为 001。其余的输入状态请读者自行分析。

下面通过一个具体例子说明一下 $\overline{G}_S$ 和 $\overline{G}_E$ 信号实现电路功能扩展的方法。

【例 11 - 4】　试用两片 74LS148 接成 16 线 - 4 线优先编码器，将 $\overline{A}_0 \sim \overline{A}_{15}$ 十六个低电平输入信号编为 0000 ~ 1111 十六个 4 位二进制代码。其中 $\overline{A}_{15}$ 的优先级最高，$\overline{A}_0$ 的优先级最低。

解：由于每片 74LS148 只有 8 个编码输入，所以需将 16 个输入信号分别接到两片芯片上。将 $\overline{A}_{15} \sim \overline{A}_8$ 八个优先级高的输入信号接到第 1 片的 $\overline{I}_7 \sim \overline{I}_0$ 输入端，而将 $\overline{A}_7 \sim \overline{A}_0$ 八个优先级低的输入信号接到第 2 片的 $\overline{I}_7 \sim \overline{I}_0$。

按照优先顺序的要求，只有 $\overline{I}_{15} \sim \overline{I}_8$ 均无输入信号时，才允许对 $\overline{I}_7 \sim \overline{I}_0$ 的输入信号进行编码。因此，只要将第 1 片的"无编码信号输入"信号 $\overline{G}_S$ 作为第 2 片的选通输入信号 $\overline{S}$ 就行了。

此外，当第 1 片有编码信号输入时 $\overline{G}_E = 0$，无编码信号输入时 $\overline{G}_E = 1$，正好可以用它作为输入编码的第 4 位，以区分 8 个高优先权输入信号和 8 个低优先权输入信号的编码。编码的低 3 位应为两片输出 $\overline{Y}_2$ $\overline{Y}_1$ $\overline{Y}_0$ 的逻辑或。

按照上述分析，可得到如图 11 – 9 的逻辑图。

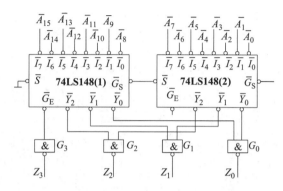

图 11 – 9　74LS148 优先编码器的功能扩展

11.2.2　译码器与译码显示电路

译码器又称解码器，译码是编码的相反过程。编码将多位二进制代码赋予特定的含义，译码是将多位二进制代码的原意"翻译"出来。完成译码工作的逻辑电路，称为译码器。

常见的二进制译码有二输入四输出译码器、三输入八输出译码器和四输入十六输出译码器等。以 74LS138 为例介绍这一类电路的功能。

1. 二进制译码器

图 11 – 10 给出了 3 线 – 8 线译码器的逻辑图，根据逻辑图可列出 Y 的表达式如下：

$$\overline{Y}_0 = \overline{\overline{A}_2 \, \overline{A}_1 \, \overline{A}_0} = \overline{m}_0 \qquad \overline{Y}_1 = \overline{\overline{A}_2 \, \overline{A}_1 A_0} = \overline{m}_1 \qquad \overline{Y}_2 = \overline{\overline{A}_2 A_1 \, \overline{A}_0} = \overline{m}_2 \qquad \overline{Y}_3 = \overline{\overline{A}_2 A_1 A_0} = \overline{m}_3$$

$$\overline{Y}_4 = \overline{A_2 \, \overline{A}_1 \, \overline{A}_0} = \overline{m}_4 \qquad \overline{Y}_5 = \overline{A_2 \, \overline{A}_1 A_0} = \overline{m}_5 \qquad \overline{Y}_6 = \overline{A_2 A_1 \, \overline{A}_0} = \overline{m}_6 \qquad \overline{Y}_7 = \overline{A_2 A_1 A_0} = \overline{m}_7$$

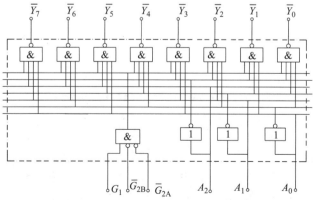

图 11 – 10　3 线 – 8 线译码器的逻辑图

由此可看出，$\overline{Y}_0 \sim \overline{Y}_7$ 同时又是 $A_2 A_1 A_0$ 这 3 个变量的全部最小项的译码输出，所以也把这种译码器叫作最小项译码器。

若考虑逻辑图中的控制信号 G_1、$\overline{G}_{2A}$、$\overline{G}_{2B}$，则可得真值表如表 11–6 所示。

表 11–6　74LS138 真值表

输　入					输　出							
G_1	$\overline{G}_{2A} + \overline{G}_{2B}$	A_2	A_1	A_0	$\overline{Y}_0$	$\overline{Y}_1$	$\overline{Y}_2$	$\overline{Y}_3$	$\overline{Y}_4$	$\overline{Y}_5$	$\overline{Y}_6$	$\overline{Y}_7$
0	×	×	×	×	1	1	1	1	1	1	1	1
×	1	×	×	×	1	1	1	1	1	1	1	1
1	0	0	0	0	0	1	1	1	1	1	1	1
1	0	0	0	1	1	0	1	1	1	1	1	1
1	0	0	1	0	1	1	0	1	1	1	1	1
1	0	0	1	1	1	1	1	0	1	1	1	1
1	0	1	0	0	1	1	1	1	0	1	1	1
1	0	1	0	1	1	1	1	1	1	0	1	1
1	0	1	1	0	1	1	1	1	1	1	0	1
1	0	1	1	1	1	1	1	1	1	1	1	0

由表 11–6 可知，片选控制端 $G_1 = 0$ 时，译码器停止译码，输出端全部为高电平（该译码器有效输出电平为低电平）。$G_1 = 1$，$\overline{G}_{2A} = \overline{G}_{2B} = 1$ 时译码器也不工作，输出端仍为高电平。$G_1 = 1$，$\overline{G}_{2A} = \overline{G}_{2B} = 0$ 时，译码器才开始工作进行译码。

2. 74LS138 的逻辑符号和引脚功能

74LS138 是一个具有 16 个引脚的数字集成电路，除电源、"地"两个端子外，还有 3 个输入端 A_2、A_1、A_0。8 个输出端 $\overline{Y}_7 \sim \overline{Y}_0$，3 个使能端 G_1、$\overline{G}_{2A}$ 和 $\overline{G}_{2B}$，其引脚图和惯用符号如图 11–11 所示。

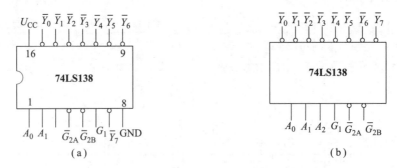

图 11–11　74LS138 的逻辑符号和引脚图

（a）引脚图；（b）惯用符号

3. 译码器扩展

74LS138 有 3 个附加的控制端 G_1、$\overline{G}_{2A}$ 和 $\overline{G}_{2B}$。当 $G_1 = 1$，$\overline{G}_{2A} + \overline{G}_{2B} = 0$ 时，译码器处于工作状态。否则，译码器被禁止，这 3 个控制断也叫作"片选"输入端，利用片选的作用可以将多片连接起来以扩展译码器的功能。

带控制输入端的译码器又是一个完整的数据分配器。如果把 G_1 作为"数据"输入端（同时令 $\bar{G}_{2A} = \bar{G}_{2B} = 0$），而将 A_2、A_1、A_0 作为"地址"输入端，那么从 G_1 送来的数据只能从 A_2、A_1、A_0 指定的一根输出线送出去。这就不难理解为什么把 A_2、A_1、A_0 叫地址输入了。例如，当 $A_2A_1A_0 = 101$ 时，数据以反码的形式从 $\bar{Y}_5$ 输出，而不会被送到其他任何一个输出端上。

例如，用两片 74LS138 可以构成 4 线 – 16 线译码器，连接方法如图 11 – 12 所示。

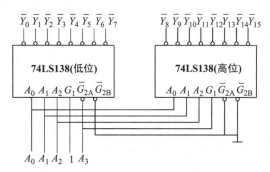

图 11 – 12　74LS138 的扩展

A_3、A_2、A_1、A_0 为扩展后电路的信号输入端，$\bar{Y}_{15} \sim \bar{Y}_0$ 为输出端。当输入信号最高位 $A_3 = 0$ 时，高位芯片被禁止，$\bar{Y}_{15} \sim \bar{Y}_8$ 输出全部为"1"，低位芯片被选中，低电平"0"输出端由 A_2、A_1、A_0 决定。$A_3 = 1$ 时，低位芯片被禁止，$\bar{Y}_7 \sim \bar{Y}_0$ 输出全部为"1"，高位芯片被选中，低电平"0"输出端由 A_2、A_1、A_0 决定。

用 74LS138 还可以实现三变量或者两变量的逻辑函数。因为变量译码器的每一个输出端的低电平都与输入逻辑变量的一个最小项相对应，所以当将逻辑函数变换为最小项表达式时，只要从相应的输出端取出信号，送入与非门的输入端，与非门的输出信号就是要求的逻辑函数。

【例 11 – 5】　利用 74LS138 实现逻辑函数 $F = \bar{A}B + \bar{B}C + A\bar{C}$。

解：F 的最小项表达式为

$$F = \bar{A}B\bar{C} + \bar{A}BC + \bar{A}\ \bar{B}C + A\bar{B}C + A\bar{B}\ \bar{C} + AB\bar{C}$$

$$= \overline{\overline{\bar{A}B\bar{C} + \bar{A}BC + \bar{A}\ \bar{B}C + A\bar{B}C + A\bar{B}\ \bar{C} + AB\bar{C}}}$$

$$= \overline{\overline{\bar{A}B\bar{C}} \cdot \overline{\bar{A}BC} \cdot \overline{\bar{A}\ \bar{B}C} \cdot \overline{A\bar{B}C} \cdot \overline{A\bar{B}\ \bar{C}} \cdot \overline{AB\bar{C}}}$$

$$= \sum m(1, 2, 3, 4, 5, 6)$$

逻辑电路如图 11 – 13 所示。

4. 译码显示电路

常用的显示器件有半导体数码管、液晶数码管和荧光数码管等。这里只介绍半导体数码管 LED。它采用磷砷化镓做 PN 结，当外加正向电压时，就能发出清晰的光。单个 PN 结可以封装成一个发光二极管，多个发光二极管可以分段封装成半导体数码器，常将十进制分成七段，如图 11 – 14 所示。选择不同段发光，可显示不同的字形。如当 a、b、c、d、e、f、g 段全发光时，显示出 8；b、c 段发光时，显示 1 等。发光二极管的工作电压为 1.5 ~ 3 V，工作电流为几毫安到几十毫安，寿命很长。

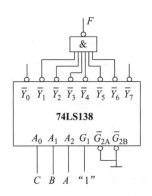

图 11-13 例 11-2 的逻辑电路图

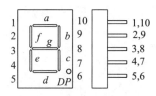

图 11-14 七段数码管显示器引脚图

驱动七段半导体的集成电路有4线-7线译码/驱动器74LS249，其外引脚图如图 11-15 所示。图中 $A_3 \sim A_0$ 为信号输入端，$a \sim g$ 为信号输出端。$\overline{LT}$ 为试灯（各发光段）输入控制端，$\overline{BI}$ 为灭灯输入控制端，$\overline{BO}/\overline{BI}$ 为动态灭灯输入/输出控制端。当 $\overline{LT}=1$ 时根据输入的编码，输出数码管相应的各段信号，点亮各段发光管，显示 0~9 十个数。其功能如表 11-7 所示。

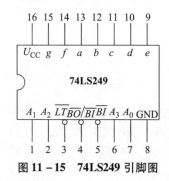

图 11-15 74LS249 引脚图

表 11-7 4线-7线译码/驱动器 74LS249 功能表

输 入							输 出							显示
$\overline{LT}$	$\overline{BI}$	A_3	A_2	A_1	A_0	$\overline{BO}/\overline{BI}$	a	b	c	d	e	f	g	
1	1	0	0	0	0	1	1	1	1	1	1	1	0	0
1	×	0	0	0	1	1	0	1	1	0	0	0	0	1
1	×	0	0	1	0	1	1	1	0	1	1	0	1	2
1	×	0	0	1	1	1	1	1	1	1	0	0	1	3
1	×	0	1	0	0	1	0	1	1	0	0	1	1	4
1	×	0	1	0	1	1	1	0	1	1	0	1	1	5
1	×	0	1	1	0	1	0	0	1	1	1	1	1	6
1	×	0	1	1	1	1	1	1	1	0	0	0	0	7
1	×	1	0	0	0	1	1	1	1	1	1	1	1	8
1	×	1	0	0	1	1	1	1	1	0	0	1	1	9
1	×	1	1	1	1	1	1	1	1	1	1	1	1	暗
0	×	×	×	×	×	1	1	1	1	1	1	1	1	8
×	×	×	×	×	×	1	0	0	0	0	0	0	0	暗
1	0	0	0	0	0	0	0	0	0	0	0	0	0	暗

半导体数码管中 7 个发光二极管有共阴极和共阳极两种接法，如图 11 – 16 所示。共阴极数码管中，当某一段接高电平时，该段发光；共阳极数码管中，当某一段接低电平时，该段发光。因此使用哪种数码管一定要与使用的七段译码显示器相配合。

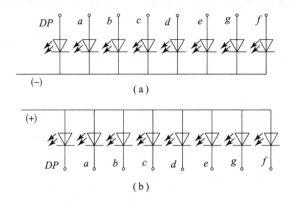

图 11 – 16　数码管两种接法

（a）共阴极接法；（b）共阳极接法

11. 2. 3　加法器

两个二进制数之间的算术运算无论是加、减、乘、除，目前在数字计算机中都是化成若干步加法运算进行的。因此，加法器是构成算术运算的基本单元。

1. 半加器

如果不考虑有来自低位的进位将两个 1 位二进制数相加，称为半加。实现半加运算的电路叫作半加器。

按照二进制加法运算规则可以列出半加器真值表，如表 11 – 8 所示。其中 A、B 是两个加数，S 是相加的和，CO 是向高位的进位。将 S、CO 和 A、B 的关系写成逻辑表达式，则得到

$$S = \overline{A}B + A\overline{B} = A \oplus B \qquad CO = AB$$

因此，半加器是由一个"异或"门和一个"与"门组成的，其逻辑结构图和符号如图 11 – 17 所示。

表 11 – 8　半加器真值表

输　　　入		输　　　出	
A	B	S	CO
0	0	0	0
0	1	1	0
1	0	1	0
1	1	0	1

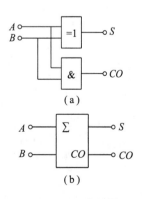

图 11 – 17　半加器

（a）逻辑电路；（b）逻辑符号

255

2. 全加器

在将两个多位二进制数相加时，除了最低位以外，每一位都应该考虑来自低位的进位，即将两个对应位的加数和来自低位的进位 3 个数相加。这种运算叫作全加，所用的电路叫作全加器。

设 A_i、B_i 为两个 1 位二进制数的被加数和加数，C_{i-1} 表示低位来的进位数，构成了 3 个输入变量。S_i 为相加后的本位和，C_i 为高位的进位数。全加器的真值表如表 11 – 9 所示。

表 11 – 9　全加器真值表

输　　入			输　　出		输　　入			输　　出	
A_i	B_i	C_{i-1}	S_i	C_i	A_i	B_i	C_{i-1}	S_i	C_i
0	0	0	0	0	1	0	0	1	0
0	0	1	1	0	1	0	1	0	1
0	1	0	1	0	1	1	0	0	1
0	1	1	0	1	1	1	1	1	1

由真值表可得其逻辑函数式并化简：

$$S_i = \overline{A_i}\,\overline{B_i}C_{i-1} + \overline{A_i}B_i\,\overline{C_{i-1}} + A_i\,\overline{B_i}\,\overline{C_{i-1}} + A_iB_iC_{i-1} = (\overline{A_i}B_i + A_i\,\overline{B_i})\overline{C_{i-1}} + (\overline{A_i}\,\overline{B_i} + A_iB_i)C_{i-1}$$

$$= (A_i \oplus B_i)\overline{C_{i-1}} + (\overline{A_i \oplus B_i})C_{i-1} = (A_i \oplus B_i) \oplus C_{i-1}$$

$$C_i = \overline{A_i}B_iC_{i-1} + A_i\overline{B_i}C_{i-1} + A_iB_i\overline{C_{i-1}} + A_iB_iC_{i-1} = (\overline{A_i}B_i + A_i\overline{B_i})C_{i-1} + A_iB_i$$

$$= (A_i \oplus B_i)C_{i-1} + A_iB_i$$

由以上逻辑表达式可画出 1 位全加器的逻辑电路与逻辑符号，如图 11 – 18 所示。

将 n 个全加器按图 11 – 19 所示将低位全加器产生的进位位直接连接到高位全加器的进位输入，最低位全加器的进位输入 C_0 接地，这样连接起来的电路可以实现 n 位二进制数的加法运算。$A_0 \sim A_n$、$B_0 \sim B_n$ 分别为 n 位被加数和加数，$S_0 \sim S_n$ 为 n 位和。

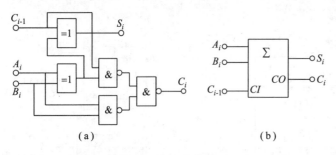

（a）　　　　　　　　　　　（b）

图 11 – 18　全加器

（a）逻辑电路；（b）逻辑符号

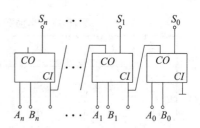

图 11 – 19　串行进位加法器

11. 2. 4　数据选择器和比较器

1. 数据选择器

在多路数据传送过程中，能够根据需要将其中任意一路挑选出来的电路，称为数据选择器，也叫作多路开关或简称 MUX。下面以 4 选 1 数据选择器为例进行说明，其示意框图如图 11 – 20 所示。

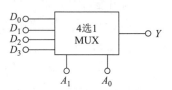

图 11 – 20　4 选 1 数据选择器示意框图

其输入信号的 4 路径数据通常用 D_0、D_1、D_2、D_3 来表示；两个选择控制信号分别用 A_1、A_0 表示；输出信号用 Y 表示，Y 可以是 4 路输入数据中的任意一路，由选择控制信号 A_1、A_0 来决定。

当 $A_1A_0 = 00$ 时，$Y = D_0$；$A_1A_0 = 01$ 时，$Y = D_1$；$A_1A_0 = 10$ 时，$Y = D_2$；$A_1A_0 = 11$ 时，$Y = D_3$。对应真值表见表 11 – 10。

表 11 – 10　4 选 1 数据选择器真值表

输　　入			输　　出
D	A_1	A_2	Y
D_0	0	0	D_0
D_1	0	1	D_1
D_2	1	0	D_2
D_3	1	1	D_3

由真值表可得 4 选 1 数据选择器的逻辑表达式为：

$$Y = D_0 \overline{A_1}\,\overline{A_0} + D_1 \overline{A_1}A_0 + D_2 A_1 \overline{A_0} + D_3 A_1 A_0$$

由逻辑表达式可画出对应的逻辑电路，如图 11 – 21 所示。

集成数据选择器的规格较多，常用的数据选择器型号有 74LS153、CT54153 双 4 选 1 数据选择器，74LS151、CT4138、CT5415 18 选 1 数据选择器，74LS150 16 选 1 数据选择器等。集成数据选择器的引脚图及真值表均可在电子手册上查找到，关键是能够看懂真值表，理解其逻辑功能，正确选用型号。

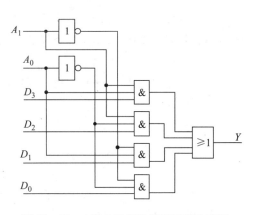

图 11 – 21　4 选 1 数据选择器逻辑电路图

【例 11 – 6】　试用 8 选 1 数据选择器 CT54151 实现逻辑函数 $F = C + \overline{A}\,\overline{B} + AB + A\,\overline{B}C$，若用 4 选 1 MUX 芯片 CT54153 能否实现？

　　解：要借助 MUX 来实现一个逻辑函数，首先要将给定函数化为最小项"与或"表达式，即

$$F = C + \overline{A}\,\overline{B} + AB + A\,\overline{B}C = C(A + \overline{A})(B + \overline{B}) + \overline{A}\,\overline{B}(C + \overline{C}) + AB(C + \overline{C}) + A\,\overline{B}C$$

$$= ABC + A\overline{B}C + \overline{A}BC + \overline{A}\,\overline{B}C + \overline{A}\,\overline{B}\,\overline{C} + AB\overline{C} = \sum m(0,1,3,5,6,7)$$

F 为三变量函数，MUX 地址输入端为 3 个，对芯片 CT54151，将输入端作如下赋值：

$$D_0 = D_1 = D_3 = D_5 = D_6 = D_7 = 1 \qquad D_2 = D_4 = 0$$

画出逻辑图，如图 11 – 22（a）所示。

此题还可以用卡诺图法求解：由于 8 选 1 数据选择器的输出表达式

$$Y = \overline{A_2}\,\overline{A_1}\,\overline{A_0}D_0 + \overline{A_2}\,\overline{A_1}A_0 D_1 + \overline{A_2}A_1\overline{A_0}D_2 + \overline{A_2}A_1 A_0 D_3 + A_2\overline{A_1}\,\overline{A_0}D_4 +$$
$$A_2\overline{A_1}A_0 D_5 + A_2 A_1\overline{A_0}D_6 + A_2 A_1 A_0 D_7$$

得出 Y 的卡诺图如图 11 – 22（b）所示，该函数 F 的卡诺图如图 11 – 22（c）所示。比较以上两卡诺图，设 $F = Y$、$A = A_2$、$B = A_1$、$C = A_0$ 得：

$$D_0 = D_1 = D_3 = D_5 = D_6 = D_7 = 1 \qquad D_2 = D_4 = 0$$

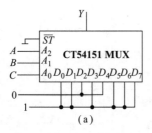
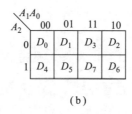
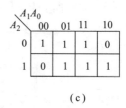

（a）　　　　　　　　　　（b）　　　　　　　　　（c）

图 11 – 22　例 11 – 6 的图

若用 4 选 1 MUX 芯片 CT54153 来实现该逻辑函数，由于 4 选 1 MUX 芯片只有两个地址输入端，即用两个变量 A、B 组成最小项，用第 3 个因子 C 作数据，即可实现该函数，所以：

$$F = \overline{A}\,\overline{B}\,\overline{C} + \overline{A}\,\overline{B}C + \overline{A}BC + A\overline{B}C + AB\overline{C} + ABC$$
$$= \overline{A}\,\overline{B}\cdot 1 + \overline{A}B\cdot C + A\overline{B}\cdot C + AB\cdot 1$$

将芯片 CT54153 的输入端作如下赋值：$D_0 = D_3 = 1$，$D_1 = D_2 = C$。逻辑图如图 11 – 23 所示。

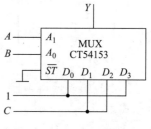

图 11 – 23　例 11 – 7 的图

从上面分析可以知道：8 选 1 MUX 需要有 3 个选择控制端，16 选 1 MUX 需要有 4 个选择控制端。

2. 数值比较器

1）一位数值比较器

当对两个一位二进制数 A、B 进行比较时，数值比较器的比较结果有 3 种情况，$A < B$，$A = B$，$A > B$，其比较关系见表 11 – 11。

由表 11 – 11 中可以得到一位数值比较器的输出和输入之间的关系如下：

$$Y_{A<B} = \overline{A}B$$

$$Y_{A=B} = \overline{A}\,\overline{B} + AB = \overline{\overline{A}B + A\overline{B}}$$

$$Y_{A>B} = A\overline{B}$$

表 11 - 11 一位数值比较器真值表

输	入	输	出	
A	B	$Y_{A<B}$	$Y_{A=B}$	$Y_{A>B}$
0	0	0	1	0
0	1	1	0	0
1	0	0	0	1
1	1	0	1	0

由上式可画出逻辑电路如图 11 - 24 所示。

2）集成比较器

下面通过对 74LS85 的介绍，了解这一类集成逻辑器件的使用方法。

74LS85 是一个 16 脚的集成逻辑器件，它的引脚排列如图 11 - 25 所示。除了 2 个 4 位二进制数的输入端和 3 个比较结果的输出端外，增加了 3 个低位的比较结果的输入端，用作比较器"扩展"比较位数。74LS85 的输入和输出均为高电平有效。

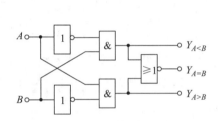

图 11 - 24 一位比较器逻辑电路图

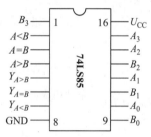

图 11 - 25 74LS85 引脚图

在进行多位数值的比较时，先比较两个数值的最高位，当其不相等时，即可得到比较结果。当其相等时，再进行次高位的比较，不相等时，即得到比较结果；相等时，再进行下一位的比较……直到得出比较结果。

常用的比较器型号有 74LS85（4 位数值比较器）、74LS521（8 位数值比较器）及 74LS518（8 位数值比较器，OC 输出）等。

【思考与练习】

11.2.1 什么叫半加器？什么叫全加器？它们各有什么特点？若采用串行进位法实现 001 加 101 需多少个全加器？试画出其连接电路。

11.2.2 什么叫编码？什么叫编码器？它的主要功能是什么？为什么编码器每次只能对一个输入信号进行编码？而优先编码器却又允许同时在几个输入端有多个信号？

11.2.3 什么叫译码？什么叫译码器？共阳极的数码管输入信号的有效电平是什么电平？

11.2.4 用 74LS85 比较二进制数 0100 和 0101 时，两位学生的输出结果分别为 $Y_{A<B}=1$

和 $Y_{A>B}=1$，如果结果都是正确的，那么为什么会出现这种结果？

项目实施

（1）准备 74LS138 译码器芯片，74LS00 芯片，熟悉芯片功能。

（2）画出实现函数 $F = AC = A(B+\bar{B})C = ABC + A\bar{B}C = \overline{\overline{m_5}\cdot\overline{m_7}}$ 的电路。

（3）搭建电路：将 +5 V 电源分别加至 74LS00、74LS138 芯片，接地端 GND 与电源负极相连。将 74LS138 芯片的 $\bar{Y}_5$、$\bar{Y}_7$ 端子接入 74LS00 芯片中 1、2 脚，74LS00 的 3 脚接 LED 管的正极。

（4）测试功能：ABC 在不同组合输入时，测试输出端的值，如 ABC 取 110 时，函数 $F =$ _____。

（5）拆除电路，整理物品，清扫卫生。

项目评价

评价项目	评价内容	评价等级	星级
职业素养	掌握数字芯片产业链上中下游，明确芯片应用流程	★★★★★	
	能悟华为公司突破封锁意义，树立激流勇进、善谋创新榜样	★★★★★	
专业能力	能用组合逻辑电路芯片搭建功能电路，并测试电路功能	★★★★★	
	能使用 Multisim 软件设计组合逻辑芯片应用电路并测试其功能	★★★★★	
	能设计、搭建不同功能的组合逻辑电路，并完成功能测试	★★★★★	

习　题

1. 写出图 11-26 所示电路的 Y_1、Y_2 的逻辑表达式。

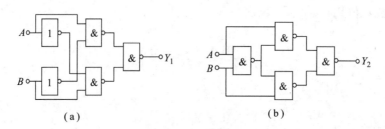

（a）　　　　　　　　　　　　（b）

图 11-26　题 1 图

2. 写出图 11-27 所示逻辑电路的逻辑表达式及真值表。

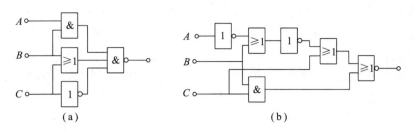

图 11-27　题 2 图

3. 图 11-28 是一密码锁控制电路。开锁条件是：拨对密码，钥匙插入锁眼将开关 S 闭合。当两个条件同时满足时，开锁信号为 1，将锁打开。否则，报警信号为 1，接通警铃。试分析密码 $ABCD$ 是多少？

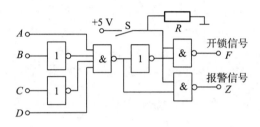

图 11-28　题 3 图

4. 图 11-29 是两处控制照明灯的电路，单刀双掷开关 A 安装在一处，B 安装在另一处，两处都可以控制电灯，试画出使灯亮的真值表和用"与非"门电路组成的逻辑电路。（设 1 表示灯亮，0 表示灯灭；$A=1$ 表示开关向上扳，$A=0$ 表示开关向下扳；$B=1$ 表示开关向上扳，$B=0$ 表示开关向下扳）

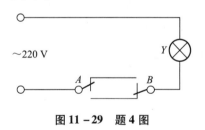

图 11-29　题 4 图

5. 设计一个有 3 个输入端和 1 个输出端的判奇电路。它的逻辑功能为：3 个输入信号中有奇数输入为高电平时，输出为高电平，否则输出为低电平。请画出逻辑图。

6. 某实验室有红、黄两个故障指示灯，用来表示 3 台设备的工作情况：

当只有一台设备有故障时，黄色指示灯亮；

当有两台设备同时产生故障时，红色指示灯亮；

当三台设备都出现故障时，红色和黄色指示灯都亮。

试设计一个控制灯亮的逻辑电路。（设 A、B、C 为三台设备的故障信号，有故障时为 1，正常工作时为 0）

7. 某车间有 A、B、C、D 四台电动机，今要求：

（1）A 电动机必须开机；（2）其他三台电动机中至少有两台电动机开机。如不满足上述要求，则指示灯熄灭。设指示灯亮为 1，熄灭为 0。电动机的开机信号通过某种装置送到各自的输入端，使输入端为 1，否则为 0。试用"与非"门设计点亮指示灯亮的逻辑电路。

8. 某公司有 4 位股东，A 掌握 40% 的股票，B 掌握 30% 的股票，C 掌握 20% 的股票，D 掌握 10% 的股票，设计一个逻辑电路将 4 位股东开会时表决结果按股票的百分数进行判决，票数 $>50\%$ 表示通过（$F_1 = 1$ 灯亮），票数 $=50\%$ 表示平局（$F_2 = 1$ 灯亮），票数 $<50\%$ 表示否决（$F_3 = 1$ 灯亮）。

9. 试用 4 选 1 数据选择器 CT54153 产生逻辑函数 $F(A, B, C) = A\overline{B}\,\overline{C} + \overline{A}\,\overline{C} + BC$。

10. 用译码器和"与非"门实现逻辑函数 $F(A, B, C, D) = \sum m\,(2, 4, 6, 8, 10, 12, 14)$，请画出逻辑图。

11. 某函数 $F(A, B, C) = \sum m(0, 2, 4, 6)$，分别用"与非"门、3 线 -8 线译码器、MUX 实现。

12. 设计一个比较两个二进制数是否相等的数值比较器。

项目 12 时序逻辑电路芯片功能测试

项目描述

根据双向移位寄存器 74LS194 芯片的逻辑功能，通过采用一系列触发器搭建能实现将存储信息左移或右移的逻辑电路，并根据功能表，测试电路左移、右移功能。

重点知识

（1）掌握各种触发器的分析方法、符号、特性方程、真值表。

（2）掌握数码寄存器、移位寄存器、同步计数器电路与工作原理，以及集成芯片 74LS194（双向移位寄存器）、74LS161（同步二进制计数器）、74LS160（同步十进制计数器）功能表及引脚功能。

能力与素养

（1）具备用实验箱或仿真软件搭建电路、检测时序逻辑电路集成芯片功能的能力。

（2）具备用移位寄存器、计数器芯片、门电路芯片搭建电路实现计数功能，并检测电路功能的能力。

（3）养成耐心、专注、坚持的习惯；培养为电子产业服务的能力。

知识链接 12.1 概 述

在数字系统中，为了能按一定程序进行运算，需要"记忆"功能。但门电路及其组成的组合逻辑电路中，输出状态完全由当时输入的状态决定，而与原来的状态无关，不具有"记忆"功能。而触发器及其组成的时序逻辑电路就具有"记忆"功能，它的输出状态不仅取决于当时的输入变量状态，还与原来的输出状态有关，受其影响，即具有"记忆"功能。

根据电路状态转换方式的不同，时序逻辑电路可分为同步时序逻辑电路和异步时序逻辑电路两大类。在同步时序逻辑电路中，所有触发器的时钟脉冲输入端 CP 都连在一起，

在同一个时钟脉冲 CP 的作用下，凡具备翻转条件的触发器在同一时刻翻转，即触发器状态的更新和时钟脉冲是同步的；而在异步时序逻辑电路中，所有触发器的时钟端不连在一起，时钟脉冲只触发部分触发器动作，触发器状态翻转有先有后，与 CP 并不是同步的。时序逻辑电路的基本结构如图 12 – 1 所示，其存储电路主要是由触发器来组成的。

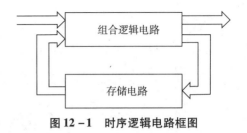

图 12 – 1　时序逻辑电路框图

知识链接 12.2　触　发　器

触发器按其稳定工作状态可分为双稳态触发器、单稳态触发器和无稳态触发器（又称多谐振荡器）等。双稳态触发器按其逻辑功能可分为 RS 触发器、JK 触发器、D 触发器、T 触发器和 T' 触发器等；按其结构又可分为基本 RS 触发器、同步 RS 触发器、主从型触发器和边沿型触发器等。边沿型触发器又包括维持阻塞型触发器、上升沿触发型和下降沿触发型触发器。

最常用的是双稳态触发器，它有两个基本性质。

（1）有"0"和"1"两种稳定的输出状态。

（2）当输入某种触发信号时，它由原来的稳定状态翻转为另一种稳定状态，无信号触发时，它保持原稳定状态。

因此，触发器是能够存储一位二进制数字信号的基本逻辑单元电路。

12.2.1　RS 触发器

1. 基本 RS 触发器

1）电路特点

图 12 – 2（a）是由与非门构成的基本 RS 触发器的逻辑电路，它由两个与非门 G_1、G_2 互相交叉连接，两个基本 RS 触发器的两个互补输出端，若一个为"1"，另一个为"0"。人们规定触发器 Q 端的状态为触发器的状态。基本 RS 触发器的图形符号如图 12 – 2（b）所示，图中的下标 D 表示直接输入，非号表示触发器信号低电平时对电路有效，故称 $\overline{R}_D$ 端为直接置"0"端或直接复位端，称 $\overline{S}_D$ 端为直接置"1"端或直接置位端，逻辑符号中的小圆圈代表低电平有效。

2）工作原理

基本 RS 触发器的输出与输入的逻辑关系按如下 4 种情况分析。

（1）$\overline{R}_D = 1$，$\overline{S}_D = 1$。

触发器的输出将与原来状态有关，如果原状态为 $Q = 1$（$\overline{Q} = 0$），则 G_1 门输入全为"1"，故输出 $\overline{Q} = 0$，使 $Q = 1$；如果原状态为 $Q = 0$（$\overline{Q} = 1$），则 G_2 门输入全为"1"，故输出 $Q = 0$，使 $\overline{Q} = 1$。由此可见，触发器具有两种稳定状态，体现了触发器的"记忆"功能。

（2）$\overline{R}_D = 0$，$\overline{S}_D = 1$。

$\overline{S}_D = 1$，就是将 $\overline{S}_D$ 端悬空；$\overline{R}_D = 0$，就是在 $\overline{R}_D$ 端加一负脉冲。由于 G_1 门的一个输入

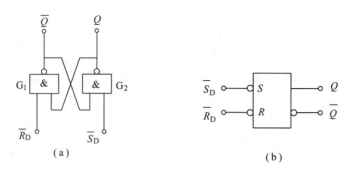

图 12－2　基本 RS 触发器电路

（a）电路结构；（b）图形符号

端为"0"，故 G_1 门的输出端 $\overline{Q}=1$；而 G_2 门的输入端全是"1"，故输出 $Q=0$。说明当 $\overline{R}_D$ 端加低电平时，触发器处于"0"状态，这种状态称为置"0"或复位。把 $\overline{R}_D$ 端称为置"0"输入端，又称为复位端。

（3）$\overline{R}_D=1$，$\overline{S}_D=0$。

因 G_2 门中有一个输入端为"0"，故 $Q=1$，而 G_1 门的输入端全是"1"，故 $\overline{Q}=0$。说明当 $\overline{S}_D$ 端加低电平时，触发器处于"1"状态，这种状态称为置"1"或置位。把 $\overline{S}_D$ 端称为置"1"输入端，又称为置位端。

（4）$\overline{R}_D=0$，$\overline{S}_D=0$。

G_1、G_2 两门都有为"0"的输入端，所以它们的输出 $\overline{Q}=1$，$Q=1$。这就达不到 Q 与 $\overline{Q}$ 的状态互补的逻辑要求。不满足双稳态条件，一旦 $\overline{R}_D$、$\overline{S}_D$ 同时变为 1 时，触发器的状态将取决于偶然因素，或为 $Q=0(\overline{Q}=1)$，或为 $Q=1(\overline{Q}=0)$。因此，这种情况在使用中应禁止出现。

综上分析，可列出基本 RS 触发器的逻辑功能表，如表 12－1 所示。表中 Q^n 表示 CP 作用前触发器的状态，称为初态；Q^{n+1} 表示 CP 作用后触发器的新状态，称为次态。

表 12－1　基本 RS 触发器的真值表

输　　入		输　　出	
$\overline{R}_D$	$\overline{S}_D$	Q^{n+1}	功能说明
1	1	Q^n	保持
1	0	1	置1
0	1	0	置0
0	0	×	禁止

因为当 $\overline{R}_D$、$\overline{S}_D$ 全为"0"时，是触发器的禁止状态，所以在无信号输入时，平时都应该接在高电平"1"上（通常因器件内部已接电源，输入端不接地就相当于接高电平，称为悬空）。这样，当需要将触发器设定为某一状态时，可在置位端或复位端加一低电平，使触发器置"1"或置"0"。

基本 RS 触发器电路简单，它有两个稳定状态，故可用来存储一位二进制数码，常用它来组成更完善的双稳态触发器。

常用的集成基本 RS 触发器电路有 TTL 型 $R-S$（锁存器）、74HC279 和 CMOS 型 CC4043 等。

【例 12-1】 在图 12-2 的基本 RS 触发器电路中，已知 $\overline{S}_D$ 端和 $\overline{R}_D$ 端波形如图 12-3（a）、（b）所示，试画出输出端 Q 和 $\overline{Q}$ 的波形。

解：参照表 12-1，可得出相应的输出电压波形如图 12-3（c）、（d）所示。

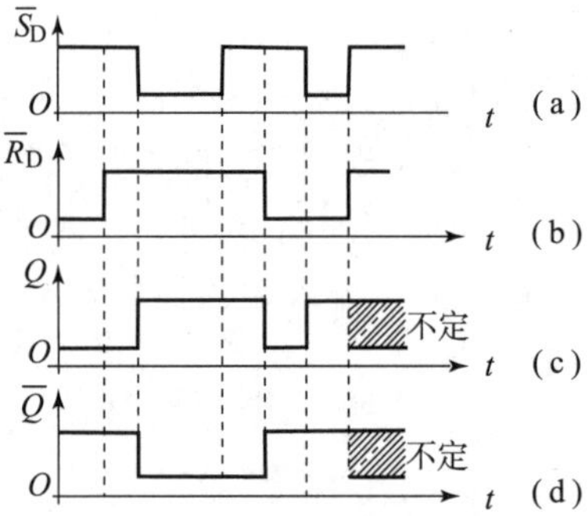

图 12-3 例 12-1 的波形图

2. 同步 RS 触发器

1）电路特点

在数字电路中，为使多个相关的触发器同时工作，必须引入同步信号或时钟脉冲信号，用 CP 表示，这种触发器称为同步触发器。

图 12-4（a）是同步 RS 触发器的逻辑电路结构图。在基本 RS 触发器前加入由两个"与非"门 G_3、G_4 做导引门。R、S 端为信号（数据）输入端，CP 端为时钟脉冲端。电路输出状态由 R、S 决定，但必须在 CP 的作用下，才能使触发器翻转，即触发器和时钟脉冲同步工作，故称为同步（钟控）RS 触发器。同步 RS 触发器的时钟脉冲 CP 一般采用正脉冲，它在两个时钟脉冲的间歇内。

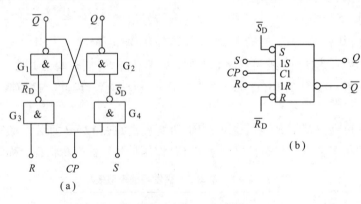

图 12-4 同步 RS 触发器
(a) 电路结构；(b) 图形符号

2）工作原理

（1）当 $CP=0$ 时，基本 RS 触发器 $\overline{S}_D = S \cdot CP$，$\overline{R}_D = R \cdot CP$，$G_3$、$G_4$ 门的输出都为"1"，不受 R、S 状态的影响，触发器维持原状态。也就是说，在 $CP=0$ 时间内，R、S 状态的改变不会影响 G_3、G_4 门的输出，称之为引导门被封锁。

（2）当 $CP=1$ 时，即在时钟脉冲作用期间，引导门 G_3、G_4 畅通，将 R、S 的状态引导至基本 RS 触发器，$\overline{S}_D = S \cdot CP$，$\overline{R}_D = R \cdot CP$，即这时触发器的状态就由 R、S 来决定。

同步 RS 触发器的状态转换如图 12-5 所示。逻辑功能表如表 12-2 所示，由表可见，R、S 全是"1"的输入组合是禁止的。这是因为当 $CP=1$ 时，若 $R=S=1$，则引导门 G_3、G_4 均输出"0"态，致使 $Q=\overline{Q}=1$，当时钟脉冲过去后，触发器恢复成何种状态是随机的。在同步 RS 触发器中，通常设有直接置位端 $\overline{S}_{\mathrm{D}}$ 和直接复位端 $\overline{R}_{\mathrm{D}}$，只允许在时钟脉冲间歇期间内使用，使用时采用负脉冲置 "1" 或置 "0"，以实现清零或置数，使之具有指定的初始状态。不用时将其悬空，即输入高电平，R、S 端称为同步输入端，触发器的状态由 CP 脉冲来决定。

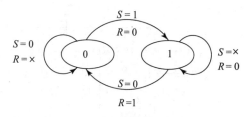

图 12 − 5　同步 RS 触发器的状态转换图

表 12 − 2　同步 RS 触发器的真值表

输　　　入		输　　　出	
R	S	Q^{n+1}	功能说明
0	0	Q^n	保持
0	1	1	置1
1	0	0	置0
1	1	×	禁止

根据上述分析可导出同步 RS 触发器的特性方程为

$$\begin{cases} Q^{n+1} = S + \overline{R}Q^n \\ SR = 0 \text{（约束条件）} \end{cases} \tag{12-1}$$

【例 12 − 2】已知同步 RS 触发器的输入端信号波形如图 12 − 6 (a)、(b)、(c) 所示，试画出当初始状态为 0 时，输出端 Q 和 $\overline{Q}$ 的波形。

解：根据表 12 − 2 所示同步 RS 触发器的真值表，可得到图 12 − 6 (d)、(e) 所示的 Q 和 $\overline{Q}$ 的波形。

同步 RS 触发器结构简单，但存在两个严重缺点：一是会出现不定状态；二是触发器在 CP 持续期间，当 RS 的输入状态变化时，会造成触发器翻转，引起误动作，导致触发器的最后状态无法确定。

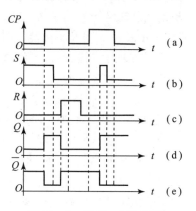

图 12 − 6　例 12 − 2 波形图

为克服以上缺点，常常采用边沿触发的主从型 JK 触发器和维持阻塞型 D 触发器。

12.2.2　主从型 JK 触发器

1. 电路特点

主从型 JK 触发器的逻辑电路图如图 12 − 7 (a) 所示。它由两级同步 RS 触发器构成，前级称为主触发器，后级称为从触发器，并将后级输出反馈到前级输入，以消除不确定的状态。

在两个 RS 触发器时钟脉冲输入端之间接一个 "非" 门，其作用是使主、从触发器的时钟脉冲极性相反。CP 为 JK 触发器时钟脉冲输入端，J、K 为控制输入端，主触发器有两个 S 端，一个接从触发器的 $\overline{Q}$ 端，另一个就是 J 输入，两个 S 端是与的关系，即 $S = J\overline{Q}$，R 端也有两个，一个接从触发器的 Q 端，另一个就是 K 输入，两个 R 端也是与的关系，即 $R = KQ$。

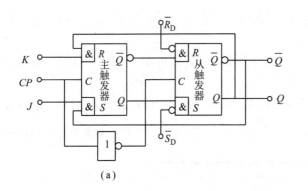 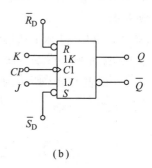

图 12 - 7　主从型 *JK* 触发器

（a）电路结构；（b）逻辑符号

2. 工作原理

时钟脉冲作用期间，$CP = 1$，从触发器被封锁，保持原状态，即 Q 在脉冲作用期间保持不变；主触发器则类似于同步 RS 触发器那样工作，但是它没有不确定状态，这是因为：从输出反馈到输入的 Q 和 $\overline{Q}$ 总有一个为 "0"，即 $S = J\overline{Q}$，$R = KQ$，故即使输入端 $J = K = 1$，主触发器 S 和 R 不可能同时为 "1"，这样就消除了主触发器的不确定状态。

当时钟脉冲过去后，CP 由高电平变为低电平时，$CP = 0$，主触发器被封锁，从触发器畅通，将主触发器的状态，移入从触发器中。

可见，这种 JK 触发器的工作是分两步完成的。$CP = 1$ 时，Q 不变，只是主触发器按 RS 触发器功能表工作，而当 CP 下降沿到达时，才将主触发器的输出状态传送到从触发器的输入端，Q 从原状态 Q^n 变为新状态 Q^{n+1}。也就是说，在 CP 由 "0" 变为 "1" 时，触发器只把输入信号 J、K 的状态接收进来而不翻转，要等到 CP 由 "1" 再回到 "0" 时，触发器才翻转，这时虽然 Q 的状态改变了，因 CP 为 "0"，主触发器被封锁，Q 不变，解决了多次翻转的问题。这种主从型 JK 触发器的翻转是在 CP 下降沿到来时实现的，因此它的工作方式称为下降沿触发，在图 12 - 7（b）的逻辑符号中，CP 输入端用小圆圈表示低电平有效，而加一个三角来表示边沿触发，则 CP 为下降沿触发。$\overline{S}_D$ 端为直接置位端，$\overline{R}_D$ 端为直接复位端。

JK 触发器的逻辑功能如表 12 - 3 所示。由主从型 JK 触发器的真值表可知，主从型 JK 触发器没有输出状态不确定现象，故没有约束条件，JK 触发器的特性方程为

$$Q^{n+1} = J\overline{Q}^n + \overline{K}Q^n \tag{12-2}$$

表 12 - 3　*JK* 触发器的真值表

输　　　入		输　　　出	
J	K	Q^{n+1}	功能说明
0	1	0	置 "0"
1	0	1	置 "1"
0	0	Q^n	保持
1	1	$\overline{Q}^n$	翻转

JK 触发器是应用最广的基本"记忆"部件，用它可以组成多种具有其他功能的触发器和数字器件。

【例 12 - 3】　已知主从型 JK 触发器的两个输入端的波形如图 12 - 8 所示，试画出输出端 Q 和 $\overline{Q}$ 端波形。

解：根据表 12 - 3 所示的 JK 触发器的真值表，可得到输出端 Q 和 $\overline{Q}$ 端波形如图 12 - 8 所示。

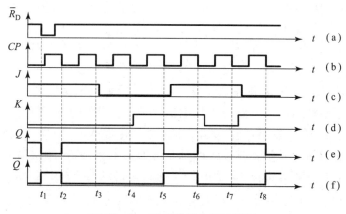

图 12 - 8　*JK* 触发器电压波形图

12. 2. 3　*D* 触发器

为了提高触发器的可靠性，增强抗干扰能力，希望触发器的次态仅仅取决于 CP 信号下降沿（或上升沿）到达时刻输入信号的状态，而在此之前和之后输入状态的变化对触发器的次态没有影响，把这种触发器叫作边沿型触发器。D 触发器的结构有多种类型，实际应用的 D 触发器采用维持阻塞型，内部结构虽然与主从型 JK 触发器有所不同，但同样解决了多次翻转问题和不确定状态。D 触发器的状态只取决于 CP 到来之前 D 输入端的状态，它必须等到 CP 脉冲上升沿到来时，才能传送到触发器的输出端，这表明触发器有延迟作用，故 D 触发器也称为延迟触发器。

1. 电路特点

由图 12 - 9 所示的逻辑电路可看出，它由 6 个与非门组成，其中 G_5 和 G_6 组成数据输入电路，G_3 和 G_4 组成时钟控制电路，G_1 和 G_2 组成基本触发器。

2. 工作原理

由于维持阻塞型 D 触发器只有一个输入端 D，所以分下面两种情况讨论 D 触发器的逻辑功能。

（1）$D = 0$。当时钟脉冲到来之前，即 $CP = 0$ 时，G_3、G_4 和 G_6 门的输出均为"1"，而 G_5 输入全为"1"，故输出为"0"。此时触发器的状态不变。当时钟脉冲从"0"变为"1"，即 $CP = 1$ 时，G_3、G_4 和 G_6 的输出保持原状态不变，

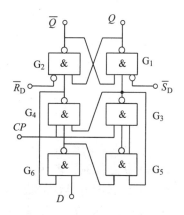

图 12 - 9　*D* 触发器的逻辑电路

而 G_4 由于输入全"1"，故输出为"0"。这个负脉冲使 G_2 输出为"1"，再使 G_1 的输出为"0"，即此时触发器处于"0"态。同时，G_4 的"0"输出信号反馈到 G_6 的输入端，当 $CP=1$ 时，不论 D 做如何变化，触发器保持"0"态不变，不会发生空翻现象。

（2）$D=1$。当时钟脉冲到来之前，即 $CP=0$ 时，G_3、G_4 和 G_5 的输出均为"1"，而 G_6 输入全为"1"，故输出为"0"。此时触发器的状态不变。当时钟脉冲从"0"变为"1"，即 $CP=1$ 时，G_4、G_5 的输出保持原状态不变，而 G_3 由于输入全"1"，故输出为"0"。这个负脉冲使 G_1 输出为"1"，再使 G_2 的输出为"0"，即此时触发器处于"1"态。同时，G_3 的"0"输出信号反馈到 G_4、G_5 的输入端。当 $CP=1$ 时，不论 D 做如何变化，只能改变 G_6 的输出状态，而其他门的输出状态均保持不变，即触发器保持"1"态不变，不会发生空翻现象。

此外，D 触发器也可由 JK 触发器组成。JK 触发器有两个信号输入端，需要两个控制信号。而有时为了某种用途，只要一个控制信号的输入端即可实现触发器的触发翻转功能。它可以用在主从 JK 触发器的输入端增加一些门电路来实现，将控制信号直接加到 J 端，并同时通过非门加到 K 端，时钟脉冲经非门加到主从型 JK 触发器的 CP 端，就组成了上升沿触发的 D 触发器，如图 12－10（a）所示，它也是一种用途很广的触发器。

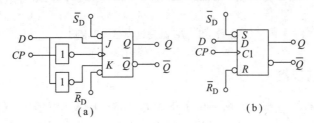

图 12－10　D 触发器

（a）电路结构；（b）逻辑符号

D 触发器的逻辑功能如表 12－4 所示。

表 12－4　D 触发器的真值表

输　入	输　出	
D	Q^{n+1}	功能说明
0	0	置"0"
1	1	置"1"

D 触发器的逻辑功能是：当 $D=0$ 时，即 $J=1$，$K=0$，CP 上升沿到来时，不论触发器的原状态如何，$Q=0$；当 $D=1$ 时，CP 触发后，$Q=1$。可见，D 触发器在 CP 时钟脉冲到来时，其输出端 Q 的状态由输入端 D 的状态来决定。D 触发器的图形符号如图 12－10（b）所示，因 CP 输入端无小圆圈，故为上升沿触发。

D 触发器的特性方程为：

$$Q^{n+1} = D \tag{12-3}$$

12.2.4　T 触发器和 T' 触发器

1. T 触发器

T 触发器是数字电路逻辑设计中经常使用的一种触发器，但是一般不生产这种产品，因为它可以由主从 JK 触发器或维持阻塞 D 触发器转换得到（后面会讲到），T 触发器的逻辑符号如图 12 – 11 所示，其中图 12 – 11（a）为下降沿触发，图 12 – 11（b）为上升沿触发，其真值表如表 12 – 5 所示。

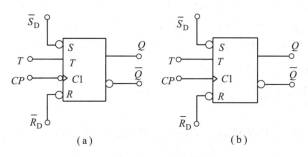

图 12 – 11　T 触发器电路

(a) 下降沿触发；(b) 上升沿触发

表 12 – 5　T 触发器的真值表

T	Q^{n+1}	功能说明
0	Q^n	保持
1	$\overline{Q^n}$	翻转

从 T 触发器的状态表可以看出，当 $T=0$ 时，在时钟脉冲 CP 的作用下，其状态保持不变，即 $Q^{n+1}=Q^n$。当 $T=1$ 时，在时钟脉冲 CP 的作用下，其状态翻转，即 $Q^{n+1}=\overline{Q^n}$，所以 T 触发器又称为受控计数触发器。T 触发器的特性方程为

$$Q^{n+1}=T\,\overline{Q^n}+\overline{T}Q^n \tag{12 – 4}$$

2. T' 触发器

T' 触发器的逻辑功能是每来一个时钟脉冲 CP，触发器的状态就改变（或翻转）一次，所以 T' 触发器就是当 $T=1$ 时的 T 触发器，它也是一个计数触发器。其特性方程为

$$Q^{n+1}=\overline{Q^n} \tag{12 – 5}$$

【思考与练习】

12.2.1　说明基本 RS 触发器在置"0"或置"1"脉冲消失后，为什么它的状态不会变？

12.2.2　在 RS、JK、D 和 T 触发器中，$\overline{S}_D$ 和 $\overline{R}_D$ 两个输入端各起什么作用？

12.2.3　什么是空翻现象？为什么主从触发器和维持阻塞型触发器没有空翻现象？

12.2.4　试分析同步 RS 触发器、JK 触发器、D 触发器和 T 触发器的逻辑功能，并说明它们的异同点。

知识链接 12.3 寄 存 器

寄存器是一种重要的数字逻辑单元，常用于接收、传递数码和指令等信息，暂时存放参与运算的数据和结果。由于每一个触发器只有两个稳定状态，故只可存放一位二进制数码。若要存放 n 位二进制数，就需要 n 个触发器。为了能按照指令接收、存放和传递数码，有时还需配备一些起控制作用的门电路。

把数据存放入寄存器中有串行和并行两种方式，串行就是数码从输入端逐位输入寄存器中，并行就是各位数码分别从对应位的输入端同时输入到寄存器中。把数码从寄存器中取出也有串行和并行两种，串行就是被取出数码从一个输出端逐位取出，并行就是被取出数码从对应位同时输出。

12.3.1 数码寄存器

数码寄存器是最简单的存储器，只具备接收、暂存数码和清除原有数据的功能。

1. 电路组成

图 12 – 12 所示为用 D 触发器构成的四位数码寄存器。4 个 D 触发器的时钟脉冲输入端接在一起，为接收数码控制端 CP，$D_0 \sim D_3$ 为数码输入端，$Q_0 \sim Q_3$ 为数码输出端。各触发器的复位端也连接在一起，为寄存器的清零端，且为低电平有效。

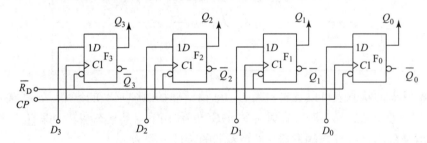

图 12 – 12　D 触发器构成的四位数码寄存器

2. 工作原理

（1）寄存数码前，令清零端等于"0"，则数码寄存器清零，它的状态 $Q_3 Q_2 Q_1 Q_0 = 0000$。

（2）寄存数码时，令清零端等于"1"，若存入数码为 0011，令寄存器的输入 $D_3 D_2 D_1 D_0 = 0011$。因为 D 触发器的功能是 $Q^{n+1} = D$，所以在接收指令脉冲 CP 的上升沿一到，它的状态 $Q_3 Q_2 Q_1 Q_0 = 0011$。

（3）只要使清零端等于"1"，$CP = 0$ 不变，寄存器就一直处于保持状态。完成了接收暂存数码的功能。

从上面分析可知，此数码寄存器接收数码时，各位数码是同时输入的；将来输出数码也是同时输出，把这种数码寄存器称为并行输入、并行输出数码寄存器。

12.3.2　移位寄存器

移位寄存器是在数码寄存器的基础上发展起来的，它除了具备数码寄存器的功能外，还有数码移位的功能。所谓移位，就是每当来一个移位时钟脉冲，触发器的状态便向右或向左移一位，即寄存的数码可以在移位脉冲的控制下依次进行移位。移位寄存器根据它的逻辑功能可分为单向（左移或右移）移位寄存器和双向移位寄存器两大类。

1. *左移移位寄存器*

1）电路组成

图 12－13 所示为用 *JK* 触发器组成的四位左移移位寄存器。其中 F_0 是最低位触发器，F_3 是最高位触发器，从右往左依次排列。且 F_0 接成 *D* 触发器，数码由 *D* 端输入，每一个低位触发器的输出端 Q 和 $\overline{Q}$ 分别与高一位触发器的输入端 *J* 和 *K* 相连接。4 个触发器的清零端和时钟脉冲输入端均连在一起。

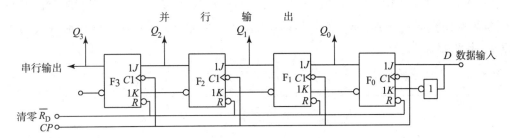

图 12－13　用 *JK* 触发器组成的四位左移移位寄存器

2）工作原理

接收数码前，寄存器应先清零，令清零端等于 "0"，则各位触发器均为 "0" 态。接收数码时，则应使清零端等于 "1"。根据 *JK* 触发器的逻辑功能和真值表知，每当 *CP* 的下降沿到来后，输入的数码就移入触发器 F_0 中。同时其余各触发器的状态也将移入高一位触发器中，最高位触发器的状态从串行输出端移出寄存器。把这种数码寄存器称为串行输入、串行输出数码寄存器。若输出信号分别从 $Q_0 \sim Q_3$ 端输出，则称为串行输入、并行输出方式。

假设要存入的数据为 1001，根据数码左移的特点，首先应输入最高位，然后由高位到低位依次输入。首先 $D=1$，第一个移位脉冲的下降沿来到时，触发器 F_0 翻转，$Q_0=1$，其他触发器仍保持 "0" 状态。接着 $D=0$，第二个移位脉冲的下降沿来到时，触发器 F_0 翻转，$Q_0=0$，同时触发器 F_1 翻转，即 $Q_1=1$，其他触发器仍保持 "0" 状态。接着 $D=0$，第三个移位脉冲的下降沿来到时，触发器 F_1 翻转，即 $Q_1=0$，同时触发器 F_0 不变，$Q_0=0$，触发器 F_2 翻转，即 $Q_2=1$，且触发器 F_3 仍保持 "0" 状态。接着 $D=1$，第四个移位脉冲的下降沿来到时，触发器 F_0 和 F_2 翻转，即 $Q_0=1$，$Q_2=0$，同时触发器 F_1 不变，即 $Q_1=0$，且此时触发器 F_3 翻转，即 $Q_3=1$。

由上述分析可得左移移位寄存器的状态转换表，如表 12－6 所示。

表 12 – 6 左移移位寄存器的状态转换表

移位脉冲数	寄存器的状态				移位过程
	Q_3	Q_2	Q_1	Q_0	
0	0	0	0	0	清零
1	0	0	0	1	左移一位
2	0	0	1	0	左移两位
3	0	1	0	0	左移三位
4	1	0	0	1	左移四位

2. 右移移位寄存器

1）电路组成

图 12 – 14 所示为用维持阻塞 D 触发器组成的四位右移移位寄存器，它既可以并行输入（输入端为 d_3、d_2、d_1、d_0）、串行输出（输出端为 Q_0）；又可以作串行输入（输入端为 D）、串行输出。

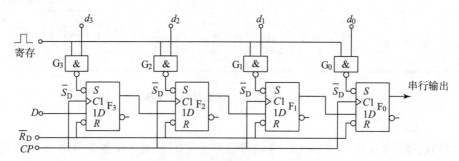

图 12 – 14 由 D 触发器组成的四位右移移位寄存器

2）工作原理

当工作于并行输入、串行输出时（此时令串行输入端 D 为 0），假设寄存的四位数码为 $d_3 d_2 d_1 d_0 = 1101$。首先清零，使 4 个触发器的输出全为 "0"。在发寄存指令之前，$G_3 \sim G_0$ 四个 "与非" 门的输出全为 "1"。当加上寄存指令后，G_3、G_2 和 G_0 输出为 "0" 即产生使触发器置 "1" 的负脉冲，使得 $Q_3 = Q_2 = Q_0 = 1$，G_1 和 F_1 的输出不变，即 $Q_1 = 0$，这样就把数码 1101 暂存在寄存器中。然后再输入移位脉冲 CP，使 d_3、d_2、d_1、d_0 依次（从低位到高位）从 Q_0 输出，也就是实现右移功能。最后各个触发器的输出端均恢复为 "0"。

当工作于串行输入、串行输出时，此时令寄存指令输入处于 "0" 态，$G_3 \sim G_0$ 均关闭，各触发器 $F_3 \sim F_0$ 的状态与 $d_3 \sim d_0$ 的数码无关。它的工作情况和上面介绍的左移移位寄存器的功能相似，读者可自己分析。

3. 双向移位寄存器

若寄存器可按不同的控制信号，既能实现右移功能，又能实现左移功能，这种寄存器称为双向移位寄存器。

集成四位双向移位寄存器 74LS194 的逻辑符号如图 12－15 所示，相应的功能如表 12－7 所示。图中 $\overline{R_D}$ 是清零端，当 $\overline{R_D}=0$ 时，寄存器各输出端均为"0"态；当寄存器工作时，$\overline{R_D}=1$，此时寄存器的工作方式由 M_1 和 M_0（M_1 和 M_0 为工作方式控制端）的状态决定。当 $M_1M_0=00$ 时，寄存器中存入的数据不变；当 $M_1M_0=01$ 时，寄存器为右移工作方式，D_{RS} 为右移串行输入端；当 $M_1M_0=10$ 时，寄存器为左移工作方式，D_{SL} 为左移串行输入端；当 $M_1M_0=11$ 时，寄存器为并行置数方式。

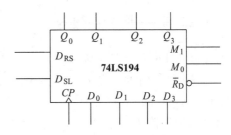

图 12－15　寄存器 74LS194 的逻辑符号

表 12－7　双向移位寄存器 74LS194 的功能表

$\overline{R_D}$	M_1	M_0	工作状态
0	×	×	置"0"
1	0	0	保持
1	0	1	右移
1	1	0	左移
1	1	1	并行置数

此时在时钟脉冲 CP 的作用下，寄存器将输入 $D_3 \sim D_0$ 的数据 $d_3 \sim d_0$ 同时存入寄存器中。$Q_3 \sim Q_0$ 是寄存器的输出端。

【思考与练习】

12.3.1　什么是并行输入、串行输入和并行输出、串行输出？

12.3.2　什么是寄存器？它可以分为哪几类？

12.3.3　什么是数码寄存器？什么是移位寄存器？它们有什么区别？

知识链接 12.4　计　数　器

在电子计算机和数字逻辑系统中，计数器是重要的基本部件，它能累计和寄存输入脉冲的数目。计数器应用十分广泛，它不仅可以用来计数，还可以用作数字系统中的定时电路和执行数字运算等。因此，各种数字设备中，几乎都要用到计数器。

计数器的种类很多，按运算方法分为加法计数器、减法计数器和可逆计数器；按进制可分为二进制计数器、二－十进制计数器、N 进制计数器等；按时钟作用方式可分为同步计数器和异步计数器。

这里讨论同步计数器和异步计数器。

12.4.1 同步计数器

1. 同步二进制加法计数器

图 12-16 是由 T 触发器组成的三位二进制加法计数器。T 触发器作计数触发器使用时，只要将输入端 T 悬空（相当于接高电平）即可。根据 T 状态表，$T=1$ 时，每当时钟脉冲 CP 下降沿到来时，触发器就翻转一次，即由"0"翻转为"1"，又从"1"翻转为"0"，实现了计数触发。

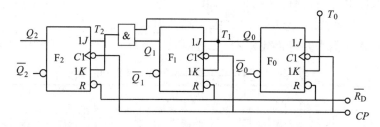

图 12-16 由 T 触发器组成的三位二进制加法计数器

假如 3 个 T 触发器都在直接置"0"端 $\overline{R}_D$ 上加入一负脉冲，则各触发器初态均为"0"，计数器为"000"态。第一个脉冲结束后，触发器 F_0 翻转为"1"，其 Q_0 输出端由"0"翻转为"1"，而 F_1 的输入端 T_1 为"0"，因而不翻转，计数器的状态变为 001。

第二个计数器脉冲结束后时，F_0 翻转由"1"变为"0"，Q_0 输出端由"1"翻转为"0"，此时 F_1 的输入端 $T_1=1$，使 F_1 翻转为"1"。计数器状态变为 010。

第三个计数脉冲结束时，F_0 翻转为"1"，F_1、F_2 都不翻转，计数器状态为 011。

第四个计数脉冲结束时，F_0 翻转为"0"，F_1 也翻转为"0"，F_2 翻转为"1"，计数器的状态为 100。

如此继续下去，可得该三位二进制计数器的逻辑功能如表 12-8 所示，工作时序图如图 12-17 所示。这种计数器由于计数脉冲同时加到各触发器的 CP 端，在输入条件符合时实现翻转功能，因此称为"同步"计数，特点是速度较快。

表 12-8 三位二进制加法计数器的逻辑功能

计数脉冲数	二进制			十进制数
	Q_2	Q_1	Q_0	
0	0	0	0	0
1	0	0	1	1
2	0	1	0	2
3	0	1	1	3
4	1	0	0	4
5	1	0	1	5
6	1	1	0	6
7	1	1	1	7
8	0	0	0	8

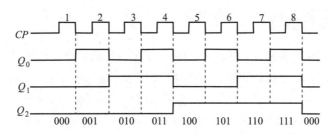

图 12 – 17　三位二进制加法计数器的时序图

2. 同步二进制减法计数器

图 12 – 18 是由 T 触发器组成的三位二进制减法计数器。其工作原理由读者自行分析。

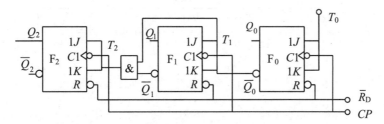

图 12 – 18　由 T 触发器组成的三位二进制减法计数器

12.4.2　异步计数器

1. 异步四位二进制加法计数器

图 12 – 19 是由 JK 触发器组成的四位二进制加法计数器。JK 触发器作计数触发器使用时，只要将 J、K 输入端悬空（相当于接高电平）即可。根据 JK 状态表，$J = K = 1$ 时，每当时钟脉冲 CP 下降沿到来时，触发器就翻转一次，即由"0"翻转为"1"，又从"1"翻转为"0"，实现了计数触发。低位触发器翻转两次后就产生一个下降沿的进位脉冲，使高位触发器翻转，所以高位触发器的 CP 端接低位触发器的 Q 端。

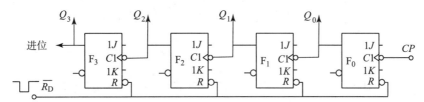

图 12 – 19　由 JK 触发器组成的四位二进制加法计数器

假如 4 个 JK 触发器在直接置"0"端 $\overline{R}_\mathrm{D}$ 加入一负脉冲，则各触发器初态均为"0"，计数器为"0000"态。第一个脉冲结束后，触发器 F_0 翻转为"1"，其 Q_0 输出端由"0"翻转为"1"，而 F_1 的时钟端为"0"，因而不翻转，计数器的状态变为 0001。

第二个计数脉冲结束时，F_0 翻转由"1"变为"0"，Q_0 输出端由"1"翻转为"0"，即作为第二个 JK 触发器的时钟脉冲，使 F_1 转为"1"。Q_0 由"0"翻转为"1"，不会引起触发器 F_2 的翻转，触发器 F_3 也不会翻转，计数器状态为 0010。

第三个计数脉冲结束时，F_0 翻转为 "1"，F_1、F_2、F_3 都不翻转，计数器状态为 0011。

第四个计数脉冲结束时，F_0 翻转为 "0"，使 F_1 也翻转。F_1 翻转成 "0" 后又使 F_2 翻转成 "1"，F_3 不翻转，计数器的状态为 0100。

如此继续下去，可得该四位二进制计数器的逻辑功能表如表 12 - 9 所示，其工作时序图如图 12 - 20 所示。这种计数器由于计数脉冲不是同时加到各触发器的 CP 端，而只加到最低位触发器，其他各位触发器则由相邻低位触发器脉冲来触发，因此它们状态的变换有先有后，故称为 "异步" 计数，但这种计数器速度较慢。

表 12 - 9　四位二进制加法计数器的逻辑功能表

计数脉冲数	二进制数				十进制数
	Q_3	Q_2	Q_1	Q_0	
0	0	0	0	0	0
1	0	0	0	1	1
2	0	0	1	0	2
3	0	0	1	1	3
4	0	1	0	0	4
5	0	1	0	1	5
6	0	1	1	0	6
7	0	1	1	1	7
8	1	0	0	0	8
9	1	0	0	1	9
10	1	0	1	0	10
11	1	0	1	1	11
12	1	1	0	0	12
13	1	1	0	1	13
14	1	1	1	0	14
15	1	1	1	1	15
16	0	0	0	0	0

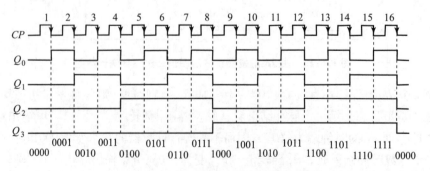

图 12 - 20　四位二进制加法计数器的波形

2. 异步四位二进制减法计数器

图 12 – 21 是由上升沿触发的 D 触发器构成的异步四位二进制减法计数器，其工作原理请自行分析。

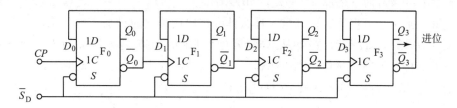

图 12 – 21　由 D 触发器构成的异步四位二进制减法计数器

12. 4. 3　集成计数器

1. 集成四位同步二进制计数器 74LS161

74LS161 是一个中规模集成电路，其引脚如图 12 – 22 所示，它的主体为同步二进制计数器，加入了多个控制端可以实现任何起始状态下全清零，也可在任何起始状态下实现二进制加法，还可以实现预置入某个数、保持某组数等多种功能，通常称其为可编程同步二进制计数器。其逻辑功能如表 12 – 10 所示。

现将各控制端的作用简述如下。

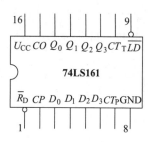

图 12 – 22　74LS161 外部引脚图

（1）清零：$\overline{R}_D$ 是具有最高优先级别的同步清零端。当 $\overline{R}_D = 0$ 时，不管其他控制信号（包括 CP）如何，计数器清零。

（2）置数：当 $\overline{R}_D = 1$ 时，具有次优先权的为 $\overline{LD}$。当 $\overline{LD} = 0$ 时，输入一个 CP 上升沿，则不管其他控制端如何，计数器置数，即为 $d_0 d_1 d_2 d_3$。

（3）计数：当 $\overline{R}_D = \overline{LD} = 1$，且优先级别最低的使能端 $CT_P = CT_T = 1$ 时，在 CP 上升沿触发，计数器进行计数。

表 12 – 10　74LS161 功能表

输　入						输　出
清零 $\overline{R}_D$	使能 CT_P　CT_T		置数 $\overline{LD}$	时钟 CP	并行置数 $D_0 D_1 D_2 D_3$	$Q_0 Q_1 Q_2 Q_3$
0	$\times$	$\times$	$\times$	$\times$	$\times \times \times \times$	0 0 0 0
1	$\times$	$\times$	0	↑	$d_0 d_1 d_2 d_3$	$d_0 d_1 d_2 d_3$
1	1	1	1	↑	$\times \times \times \times$	计数
1	0	$\times$	1	$\times$	$\times \times \times \times$	保持
1	$\times$	0	1	$\times$	$\times \times \times \times$	保持

（4）保持：当 $\overline{R}_D = \overline{LD} = 1$，且 CT_P 和 CT_T 中至少有一个为"0"时，CP 将不起作用，计数器保持原状态不变。

（5）构成二进制计数器：进位输出 $CO = Q_3 Q_2 Q_1 Q_0 \cdot CT_T$，即当计数到 $Q_3 Q_2 Q_1 Q_0 =$ 1111，且使能信号 $CT_T = 1$ 时，产生一个高电平，作为向高 4 位级联的进位信号，以构成 8 位以上二进制的计数器。

该计数器的清零属于依靠 CP 驱动的同步清零方式，$\overline{R}_D = 0$ 一出现就清零。如果给计数器预先置入某一个数据然后再计数，那么计数将从被预置的状态开始，直至计满到 1111 再从某预置数开始。如果让计数器从 0000 开始计数，可用两种方法实现：一种是先清零后计数；另一种是先预置 0000 然后计数。

2. 集成同步十进制加法计数器 74LS160

74LS160 是一个中规模集成电路，其逻辑图如图 12-23 所示，它的主体为同步十进制计数器，加入了多个控制端可以实现任何起始状态下全清零，也可在任何起始状态下实现十进制加法，还可以实现预置入某个数、保持某组数等多种功能，其逻辑功能如表 12-11 所示。

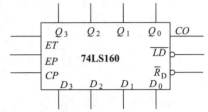

图 12-23　74LS160 逻辑图

表 12-11　74LS160 逻辑功能表

输入					输出
清零 $\overline{R}_D$	使能 $ET\ \ EP$	置数 $\overline{LD}$	时钟 CP	并行置数 $D_0 D_1 D_2 D_3$	$Q_0 Q_1 Q_2 Q_3$
0	× ×	×	↑	× × × ×	0 0 0 0
1	× ×	0	↑	$d_0 d_1 d_2 d_3$	$d_0 d_1 d_2 d_3$
1	1 1	1	↑	× × × ×	计数
1	0 ×	1	×	× × × ×	保持
1	× 0	1	×	× × × ×	保持

由此可与 74LS161 相比，不同之处仅在 74LS160 为十进制，而 74LS161 为十六进制。

除上面讲述的集成块以外，还有很多有关计数器的集成电路，读者可查阅相关资料，这里不一一列举。

12.4.4　N 进制计数器

从降低成本考虑，集成电路的定型产品必须有足够大的批量。因此，目前常见的计数器芯片在计数进制上只做成应用较广的几种类型，如十进制、十六进制、七进制、十二进制、十四进制等。在需要其他任意一种进制的计数器时，只能用已有的计数器产品经过外电路的不同连接方式得到。

假定已有的是 N 进制计数器，而需要得到的是 M 进制的计数器。这时有 M < N 和 M > N 两种可能的情况。下面分别讨论两种情况下构成任意一种进制计数器的方法。

1. M < N 的情况

在 N 进制计数器的顺序计数过程中，若设法使之跳越 N - M 个状态，就可以得到 M

进制计数器了。

实现跳越的方法有置零法（或称复位法）和置数法（或称置位法）两种。

置零法适用于有异步置零输入端的计数器。它的工作原理是这样的：设原有的计数器为 N 进制，当它从全"0"状态 S_0 开始计数并接收了 M 个计数脉冲以后，电路进入 S_M 状态。如果将 S_M 状态译码产生一个置零信号加到计数器的异步置零输入端，则计数器将立刻返回 S_0 状态，这样就可以跳过 $N-M$ 个状态而得到 M 进制计数器（或称为分频器）。

由于电路一进入 S_M 状态后立即又被置成 S_0 状态，所以 S_M 状态仅在极短的瞬间出现，在稳定的状态循环中不包括 S_M 状态。

置数法与置零法不同，它是通过给计数器重复置入某个数值的方法跳跃 $N-M$ 个状态，从而获得 M 进制计数器的。置数操作可以在电路的任何一个状态下进行。这种方法适用于有预置数功能的计数器电路。

【例 12-4】 试利用四位同步二进制计数器 74LS161 接成同步六进制计数器。

计数器

解：因为 74LS161 兼具有异步置零和预置数功能，所以置零法和置数法均可采用。

（1）图 12-24（a）所示电路是采用异步清零法接成的六进制计数器。当计数器计成 $Q_3Q_2Q_1Q_0 = 0110$（即 S_M）状态时，担任译码器的门 G_1 输出低电平信号给 $\overline{R}_D$ 端，将计数器置零，回到 0000 状态。电路的状态转换图如图 12-24（c）所示，其中 0110 为过渡状态，存在时间很短，不算有效状态。

（2）图 12-24（b）所示电路是采用异步置数法接成的六进制计数器。此方法不存在过渡态。状态转换图如图 12-24（c）所示。

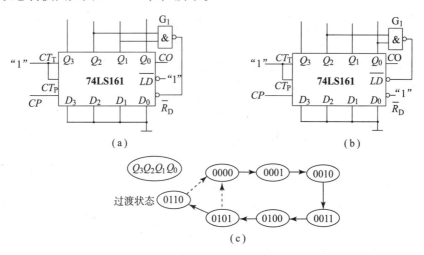

图 12-24　74LS161 构成六进制
（a）异步清零法；（b）异步置数法；（c）状态转换图

2. $M > N$ 的情况

这时必须用多片 N 进制计数器组合起来，才能构成 M 进制计数器。各片之间（或称为各级之间）的连接方式可分为串行进位方式、并行进位方式、整体置零方式和整体置数方式几种。下面仅以两级之间的连接为例说明这几种连接方式的原理。

若 M 可以分解为两个小于 N 的因数相乘，即 $M = N_1 \times N_2$，则可采用串行进位方式和并行进位方式将一个 N_1 进制计数器和一个 N_2 进制计数器连接起来构成 M 进制计数器。

在串行进位方式中，以低位片的进位输出信号为高位片的时钟输入信号。在并行进位方式中，以低位片的进位输出信号作为高位片的工作状态控制信号（计数的使能信号），两片的 CP 输入端同时接计数输入信号。

【例 12-5】 试用两片同步十进制计数器 74LS160 接成百进制计数器。

解： 本例中 $M = 100$，$N_1 = N_2 = 10$，将两片 74LS160 直接按并行进位方式或串行进位方式连接即得百进制计数器。

图 12-25 所示电路是并行进位方式的接法。以第一片的进位输出 CP 作为第二片的 EP 和 ET 输入，每当第一片计成 9（1001）时 CP 变为"1"，下一个 CP 信号到达时，第二片为计数工作状态，计入"1"，而第一片计成"0"（0000），它的 CP 端回到低电平。第一片的 EP 和 ET 恒为"1"，始终处于计数工作状态。

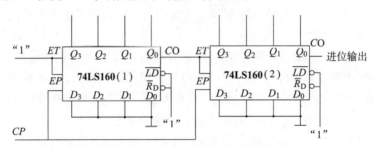

图 12-25　并行进位方式接成的百进制计数器

在 N_1、N_2 不等于 N 时，可以先将两个 N 进制计数器分别接成 N_1 进制计数器和 N_2 进制计数器，然后再以并行进位方式或串行进位方式将它们连接起来。

当 M 为大于 N 的素数时，不能分解成 N_1 和 N_2，上面讲的并行进位方式和串行进位方式就行不通了。这时就必须采取整体置零方式或整体置数方式构成 M 进制计数器。

所谓整体置零方式，是首先将两片 N 进制计数器按最简单的方式接成一个大于 M 进制的计数器（例如 $N \cdot N$ 进制），然后在计数器计为 M 状态时译出异步置零信号 $\overline{R}_D = 0$，将两片 N 进制计数器同时置零。这种方式的基本原理和 $M < N$ 时的置零法是一样的。

而整体置数方式的原理与 $M < N$ 时的置数法类似。首先需将两片 N 进制计数器用最简单的连接方式接成一个大于 M 进制的计数器（例如 $N \cdot N$ 进制），然后在选定的某一状态下译出 $\overline{LD} = 0$ 信号，将两个 N 进制计数器同时置入适当的数据，跳过多余的状态，获得 M 进制计数器。采用这种接法要求已有的 N 进制计数器本身必须具有预置数功能。

当然，当 M 不是素数时整体置零法和整体置数法也可以使用。

【例 12-6】 试用两片同步十进制计数器 74LS160 接成二十九进制计数器。

解： 因为 $M = 29$ 是一个素数，所以必须使用整体置零法或整体置数法构成二十九进制计数器。

图 12-26 是整体置零方式的接法。首先将两片 74LS160 以并行进位方式连成百进制计数器。当计数器从全"0"状态开始计数，计入 29 个脉冲时，经门 G_1 产生低电平信号立刻将两片 74LS160 同时置零，于是便得到了二十九进制计数器。需要注意的是计数过程

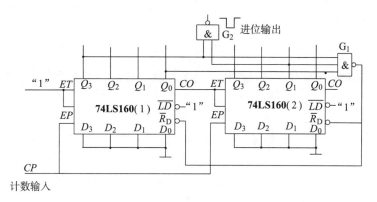

图 12 − 26　整体置零方式接成的二十九进制计数器

中第二片 74LS160 不出现 1001 状态，因而它的 CO 端不能给出进位信号。而且，门 G_1 输出的脉冲持续时间极短，也不宜做进位信号。如果要求输出进位信号持续时间为一个时钟信号周期，则应从第 28 个状态译出。当电路计入第 28 个状态后门 G_2 输出变为低电平，第 29 个计数脉冲到达后门 G_2 的输出跳变为高电平。

　　通过这个例子可以看到，整体置零法不仅可靠性差，而且往往还要另加译码电路才能得到需要的进位输出信号。

　　用整体置数方式可以避免置零法的缺点。图 12 − 27 是采用整体置数法接成的二十九进制计数器。首先仍需将两片 74LS160 连成百进制计数器，然后将电路的第 28 个状态译码产生 $\overline{LD} = 0$ 信号，同时加到两片 74LS160 上，在下一个计数脉冲到达时，将 0000 同时送到两片 74LS160 中，从而得到二十九进制计数器。进位信号可以直接由门 G_1 输出端引出。

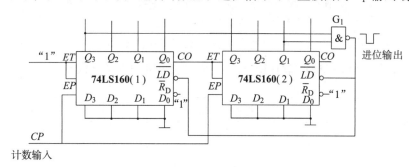

图 12 − 27　整体置数法接成的二十九进制计数器

【思考与练习】

12.4.1　什么是计数？什么是分频？

12.4.2　什么是加法计数器？什么是减法计数器？两者间有什么不同？

12.4.3　什么是异步计数器？什么是同步计数器？两者间有什么不同？

12.4.4　分别画出用 D 触发器接成异步十进制加法和减法计数器的逻辑图。

12.4.5　分别画出用 D 触发器接成同步二进制加法和减法计数器的逻辑图。

12.4.6　画出用 D 触发器接成异步二进制加法计数器的逻辑图。

项目实施

（1）准备 74LS194 移位寄存器芯片，熟悉其芯片功能，并查看芯片引脚是否有断裂。

（2）根据功能图分析芯片引脚在满足条件 $\overline{R}_D = 1$、$M_1 M_0 = 10$ 时，实现左移功能；$\overline{R}_D = 1$、$M_1 M_0 = 01$ 时，实现右移功能。

（3）搭建电路：+5 V 电源接至 74LS194 芯片 16 脚，电源负极接 8 脚 GND；控制端 M_1 端接高电平、M_0 端接低电平，预置数端 $D_3 D_2 D_1 D_0$ 为任意信号，脉冲输入端 CP 接脉冲信号或开关信号，$Q_3 Q_2 Q_1 Q_0$ 接 LED 灯的正极；在 D_{SL} 端接入要左移的数据，D_{RS} 端接入要右移的数据。

（4）测试功能：当 $M_1 M_0 = 10$ 时，在脉冲 CP 作用下，将 D_{SL} 端数据从高位开始依次向左移位，输出端依次从 $Q_0 \rightarrow Q_1 \rightarrow Q_2 \rightarrow Q_3$ 接收到送入的高位信息，实现左移功能。例如 D_{SL} 端输入数据 1001 时，经过____个脉冲后，Q_0 端置 "1"；又经过____个脉冲后，Q_3 端置 "1"。

（5）拆除电路，整理物品，清扫卫生。

项目评价

评价项目	评价内容	评价等级	星级
职业素养	掌握芯片密码等保护措施，能读懂芯片功能表	★★★★★	
	了解 14 纳米海思麒麟 990 芯片，学习科学家攻坚克难、追求卓越的精神，树立民族自豪感、爱国情怀	★★★★★	
专业能力	能用时序逻辑电路芯片搭建功能电路，并测试电路功能	★★★★★	
	能使用 Multisim 软件设计时序逻辑芯片应用电路并测试其功能	★★★★★	
	能设计、搭建不同功能的时序逻辑电路，并完成功能测试	★★★★★	

习　题

1. 已知基本 RS 触发器的两个输入端的波形如图 12-28 所示，试画出当初始状态分别为 "0" 或 "1" 时，输出端 Q 和 $\overline{Q}$ 波形。

2. 已知同步 RS 触发器的两个输入端的波形如图 12-29 所示，试画出当初始状态分别为 "0" 或 "1" 时，输出端 Q 和 $\overline{Q}$ 波形。

3. 已知各触发器如图 12-30 所示，输入端 CP 的波形为规则连续时钟脉冲，当初始状态均为 "1" 时，试画出它们两输出端的波形，并指出哪些触发器有计数功能？

4. 已知逻辑电路图和其输入 CP、D 及 $\overline{R}_D$ 的波形如图 12-31 所示，当触发器的初始状态均为 "1" 时，试画出它们的输出端 Q_0 和 Q_1 的波形。

5. 已知图 12-32（a）所示的边沿 JK 触发器的输入端 CP 的波形如图 12-32（b）所

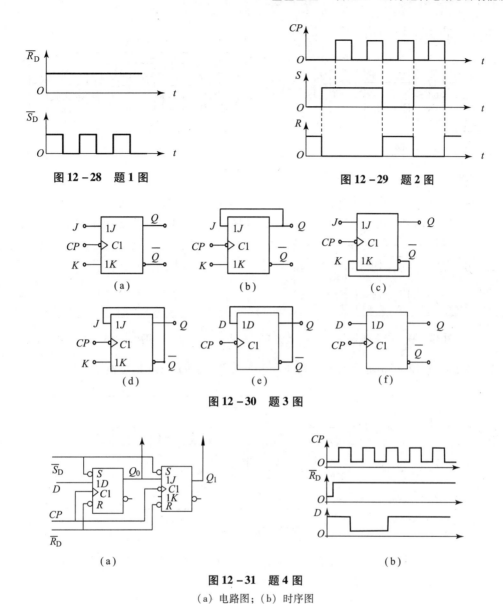

图 12 - 28　题 1 图

图 12 - 29　题 2 图

图 12 - 30　题 3 图

图 12 - 31　题 4 图

（a）电路图；（b）时序图

示，当各触发器的初始状态为"1"时，试画出输出端 Q_0 和 Q_1 的波形。若时钟脉冲 CP 的频率为 160 Hz，试问 Q_0 和 Q_1 波形的频率各为多少？

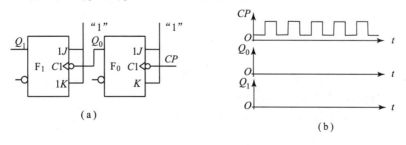

图 12 - 32　题 5 图

（a）电路图；（b）波形图

6. 分析图 12 – 33 所示电路的逻辑功能。

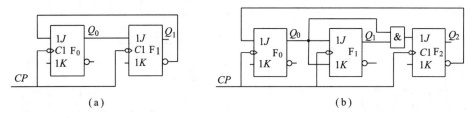

图 12 – 33　题 6 图

7. 图 12 – 34 所示时序逻辑电路，起始状态 $Q_1Q_2Q_3 = 010$ 时，画出电路的时序图。

8. 图 12 – 35 所示时序逻辑电路，起始状态 $Q_3Q_2Q_1 = 010$ 时，画出电路的时序图。

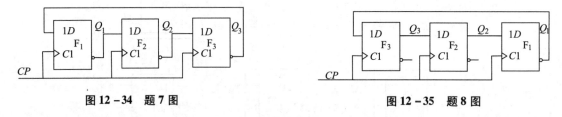

图 12 – 34　题 7 图　　　　　　　　图 12 – 35　题 8 图

9. 画出如图 12 – 36 所示电路的状态图和时序图，并说明逻辑功能。

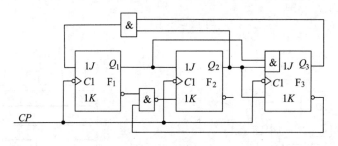

图 12 – 36　题 9 图

10. 分析图 12 – 37 所示的由集成计数器 74LS161 构成的计数器各为几进制计数器？

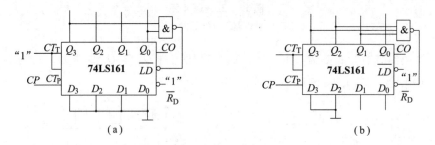

图 12 – 37　题 10 图

11. 试用 74LS160 构成一个九进制计数器。

12. 试用两片 74LS160 构成一个六十进制计数器。

项目 13　脉冲的产生与变换应用电路搭建

项目描述

　　世界上销量最大的芯片之一——555 定时器，销量过百亿片，应用十分广泛。请利用 555 定时器多谐振荡器应用原理搭建"叮咚"声门铃电路，并检验使用效果。

重点知识

　　（1）掌握 555 定时器逻辑图、逻辑功能表。
　　（2）掌握以 555 定时器为核心的实用电路（单稳态电路、多谐振荡电路、施密特触发器电路）的工作原理。

能力与素养

　　（1）具备利用实验箱或仿真软件搭建 555 芯片典型应用电路并测试功能的能力。
　　（2）具备分析以 555 定时器芯片组成的应用电路功能的能力。
　　（3）养成快速检测、判断芯片功能的职业能力；培养经典电路广泛应用的开发思维。

知识链接 13.1　555 定时电路

　　集成定时器产品有 TTL 型和 CMOS 型两类，TTL 型产品型号的最后三位数码都是 555，CMOS 产品型号的最后 4 位数码都是 7555，它们的逻辑功能和外部引线排列完全相同。所以，不论什么型号、类型，都总称 555 定时器。该器件工作电压范围宽（4.5 ~ 18 V），驱动电流较大（100 ~ 200mA），并提供与 TTL、MOS 电路相容的逻辑电平值。下面以 CMOS 的 CC7555 为例介绍其工作原理及应用。

13.1.1　CC7555 定时器的组成及工作原理

1. CC7555 定时器的电路结构

CC7555 集成定时器的电路结构如图 13 – 1（a）所示，电路分三部分，外部共有 8 个输出端，各端的作用、名称均标在图 13 – 1（b）中。

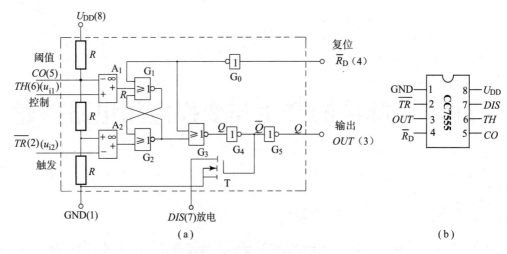

图 13 – 1　集成定时器 CC7555

（a）逻辑图；（b）引脚分布图

1）输入比较部分

输入比较部分由 3 个等值分压电阻 R 和两个比较器 A_1、A_2 组成。经过分压，确定 A_1 的 U_- 端电压为 $\frac{2}{3}U_{DD}$（又称为上门限电平或正向门限电平）、A_2 的 U_+ 端电压为 $\frac{1}{3}U_{DD}$（又称为下门限电平或负向门限电平）。

2）基本 RS 触发器部分

基本 RS 触发器部分由两个或非门 G_1、G_2 组成，当在复位端 $\overline{R}_D$（4 脚）加低电平时，经 G_0 使触发器置"0"；在不使用 $\overline{R}_D$ 时，应将此脚接高电平。G_3、G_4、G_5 用于提高带负载能力。

3）场效应管 T

在 $\overline{Q}=1$ 时 T 导通，对外接电容放电。

2. CC7555 定时器的工作原理

（1）当 $\overline{R}_D=0$ 时，经过 G_0 门使基本 RS 触发器置"0"，$Q=0$、$\overline{Q}=1$，$u_o=0$，场效应管 T 导通。

（2）当 $u_{i1}>U_-=\frac{2}{3}U_{DD}$，$u_{i2}>U_+=\frac{1}{3}U_{DD}$ 时，$u_{A1}=1$，$u_{A2}=0$，使基本 RS 触发器翻转，$Q=0$、$\overline{Q}=1$，$u_o=0$，场效应管 T 导通。

（3）当 $u_{i1}<U_-=\frac{2}{3}U_{DD}$，$u_{i2}>U_+=\frac{1}{3}U_{DD}$ 时，$u_{A1}=0$，$u_{A2}=0$，使基本 RS 触发器维持原态。

（4）当 $u_{i2}<U_+=\frac{1}{3}U_{DD}$ 时，$u_{A2}=1$，使基本 RS 触发器置"1"，$Q=1$、$\overline{Q}=0$，$u_o=1$，场效应管 T 截止。

13.1.2　CC7555 定时器的引脚和逻辑功能

1. 引脚功能

CC7555 共有 8 个引出端 [见图 13 - 1（b）]，按照编号各端功能依次为：①接地端；②低触发输入端；③输出端；④复位端；⑤电压控制端，改变比较器的基准电压，不用时，要经 0.01μF 的电容接地；⑥高触发输入端；⑦放电端，外接电容，T 导通时，电容由 *DIS* 经 T 放电；⑧电源端。

2. 逻辑功能

集成 CC7555 的逻辑功能如表 13 - 1 所示。

表 13 - 1　CC7555 集成定时器的逻辑功能表

输　　入			输　　出	
$TH(u_{i1})$	$\overline{TR}(u_{i2})$	$\overline{R}_D$	OUT	放电管 T
×	×	0	0	导通
> $(2/3)U_{DD}$	> $(1/3)U_{DD}$	1	0	导通
< $(2/3)U_{DD}$	> $(1/3)U_{DD}$	1	不变	维持原态
×	< $(1/3)U_{DD}$	1	1	截止

【思考与练习】

13.1.1　为什么说 555 定时器是将模拟和数字电路集成于一体的电子器件？

13.1.2　常用的集成 555 定时器可分为哪两类？它们有什么区别？从它们的电路结构来看，主要由几部分组成？

13.1.3　查相关资料找出 TTL 型与 MOS 型集成定时器电路的异同点？

知识链接 13.2　单稳态触发器

13.2.1　单稳态触发器简介

单稳态触发器是只有一个稳定状态的触发器，在未加触发信号之前，触发器已处于稳定状态，加触发器信号之后，触发器翻转，但新的状态只能暂时保持（称为暂稳状态），经过一定时间后自动翻转到原来的稳定状态。单稳态触发器数字电路的功能如下。

（1）定时功能：产生一定宽度的矩形波，这个宽度即为定时的时间长短。

（2）整形功能：把不规则的波形变为幅度和宽度都不相等的脉冲。

（3）延时功能：将输入信号延迟一定时间后输出。

13.2.2 CC7555 定时器构成单稳态触发器

1. 电路结构

电路如图 13-2（a）所示，R 和 C 为输入回路的微分环节，用以使输入信号 u_i 的负脉冲宽度 t_{pi} 限制在允许范围内，即经微分电路后变为尖脉冲信号 u_i'。通常，应满足 $t_{pi} > 5R_iC_i$，使 u_i' 的尖脉冲宽度小于单稳态触发器的输出脉冲宽度 t_{po}。若输入信号的负脉冲宽度 t_{pi} 本来就小于 t_{po}，则微分环节可以省略不用。R 和 C 为定时元件。触发信号 u_i 自 $\overline{TR}$ 端输入。

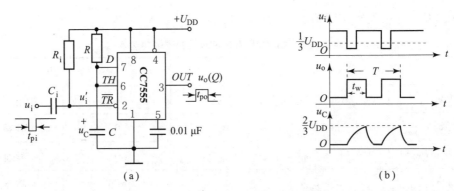

图 13-2　用 CC7555 组成的单稳态触发器

（a）电路；（b）工作波形

2. 工作原理

电路工作原理分析如下。

（1）稳态：触发器处于复位状态，定时电容 C 已放电完毕，u_C 和 u_o 均为低电平。

（2）触发翻转：在触发脉冲 u_i 的作用下，触发端可得到负的窄脉冲。当触发电平低于负向门限电平 $\left(\dfrac{1}{3}U_{DD}\right)$ 时，比较器 A_2 输出"1"，使触发器置"1"，输出 u_o 为高电平，放电管 T 截止，电路进入暂稳态，定时开始。

（3）暂稳态阶段：定时电容 C 充电，充电回路为 $U_{DD} \rightarrow R \rightarrow C \rightarrow$ 地，充电时间常数 $\tau = RC$，u_C 按指数规律上升，趋向 U_{DD}。

（4）自动返回：当电容上电压 u_C 上升到正向门限电平 $\dfrac{2}{3}U_{DD}$ 时，比较器 A_1 输出阻抗，触发器置"0"，输出 u_o 变为低电平，放电管 T 饱和，定时结束。

（5）恢复阶段：定时电容 C 经放电管 T 放电，u_C 下降到低电平，$Q = 0$，输出 u_o 仍维持在低电平，电路返回到稳态。

当第二个触发信号到来时，重复上述工作过程。其工作波形如图 13-2（b）所示。

3. 主要参数

单稳态触发电路的参数很多，这里只介绍它的输出脉冲宽度 t_W，单稳态触发电路的输出脉冲宽度为定时电容上电压 u_C 由零充到 $\dfrac{2}{3}U_{DD}$ 所需的时间。根据 RC 电路过渡过程的公式可求得：

$$t_W = RC\ln3 \approx 1.1RC \qquad (13-1)$$

上式可以看出，脉冲宽度的大小与定时元件 R 和 C 的大小有关，而与输入信号脉冲宽度及电源电压大小无关。调节定时元件，可以改变输出脉冲的宽度。

13.2.3 单稳态触发器的应用举例

利用 CC7555 集成定时器构成的自动曝光电路如图 13-3 所示，其工作原理如下。

（1）未按按钮 SB 时，输出 $u_o = 0$，继电器 KM 的吸引线圈无电流通过，其动断触头闭合，动合触头断开，白灯不亮，红灯亮。

（2）按下按钮 SB 后，$\overline{TR}$ 输入一个窄负脉冲，启动单稳态触发器，其输出 $u_o = 1$，继电器 KM 的吸引线圈有电流通过，其动断触头断开，动合触点闭合，即白灯亮，红灯不亮，开始曝光，电源通过 R 给电容 C 充电，直到暂稳态结束。此时，输出 $u_o = 0$，继电器线圈 KM 无电流通过，其触头复位，即白灯不亮，红灯亮，曝光结束。曝光时间的长短由充电时间常数 RC 的数值决定。

（3）图 13-3 所示的电路中 D_1 起隔离作用，D_2 为续流二极管，防止继电器断电时产生过高的反电动势损坏电子元件。

（4）若把继电器的触头改接在路灯、排气扇、电子门铃及报警器等电子电器的开关上，就可构成多种实用控制电路。

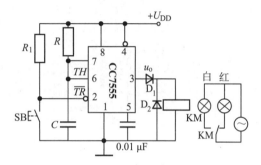

图 13-3　CC7555 集成定时器构成的自动曝光电路

【思考与练习】

13.2.1　单稳态触发器和以前所讲的触发器的不同之处在哪里？它的主要功能有哪些？怎样求它的输出脉冲宽度？

13.2.2　在图 13-3 所示由 CC7555 集成定时器构成的单稳态触发器中，R、C 构成什么环节？起什么作用？

13.2.3　若想把上述自动曝光电路改成简易门铃，应如何改？要求用扬声器来呼叫主人。

知识链接 13.3　多谐振荡器

13.3.1 多谐振荡器简介

多稳态触发器有两个稳定状态，单稳态触发器只有一个稳定状态，它们正常工作时，都必须外加触发信号才能翻转。本节要讲的多谐振荡器，它没有稳定状态，只有两个暂稳状态，而且它正常工作时，不需要外加触发信号，就能输出一定频率的矩形脉冲，这种现象称为自激振荡。多谐振荡器一旦振荡起来后，两个暂稳态就做交替变化，输出连续的矩形脉冲信号，由于矩形脉冲信号中除基波成分外，还包括许多高次谐波，所以称它为多谐振荡器，又称为无稳态振荡器。多谐振荡器的作用主要用来产生脉冲信号。因此，它常作为脉冲信号源。多谐振荡器的电路结构形式多种多样，本节介绍由 CC7555 集成定时器构成的多谐振荡器。

13.3.2　CC7555 定时器构成多谐振荡器

多谐振荡器

1. 电路结构

电路组成如图 13 - 4（a）所示，定时元件比单稳态触发器多一个电阻，且 A_1 和 A_2 两个比较器的输入端（2 脚和 6 脚）连在一起。

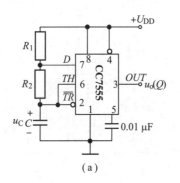 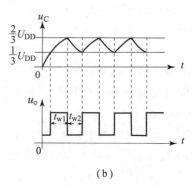

(a)　　　　　　　　　　　(b)

图 13 - 4　用 CC7555 组成的多谐振荡器

(a) 电路；(b) 工作波形

2. 工作原理

电路工作原理分析如下。

（1）第一暂稳态：电容 C 通过充电回路"$U_{DD} \rightarrow R_1 \rightarrow R_2 \rightarrow C \rightarrow$ 地"进行充电，充电时间常数等于 $(R_1 + R_2)C$，电容 C 上电压 u_C 按指数规律上升，趋向 U_{DD}，输出电压 u_o 为高电平。

（2）第一次自动翻转：当电容上电压 u_C 上升到 $\frac{2}{3}U_{DD}$ 时，充电结束，TH（端）为"1"，此时，输出电压 u_o 变为低电平。

（3）第二暂稳态：放电管 T 饱和，电容通过放电回路"$C \rightarrow R_2 \rightarrow T \rightarrow$ 地"放电，放电时间常数是 R_2C，u_C 按指数规律下降，趋向 0，同时使输出暂稳在低电平。

（4）第二次自动翻转：当 u_C 下降到 $\frac{1}{3}U_{DD}$ 时，放电结束，TH 和 $\overline{TR}$ 端均变为"0"，输出 u_o 变为高电平。同时，放电管 T 截止，电容又开始充电，进入第一暂态，以后，电路重复上述振荡过程。

多谐振荡器电路的工作波形如图 13 - 4（b）所示。

3. 主要参数

多谐振荡器电路的参数很多，这里主要介绍以下几个。

（1）暂稳态 1 的脉冲宽度 t_{W1}（也就是 u_C 从 $\frac{1}{3}U_{DD}$ 充电到 $\frac{2}{3}U_{DD}$ 所需要的时间）。

$$t_{W1} \approx (R_1 + R_2)C\ln2 = 0.7(R_1 + R_2)C \qquad (13-2)$$

（2）暂稳态 2 的脉冲宽度 t_{W2}（也就是 u_C 从 $\frac{2}{3}U_{DD}$ 放电到 $\frac{1}{3}U_{DD}$ 所需要的时间）。

$$t_{W2} \approx R_2C\ln2 = 0.7R_2C \qquad (13-3)$$

（3）振荡周期 T（振荡器每循环一次所需的时间）。

$$T = t_{W1} + t_{W2} \approx 0.7(R_1 + 2R_2)C \qquad (13-4)$$

（4）输出波形的占空比 D（也就是第一暂态的脉宽 t_{W1} 与振荡周期 T 的比）。

$$D = \frac{t_{W1}}{T} = \frac{R_1 + R_2}{R_1 + 2R_2} \qquad (13-5)$$

为了获得占空比可调的多谐振荡器，可将图 13-4（a）进行改进，改进后的电路组成如图 13-5 所示。

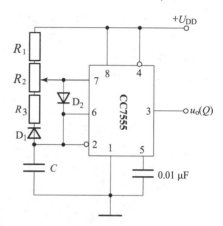

图 13-5　改进后的多谐振荡器

13.3.3　多谐振荡器的应用举例

1. 简易电子琴电路

图 13-6 所示是一个由 CC7555 集成定时器构成的简易电子琴电路。图中 $SB_1 \sim SB_8$ 代表琴键的 8 个开关，由于每个琴键开关所串联的电阻不同，所以按下琴键后，多谐振荡器的振荡周期就不同。8 个琴键对应输出 8 种不同频率的方波，若电阻 $R_{21} \sim R_{28}$ 选配得适当，扬声器便可发出 8 各不同频率的声音。

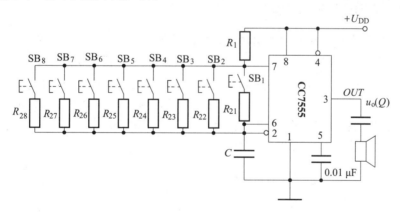

图 13-6　CC7555 集成定时器构成的简易电子琴电路

2. 模拟声响电路

图 13-7（a）所示为一个由两个 CC7555 集成定时器构成的模拟声响电路。调节定时元件 R_{11}、R_{12}、C_1 使第一个多谐振荡器输出的振荡频率为 1 Hz，调节定时元件 R_{21}、R_{22}、C_2 使第二个多谐振荡器输出的振荡频率为 2 kHz。由于低频振荡的输出端 3 接至高频振荡器的复位端 4，因此当第一个多谐振荡器的输出电压 u_{o1} 为高电平时，第二个多谐振荡器就

振荡；当第一个多谐振荡器的输出电压 u_{o1} 为低电平时，第二个多谐振荡器就停止振荡。从而使喇叭发出"呜……呜……呜……"的间隙声音。多谐振荡器的输出电压 u_{o1} 和 u_{o2} 的波形如图 13 – 7（b）所示。

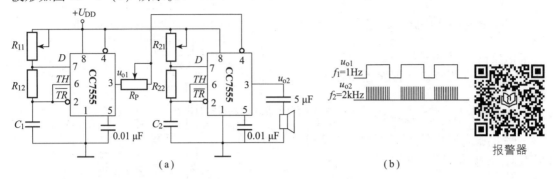

（a）

（b）

报警器

图 13 – 7　使用多谐振荡电路进行声响模拟

（a）电路；（b）工作波形

【思考与练习】

13.3.1　多谐振荡器两个脉冲宽度是否一样？与哪些因素有关？

13.3.2　多谐振荡器的主要特点是什么？有哪些作用？它的振荡周期和哪些因素有关？

知识链接 13.4　施密特触发器

13.4.1　施密特触发器简介

施密特触发器也是脉冲数字电路中最常用的单元电路之一，它也有两个稳定状态。当给它加触发电平后，电路也能从第一稳态翻转到第二稳态，再加触发电平后，电路再从第二稳态重新回到第一稳态，但两次翻转所需的触发电平是不同的，存在回差现象。施密特触发器的特性是输入信号 u_i 在上升时的触发电压和下降时的触发电压的数值是不相同的，上升时的触发电压叫上阈值电压，用 U_{T+} 表示，下降时的触发电压叫下阈值电压，用 U_{T-} 表示。这也是施密特触发器和以前所讲的各种触发器的不同之处。

13.4.2　CC7555 定时器构成施密特触发器

1. 电路结构

图 13 – 8（a）所示是由 CC7555 集成定时器构成的施密特触发器电路。图中触发信号 u_i 加在输入端（TH 端和 $\overline{TR}$ 端连在一起，作为信号输入端），u_{o2} 为输出端，此时施密特触发器为一个反相输出的施密特触发器。电压控制端 CO 不需要外接控制电压，为了防止干扰，提高参考电压的稳定性，一般通过 $0.01\,\mu F$ 的电容接地，直接复位端 $\overline{R_D}$ 应为 1，可直接接电源 U_{DD}。另外，图中放电端（7 脚）通过一电阻与另一个电源相连，u_{o2} 能够实现输出的电平转移。图 13 – 8（b）所示为 u_i、u_{o2} 的波形。

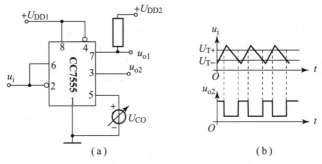

图 13 - 8　用 CC7555 组成的施密特触发器

（a）电路；（b）波形图

2. 工作原理

施密特触发器电路工作原理分析如下。

（1）若 u_i 从 0 开始逐渐升高，当 $u_i < \frac{1}{3} U_{DD}$ 时，$Q = 1$，$u_{o2} = 1$。

（2）当触发信号 u_i 升高，即 $\frac{1}{3} U_{DD} < u_i < \frac{2}{3} U_{DD}$ 时，Q 的状态保持不变，即 $Q = 1$，$u_{o2} = 1$。

（3）当触发信号 u_i 升高到 $u_i > \frac{2}{3} U_{DD}$ 时，Q 的状态翻转，即 $Q = 0$，$u_{o2} = 0$。

从上述分析可得，电路的上阈值电压 $U_{T+} = \frac{2}{3} U_{DD}$。

（4）现在 u_i 从高于 $\frac{2}{3} U_{DD}$ 处开始下降，当 $\frac{1}{3} U_{DD} < u_i < \frac{2}{3} U_{DD}$ 时，Q 的状态保持不变，即 $Q = 0$，$u_{o2} = 0$。

（5）当触发信号 $u_i < \frac{1}{3} U_{DD}$ 时，Q 的状态翻转，即 $Q = 1$，$u_{o2} = 1$。

从上述分析可得，电路的下阈值电压 $U_{T-} = \frac{1}{3} U_{DD}$。

3. 回差电压

所谓回差电压，就是上阈值电压 U_{T+} 与下阈值电压 U_{T-} 之差，又叫作滞后电压，用 ΔU_T 表示。从上述分析可得，施密特触发器电路的回差电压 ΔU_T 为

$$\Delta U_T = U_{T+} - U_{T-} = \frac{2}{3} U_{DD} - \frac{1}{3} U_{DD} = \frac{1}{3} U_{DD}$$

若施密特触发器的电压控制端 CO 接固定电压 U_{CO} 时，$U_{T+} = U_{CO}$，$U_{T-} = \frac{1}{2} U_{CO}$，此时施密特触发器电路的回差电压 ΔU_T 为

$$\Delta U_T = U_{T+} - U_{T-} = U_{CO} - \frac{1}{2} U_{CO} = \frac{1}{2} U_{CO}$$

根据上述分析，可得施密特触发器的传输特性曲线如图 13 - 9 所示。

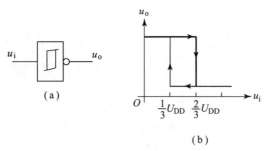

图 13 - 9　施密特触发器

（a）施密特反相器；（b）回差特性

13.4.3　施密特触发器的主要作用

1. 波形变换

因为施密特触发器只有高、低两种状态，而且状态转换时输出波形边沿很陡，所以利用施密特触发器可以把缓慢变化的电压信号，转换为比较理想的矩形脉冲。正弦波转换为矩形波的波形图如图 13 - 10 所示，三角波转换为矩形波的波形图如图 13 - 11 所示。

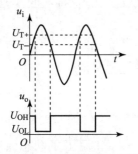

图 13 - 10　正弦波转换为矩形波

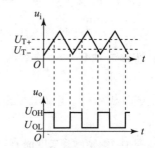

图 13 - 11　三角波转换为矩形波

2. 脉冲整形

脉冲信号在传输过程中，会变得不规则，如附加噪声、前后沿变坏、发生谐振现象、顶部产生干扰等。利用施密特触发器整形，可以使它恢复为合乎要求的矩形脉冲波。图 13 - 12 所示为施密特触发器整形原理电路及波形图，其中图 13 - 12（a）中 u_i 是输入端，

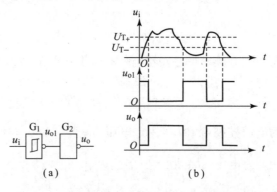

图 13 - 12　施密特触发器的整形原理电路及波形图

（a）原理电路；（b）工作波形

输入不规则脉冲信号，G_1 为施密特反相器，G_2 为非门（可使 u_o 与 u_i 同相），图 13 – 12（b）所示为整形电路的波形图。

3. 幅度鉴别

利用施密特触发器可以鉴别输入脉冲信号的幅度大小。其电路构成与图 13 – 12（a）相同，输出波形如图 13 – 13 所示。从图中可以看出，只有输入脉冲信号的幅度大于上阈值电压 U_{T+} 时（如图中 A、B、C 脉冲），才能使施密特触发器翻转，有矩形脉冲信号输出，从而达到了鉴别输入信号幅度大小的目的。

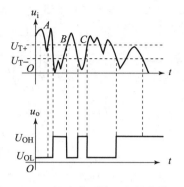

图 13 – 13　幅度鉴别输入和输出波形

13.4.4　施密特触发器的应用举例

由 CC7555 集成定时器构成的温度控制器电路的原理图如图 13 – 14 所示，其工作原理如下。

（1）反映被测温度的电压信号 u_i 作为输入信号加在施密特触发器的输入端。施密特触发器的输出端通过电阻 R 接在晶体管 T 的基极，控制晶体管 T 的导通和截止，从而进一步控制继电器动合触点的闭合和断开，使电热器运行或停止，来实现调节温度的目的。

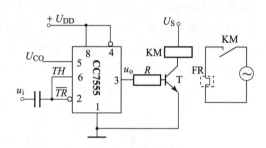

图 13 – 14　用 CC7555 集成定时器构成的
温度控制器电路

（2）运行前，首先调整控制端外加电压 U_{CO}，使施密特触发器的 U_{T+} 和 U_{T-} 与它所控制的温度的上限和下限相对应。

（3）温度信号 u_i 加入后，若温度较低，则温度信号 u_i 较小，施密特触发器的状态不变，即 $Q=1$，施密特触发器的输出电压 $u_o=1$，晶体管 T 导通，继电器的吸引线圈有电流通过，继电器的动合触头闭合，开始加热，温度开始升高。

（4）随着温度升高，温度信号 u_i 逐渐增大，当 $u_i > U_{T+}$ 时，施密特触发器的状态翻转，即 $Q=0$，晶体管 T 截止，继电器的吸引线圈末有电流通过，继电器的动合触点断开，停止加热，温度逐渐下降。

（5）随着温度的下降，温度信号 u_i 逐渐减小，当 $u_i < U_{T-}$ 时，施密特触发器的状态再次翻转，即 $Q=1$，晶体管 T 又导通，继电器的吸引线圈又有电流通过，又开始加热，温度再次开始升高。这样一直循环下去，就可以将温度控制在所要求的上限温度与下限温度之间。

【思考与练习】

13.4.1　施密特触发器和以前所讲的触发器的不同之处在哪里？怎样求它的回差电压？它的主要功能有哪些？

13.4.2　比较用 CC7555 构成的单稳态触发器、多谐振荡器和施密特触发器在电路结构上有什么不同？

项目实施

（1）掌握图 13－4 所示 555 定时器芯片构成的多谐振荡器原理图，理解工作原理后，分析图 13－15 "叮咚" 门铃电路的工作原理。

（2）电路实际是无稳态多谐振荡器，当合上按钮后，电源通过 D_1 给 C_1 充电，振荡器工作频率约为 700 Hz，发出 "叮" 的声音；放开按钮后，C_1 经过 R_1 放电，维持振荡，但此时 R_2 接入电路，振荡器频率变为 500 Hz 左右，发出 "咚" 的声音，直至 C_1 上电压不能维持振荡时结束。

（3）搭建电路：将 +6 V 电源接至 555 芯片 8 脚，电源负极接 1 脚 GND；2 脚、6 脚相连接在 R_2、R_3、R_4、C_2 的串联支路；3 脚输出端经电容 C_3 后接扬声器；按钮 SB、D_1、D_2 接法如图 13－15 所示。

（4）测试功能：上电后，合上按钮 SB 后扬声器发出 "叮" 声音；放手后扬声器发出 "咚" 声音；可更换 C_1 电容变化容量，再重复上述操作，听扬声器声音变化情况，此时 C_1 的容量是_____ μF。

（5）拆除电路，整理物品，清扫卫生。

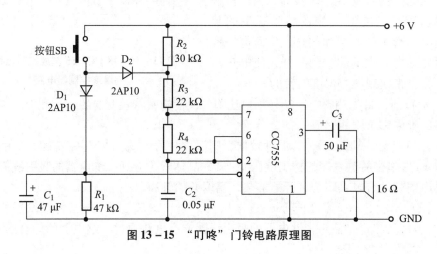

图 13－15　"叮咚" 门铃电路原理图

项目评价

评价项目	评价内容	评价等级	星级
职业素养	熟悉 555 芯片应用电路原理	★★★★★	
	透过 555 芯片畅销 50 年的经典，树立心中有梦、追求极致理念	★★★★★	

续表

评价项目	评价内容	评价等级	星级
专业能力	能用 555 芯片搭建功能电路，并测试电路功能	★★★★★	
	能使用 Multisim 软件设计 555 芯片应用电路并测试其功能	★★★★★	

习　　题

1. 如图 13 - 2 （a） 所示，由 CC7555 集成定时器构成的单稳态触发器中，对触发脉冲的宽度有无限制？当输入脉冲的低电平持续时间过长时，电路应做何修改？

2. 如图 13 - 4 （a） 所示，由 CC7555 构成的多谐振荡器中，若电源 $U_{DD} = 10$ V，电容 $C = 0.1$ μF，电阻 $R_1 = 20$ kΩ、$R_2 = 30$ kΩ，求该电路的振荡周期 T 及振荡频率 f，并画出 u_C 及 u_o 的对应波形。

3. 如图 13 - 8 （a） 所示，由 CC7555 构成的施密特触发器，若电源 $U_{DD1} = 9$ V，则在不考虑 U_{CO} 影响的情况下，其正、负向阈值 U_{T+}、U_{T-} 及回差 ΔU_T 各为何值？

4. 如图 13 - 16 所示是一个防盗报警电路，a、b 两端被一细铜丝接通，此铜丝置于认为盗窃者必经之处。当盗窃者闯入室内将铜丝碰断后，扬声器即发出报警声。试问用 CC7555 集成定时器应接成何种电路？并说明本报警器的工作原理。

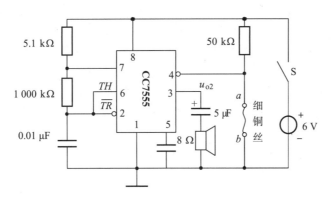

图 13 - 16　题 4 电路

5. 如图 13 - 17 所示是一简易触摸开关电路，当手摸金属片时，发光二极管亮，经过一定时间，发光二极管熄灭。试说明该电路是什么电路？并估算发光二极管能亮多少时间？

6. 图 13 - 18 所示是救护车扬声器发声电路。在图中给出了电路参数，试计算扬声器发出声音的高、低频率以及高、低音的持续时间。当 $U_{DD} = 12$ V 时，CC7555 集成定时器输出的

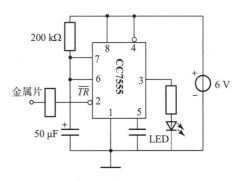

图 13 - 17　题 5 电路

高、低电平分别为 11 V 和 0.2 V，输出电阻小于 100 Ω。

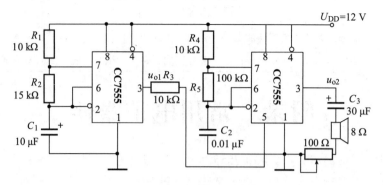

图 13 - 18　题 6 电路

附录　常用电子器件

一、常用电阻元件分类

电阻的分类：碳膜电阻器（RT 型），金属膜电阻器（RJ 型），绕线电阻器（RX 型），金属氧化膜电阻器（RY 型），玻璃釉电阻器（RI 型），合金箔电阻器（RJTⅡ型）。其中色环电阻的表示法见附表 1－1。

附表 1－1　电阻器色环表示法

颜色	A	B	C	D
黑	0	0	×1	
棕	1	1	×10	±1%
红	2	2	$\times10^{2}$	±2%
橙	3	3	$\times10^{3}$	
黄	4	4	$\times10^{4}$	
绿	5	5	$\times10^{5}$	±0.5%
蓝	6	6	$\times10^{6}$	±0.2%
紫	7	7	$\times10^{7}$	±0.1%
灰	8	8	$\times10^{8}$	
白	9	9	$\times10^{9}$	
金			$\times10^{-1}$	±5%
银			$\times10^{-2}$	±10%
无色				±20%

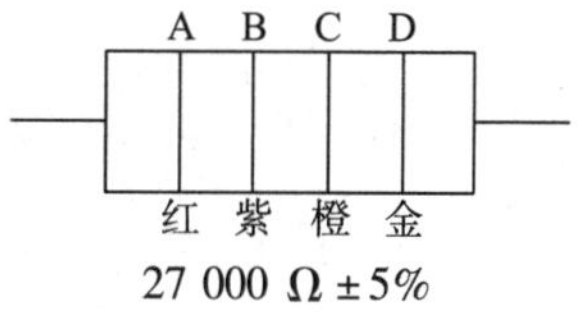
A B C D
红 紫 橙 金
27 000 Ω ±5%

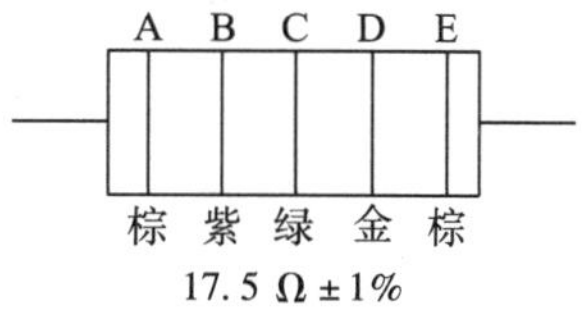
A B C D E
棕 紫 绿 金 棕
17.5 Ω ±1%

二、半导体分立器件型号的命名法

晶体管和其他半导体器件的型号，通常由五部分组成，每部分的符号及意义见附表 1－2。

附表 1 - 2　半导体分立器件型号的组成符号及其意义

第一部分		第二部分		第三部分				第四部分	第五部分
用数字表示器件的有效电极数目		用汉语拼音字母表示器件的材料和极性		用汉语拼音字母表示器件的类型				用数字表示器件序号	用汉语拼音字母表示规格的区别代号
符号	意义	符号	意义	符号	意义	符号	意义		
2	二极管	A	N 型，锗材料	P	普通管	D	低频小功率管（$f_a < 3$ MHz，$P_C \geqslant 1$ W）		
		B	P 型，锗材料	V	微波管	A	高频大功率管（$f_a \geqslant 3$ MHz，$P_C \geqslant 1$ W）		
		C	N 型，硅材料	W	稳压管	T	半导体闸流管（可控整流器）		
		D	P 型，硅材料	C	参量管	Y	体效应器件		
3	三极管	A	PNP 型，锗材料	Z	整流管	B	雪崩管		
		B	NPN 型，锗材料	L	整流堆	J	阶跃恢复管		
		C	PNP 型，硅材料	S	隧道管	CS	场效应管		
		D	NPN 型，硅材料	N	阻尼管	BT	半导体特殊器件		
		E	化合物材料	U	光电器件	FH	复合管		
				K	开关管	PIN	PIN 型管		
				X	低频小功率管（$f_a < 3$ MHz，$P_C < 1$ W）	JG	激光器件		
				G	高频小功率管（$f_a \geqslant 3$ MHz，$P_C \leqslant 1$ W）				

　　例如，3AX81 - 81 表示低频小功率 PNP 型锗材料三极管；2AP9 - 9 表示普通锗材料二极管。

　　但是，场效应晶体管、半导体特殊器件、复合管、PIN 型二极管（P 区和 N 区之间夹一层本征半导体或低浓度杂质半导体的二极管。当其工作频率超过 100 MHz 时，由于少数载流子的存储效应和 I 层中的渡越时间效应，二极管失去整流作用，而成为阻抗元件，并且其阻抗值的大小随直流偏置而改变）和激光器件等型号的组成只有第三、第四和第五部分。

　　例如，CS2B 表示 B 规格 2 号场效应晶体管。

参 考 文 献

[1] 王成安，王洪庆．电工电子技术基础 ［M］.5 版．大连：大连理工大学出版社，2022.

[2] 李燕．电工技术基础与技能 ［M］.上海：上海交通大学出版社，2021.

[3] 吴雪琴．电工技术 ［M］.4 版．北京：北京理工大学出版社，2019.

[4] 罗敬．电工技术基础与技能 ［M］.北京：电子工业出版社，2021.

[5] 冯泽虎，张强．电工技术 ［M］.北京：高等教育出版社，2017.

[6] 黄文娟．电工电子技术项目教程 ［M］.北京：机械工业出版社，2022.

[7] 坚葆林．电工电子技术 ［M］.3 版．北京：机械工业出版社，2019.

[8] 杨润贤．电工电子 ［M］.2 版．北京：北京出版社，2020.

[9] 邹建华．电工电子技术 ［M］.武汉：华中科技大学出版社，2020.

[10] 常晓玲．电工技术 ［M］.北京：机械工业出版社，2019.

[11] 张鹤鸣，刘耀元．可编程控制器原理及应用教程 ［M］.北京：北京大学出版
社，2007.

[12] 刘耀元．电工与电子技术 ［M］.北京：北京工业大学出版社，2006.

[13] 关光福．建筑应用电工 ［M］.武汉：武汉理工大学出版社，2020.

[14] 秦曾煌．电工学 ［M］.北京：高等教育出版社，1997.

[15] 曹建林．电工技术 ［M］.北京：高等教育出版社，2016.

[16] 陈小虎．电工电子技术 ［M］.北京：高等教育出版社，2000.

[17] 杨翠南，杨碧石．数字电子与逻辑设计教程 ［M］.北京：电子工业出版社，2003.

[18] 周元兴．电工电子技术基础 ［M］.北京：机械工业出版社，2006.

[19] 杨茂宇．电工电子技术基础实验 ［M］.上海：华东理工大学出版社，2005.

[20] 林平勇．电工电子技术 ［M］.2 版．北京：高等教育出版社，2004.

[21] 汤自春．PLC 原理及应用 ［M］.北京：高等教育出版社，2013.